普通高等教育规划教材

有机化学

Organic Chemistry

郝红英　编著

化学工业出版社

·北京·

图书在版编目（CIP）数据

有机化学/郝红英编著. —北京：化学
工业出版社，2016.12（2024.8 重印）
ISBN 978-7-122-28486-0

Ⅰ.①有…　Ⅱ.①郝…　Ⅲ.①有机化
学-高等学校-教材　Ⅳ.①O62

中国版本图书馆 CIP 数据核字（2016）第 267992 号

责任编辑：刘丽宏　　　　　　　　文字编辑：陈　雨
责任校对：王　静　　　　　　　　装帧设计：刘丽华

出版发行：化学工业出版社（北京市东城区青年湖南街 13 号　邮政编码 100011）

印　　　装：北京科印技术咨询服务有限公司数码印刷分部

710mm×1000mm　1/16　印张 12¼　字数 279 千字　2024 年 8 月北京第 1 版第 3 次印刷

购书咨询：010-64518888　　　　　　售后服务：010-64518899
网　　　址：http://www.cip.com.cn
凡购买本书，如有缺损质量问题，本社销售中心负责调换。

定　　价：36.00 元

前　言

　　有机化学是矿冶相关领域的一门基础理论课程。本书以基础知识和基本原理为主，理论部分分散在各有关章节阐述，各章均附有习题。

　　全书分为12章，按照官能团分类的方式编写。第1章绪论，主要介绍有机化学的发展史以及有机物的结构特点。第2章到第4章以及第6章到第11章分别介绍不同官能团的化合物，包括：烷烃，不饱和烃，环烃，卤代烃，醇、酚和醚，醛和酮，羧酸及其衍生物，含氮有机化合物，含硫和含磷有机化合物。第5章为对映异构，介绍有机化合物的立体化学结构，便于理解化合物的结构和反应机理。第12章介绍糖类化合物，包括单糖、寡糖和多糖，其中重点介绍天然多糖的结构、物理性质、化学性质和重要化合物的应用。各章内容体系基本按照化合物的结构、物理性质、化学性质、反应机理、重要化合物等内容编写，主要根据分子轨道理论、现代价键理论和电子效应来阐述各类化合物的结构和性质，并从化合物结构的分析入手，注重讨论其结构与化学性质和应用之间的关系。

　　本书注重各学科之间交叉渗透，贴近生产和生活，将生活中的有机化学以及有机化学的新成果引入书中。

　　对矿物加工领域和冶金领域涉及到的有机化合物药剂的基本理论和实际应用进行了介绍。

　　本书的编写和出版得到了北京科技大学"十二五"教材建设经费的资助。

　　由于编者水平有限，书中难免会有疏漏，敬请批评指正。

编著者

目 录

第1章 绪论　001

1.1　有机化学研究对象 ……………………………………………… 001
　1.1.1　有机化合物和有机化学 …………………………………… 001
　1.1.2　有机化学的产生和发展 …………………………………… 001
　1.1.3　有机化学的研究内容 ……………………………………… 002
　1.1.4　有机化合物的特点 ………………………………………… 002
　1.1.5　研究有机化合物的一般步骤 ……………………………… 003
1.2　有机化合物的分类 ……………………………………………… 003
　1.2.1　按照碳链分类 ……………………………………………… 003
　1.2.2　按照官能团分类 …………………………………………… 004
1.3　共价键的一些基本概念 ………………………………………… 004
　1.3.1　共价键的基本理论 ………………………………………… 004
　1.3.2　共价键的基本参数 ………………………………………… 008
　1.3.3　共价键的断裂 ……………………………………………… 010
1.4　有机化学对各行业领域的重要性 ……………………………… 011
习题 …………………………………………………………………… 012

第2章 烷烃　013

2.1　烷烃的同系物及同分异构体 …………………………………… 013
　2.1.1　同系物 ……………………………………………………… 013
　2.1.2　同分异构体 ………………………………………………… 014
2.2　烷烃的命名 ……………………………………………………… 015
　2.2.1　普通命名法 ………………………………………………… 015
　2.2.2　系统命名法 ………………………………………………… 015
2.3　烷烃的结构、乙烷和丁烷的构象 ……………………………… 018
　2.3.1　碳原子的 sp^3 杂化 ……………………………………… 018
　2.3.2　甲烷的正四面体结构 ……………………………………… 018

2.4 烷烃分子的模型和表示方法 ·· 019
　2.4.1 模型 ·· 019
　2.4.2 楔形式 ·· 019
　2.4.3 锯架式 ·· 019
2.5 乙烷和丁烷的构象 ·· 020
　2.5.1 乙烷的构象 ·· 020
　2.5.2 丁烷的构象 ·· 021
2.6 烷烃的物理性质 ·· 022
2.7 烷烃的化学性质 ·· 024
　2.7.1 氧化反应 ·· 024
　2.7.2 异构化反应 ·· 024
　2.7.3 热裂反应 ·· 025
　2.7.4 自由基卤代反应 ·· 025
2.8 烷烃的自由基取代反应机理 ·· 027
　2.8.1 甲烷的氯代反应机理 ·· 027
　2.8.2 烷烃结构对卤代反应的相对活性的影响 ·· 028
　2.8.3 卤素对卤代反应的相对活性的影响 ·· 029
　2.8.4 过渡态理论 ·· 029
2.9 自然界中的烷烃 ·· 031
2.10 烷烃在矿冶领域中的应用 ·· 032
习题 ·· 032

第3章 不饱和烃　　　034

3.1 烯烃 ·· 034
　3.1.1 烯烃的结构与命名 ·· 034
　3.1.2 烯烃的物理性质 ·· 036
　3.1.3 烯烃的化学性质 ·· 037
　3.1.4 烯烃的制备方法 ·· 043
　3.1.5 重要的烯烃 ·· 043
3.2 炔烃 ·· 044
　3.2.1 炔烃的结构与命名 ·· 044
　3.2.2 炔烃的物理性质 ·· 045
　3.2.3 炔烃的化学性质 ·· 045
　3.2.4 重要的炔烃——乙炔 ·· 048
3.3 二烯烃 ·· 048
　3.3.1 二烯烃的分类与命名 ·· 048

　　3.3.2　1,3-丁二烯的结构 ·· 049
　　3.3.3　1,3-丁二烯的化学性质 ·· 049
　　3.3.4　重要的二烯烃 ··· 051
习题 ··· 051

第4章　环烃　053

4.1　脂环烃 ··· 053
　　4.1.1　脂环烃的分类和命名 ·· 053
　　4.1.2　脂环烃的结构 ··· 054
　　4.1.3　脂环烃的物理性质 ··· 054
　　4.1.4　脂环烃的化学性质 ··· 055
　　4.1.5　环己烷及其衍生物的构象 ··· 055
4.2　芳香烃 ··· 057
　　4.2.1　苯的结构与命名 ·· 057
　　4.2.2　苯的物理性质 ··· 059
　　4.2.3　苯的化学性质 ··· 059
　　4.2.4　苯环上取代基的定位效应 ··· 062
　　4.2.5　重要的环烃 ·· 064
　　4.2.6　环烃在矿冶行业中的应用 ··· 064
习题 ··· 065

第5章　对映异构　067

5.1　物质的旋光性 ·· 067
　　5.1.1　平面偏振光和旋光性 ·· 067
　　5.1.2　旋光性物质和旋光度 ·· 068
5.2　手性和分子结构的对称因素 ·· 068
　　5.2.1　手性和手性分子 ·· 068
　　5.2.2　手性分子的判别 ·· 069
5.3　含一个手性碳原子化合物的对映异构 ·· 070
　　5.3.1　对映体 ··· 070
　　5.3.2　Fisher（费歇尔）投影式 ·· 070
　　5.3.3　构型的 R、S 命名规则 ··· 072
　　5.3.4　外消旋体 ·· 073
5.4　含两个手性碳原子化合物的对映异构 ·· 073
　　5.4.1　含两个不相同手性碳原子的化合物 ···································· 073

5.4.2　含两个相同手性碳原子的化合物 ……………………………………… 074
5.5　不含手性碳原子化合物的对映异构 ……………………………………… 075
5.5.1　丙二烯型化合物 ……………………………………………………… 075
5.5.2　单键旋转受阻碍的联苯型化合物 ………………………………… 076
5.5.3　含有其他手性中心的化合物 ………………………………………… 076
习题 ……………………………………………………………………………… 077

第6章　卤代烃　078

6.1　卤代烃的分类与命名 ……………………………………………………… 078
6.1.1　分类 …………………………………………………………………… 078
6.1.2　命名 …………………………………………………………………… 078
6.2　卤代烃的物理性质 ………………………………………………………… 079
6.3　卤代烃的化学性质 ………………………………………………………… 079
6.3.1　亲核取代反应 ………………………………………………………… 080
6.3.2　消去反应 ……………………………………………………………… 081
6.3.3　与金属的反应 ………………………………………………………… 082
6.4　亲核取代反应机理 ………………………………………………………… 083
6.4.1　双分子亲核取代反应机理 …………………………………………… 083
6.4.2　单分子亲核取代反应机理 …………………………………………… 084
6.4.3　影响亲核取代反应的因素 …………………………………………… 085
6.5　消去反应机理 ……………………………………………………………… 087
6.5.1　单分子消去反应机理 ………………………………………………… 087
6.5.2　双分子消去反应机理 ………………………………………………… 088
6.6　氯代甲烷用途 ……………………………………………………………… 088
6.7　卤代烷在矿冶领域中的应用 ……………………………………………… 089
习题 ……………………………………………………………………………… 089

第7章　醇、酚、醚　091

7.1　醇 …………………………………………………………………………… 091
7.1.1　醇的分类、命名和结构 ……………………………………………… 091
7.1.2　醇的物理性质 ………………………………………………………… 092
7.1.3　醇的化学性质 ………………………………………………………… 093
7.1.4　重要的醇 ……………………………………………………………… 096
7.1.5　醇的制备方法 ………………………………………………………… 097
7.2　酚 …………………………………………………………………………… 098

7.2.1 酚的结构和命名 ·· 098
7.2.2 酚的物理性质 ·· 098
7.2.3 酚的化学性质 ·· 099
7.3 醚 ·· 101
7.3.1 醚的分类、命名和结构 ·· 101
7.3.2 醚的物理性质 ·· 102
7.3.3 醚的化学性质 ·· 102
7.3.4 环氧化合物 ·· 103
7.3.5 醚的制备方法 ·· 104
7.4 醇、酚、醚在矿冶行业中的应用 ································ 105
7.4.1 萃取剂 ·· 105
7.4.2 起泡剂 ·· 105
7.4.3 螯合剂 ·· 106
7.4.4 捕收剂 ·· 106
习题 ·· 106

第8章 醛和酮   108

8.1 一元醛和酮的结构、命名、物理性质 ·························· 108
8.1.1 醛和酮的结构与命名 ·· 108
8.1.2 醛和酮的物理性质 ·· 109
8.2 醛和酮的化学性质 ·· 110
8.2.1 醛和酮的亲核加成反应 ·· 110
8.2.2 醛和酮烃基上的反应 ·· 113
8.2.3 醛和酮的氧化与还原反应 ······································ 115
8.3 一元醛和酮的制备方法 ··· 116
8.3.1 醇的脱氢和氧化 ··· 116
8.3.2 Fiedel-Crafts 酰化反应 ·· 117
8.3.3 用烯烃和炔烃制备 ··· 117
8.4 醛和酮化合物在矿冶领域中的应用 ····························· 117
习题 ·· 117

第9章 羧酸及其衍生物   120

9.1 羧酸 ·· 120
9.1.1 羧酸的分类与命名 ··· 120
9.1.2 羧酸及羧酸盐的结构 ··· 120

9.1.3　羧酸的物理性质 ··· 121
9.1.4　羧酸的化学性质 ··· 123
9.1.5　羧酸的制备方法 ··· 127
9.1.6　羧酸的重要代表物 ··· 127
9.2　羧酸衍生物 ·· 128
9.2.1　羧酸衍生物的分类与命名 ··· 128
9.2.2　羧酸衍生物的物理性质 ··· 129
9.2.3　羧酸衍生物的化学性质 ··· 129
9.3　羧酸类有机物在矿冶领域中的应用 ····································· 131
9.3.1　萃取剂 ··· 131
9.3.2　抑制剂 ··· 132
9.3.3　捕收剂 ··· 132
习题 ·· 133

第10章　含氮有机化合物　135

10.1　硝基化合物 ·· 135
10.1.1　硝基化合物的分类、结构和命名 ··································· 135
10.1.2　硝基化合物的物理性质 ·· 136
10.1.3　硝基化合物的化学性质 ·· 136
10.1.4　硝基对芳香族硝基化合物取代基的影响 ····························· 138
10.2　胺 ··· 139
10.2.1　胺的分类、命名和结构 ·· 139
10.2.2　胺的物理性质 ··· 140
10.2.3　胺的化学性质 ··· 141
10.2.4　芳香胺的特殊反应 ··· 145
10.2.5　胺的制备方法 ··· 147
10.3　重氮化合物和偶氮化合物 ··· 148
10.3.1　重氮化合物的化学反应 ·· 148
10.3.2　偶氮化合物 ··· 149
10.4　含氮化合物在矿冶领域中的应用 ····································· 149
10.4.1　重要的胺类萃取剂 ··· 149
10.4.2　用于浮选工艺的脂肪胺 ·· 150
10.4.3　醚胺 ··· 150
10.4.4　含肟基的捕收剂 ··· 150
10.4.5　N-烷基氨基羧酸、N-烷酰基氨基羧酸的捕收剂 ·················· 150
习题 ·· 151

第11章　含硫和含磷有机化合物 153

11.1　硫、磷原子的成键特征	153
11.2　含硫有机化合物	154
11.2.1　含硫有机化合物的结构与命名	154
11.2.2　硫醇和硫酚	156
11.2.3　硫醚	158
11.2.4　磺酸及其衍生物	158
11.3　含磷有机化合物	161
11.3.1　含磷化合物的分类	161
11.3.2　含磷化合物的命名	161
11.3.3　膦的氧化反应	162
11.3.4　季鏻盐的生成	162
11.3.5　有机磷农药	162
11.4　含硫、磷化合物在矿冶领域中的应用	163
11.4.1　烷基硫酸钠	163
11.4.2　烃基磺酸钠	163
11.4.3　烃基膦酸（酯）	163
11.4.4　黑药	164
11.4.5　黄药	164
11.4.6　黄原酸酯类捕收剂	165
11.4.7　巯基化合物	165
习题	165

第12章　单糖、寡糖和多糖 167

12.1　单糖	167
12.1.1　单糖的结构和命名	167
12.1.2　单糖的化学反应	168
12.2　低聚糖	169
12.2.1　纤维二糖	169
12.2.2　麦芽糖	170
12.2.3　乳糖	170
12.3　多糖	170
12.3.1　纤维素	171
12.3.2　淀粉	174

12.3.3　壳聚糖 ·· 176

12.4　多糖类物质在矿冶领域中的应用 ························ 178

12.4.1　抑制剂 ·· 178

12.4.2　絮凝剂 ·· 178

参考文献　　　　　　　　　　　　　　　　　　　　　　179

索引　　　　　　　　　　　　　　　　　　　　　　　180

第1章

绪论

1.1 有机化学研究对象

1.1.1 有机化合物和有机化学

有机化学的研究对象是有机化合物（简称为有机物）。由于有机化合物都含有碳元素，因此有机化合物也称为碳化合物。1848 年德国化学家 Gmelin（葛美林）首先提出有机化学的定义："研究碳化合物的化学"。1874 年 Schorlemmer（肖莱马）发展了此定义，将其表述为："有机化学是研究碳氢化合物及其衍生物的化学"。两种说法的本质是一样的。

1.1.2 有机化学的产生和发展

1.1.2.1 有机化学的萌芽时期

从 19 世纪初到 1858 年提出价键的概念之前是有机化学的萌芽时期。学科的产生和发展都是与当时的社会生产水平和科学水平相联系的。有机化学作为一门学科产生于 19 世纪初，但是人类应用有机物的历史却非常久远。18 世纪人类掌握了有机物的分离和提纯技术，并开始由生物体取得较纯的有机物。例如，1769 年开始瑞典化学家舍勒分离出了酒石酸、乳酸、尿素，1828 年德国化学家维勒用 NH_4Cl 溶液处理 $AgCN$ 合成氰酸铵（NH_4OCN）时得到尿素。而尿素原来只能从哺乳类动物尿中分离而得，这无意中的发现惊动了化学界。从此以后，有些化学家的思想开始从"生命力"论的禁锢中解放出来。之后系列有机化合物的相继合成，使得"生命力"论逐渐被化学家们所摒弃，有机化学逐渐形成一门科学。

但是，当时在解决有机化合物分子中各原子是如何排列和结合的问题上，化学家们遇到了很大的困难。最初，他们采用"二元说"来解决有机化合物的结构问题。"二元说"认为一个化合物分子可分为带正电荷部分和带负电荷部分，二者靠静电力结合在一起。早期的化学家依据某些化学反应认为，有机化合物分子由在反应中保持不变的基团和在反应中起变化的基团按异性电荷的静电力结合。但此学说本身有很大矛盾。

1.1.2.2 经典有机化学时期

从 1858 年价键学说的建立到 1916 年价键电子理论的引入，是经典有机化学时期。

1858 年，德国化学家凯库勒和英国化学家库珀等提出价键的概念，并第一次用"—"表示"键"。他们认为有机化合物分子是由组成其的原子通过键结合而成的。由于在所有已知的化合物中，一个氢原子只能与一个别的元素的原子结合，氢就被选作"价"的单位。一种元素的价数就是能够与这种元素的一个原子结合的氢原子的个数。凯库勒还提出在一个分子中碳原子之间可以互相结合这一重要的概念。

在此期间，对于有机化合物分子中各原子是如何排列和结合的问题，"类型说"占有很重要地位。这个学说在建立有机化合物体系中起了很重要的推动作用，它把当时杂乱无章的各种化合物归纳到一个体系内，并预言了很多新的化合物，而这些新的有机物在后来一一被发现。

1.1.2.3 现代有机化学时期

随着物理学的发展，在物理学家发现电子并阐明原子结构的基础上，德国物理学家柯塞尔和美国物理化学家路易斯于 1916 年提出价键的电子理论。他们认为：各原子外层电子的相互作用是使各原子结合在一起的原因。其中，相互作用的外层电子如果从一个原子转移到另一个原子，形成离子键；两个原子如果共用外层电子，则形成共价键。通过电子的转移或共用，使相互作用的原子的外层电子都获得惰性气体的电子构型。这样，价键的表示法中用来表示价键的"—"，代表两个原子共用的一对电子。

1927 年以后，英国物理学家海特勒等用量子力学处理分子结构问题，建立了价键理论，为化学键提出了一个数学模型。在人们对有机物的元素组成和性质有了一定认识的基础上，1857 年凯库勒和库帕分别独立地指出有机化合物分子中碳原子都是四价的，而且相互连接成碳链，这一观点成为有机化学结构理论基础。1865 年凯库勒提出了苯的构造式。1874 年范特霍夫和勒贝尔分别提出碳四面体学说，建立了有机化合物的立体结构概念，说明了旋光异构现象。至此，经典的有机结构基本理论建立起来。

20 世纪初，在物理学新成就的推动下，量子力学原理和方法引入化学领域后，建立了量子化学，使化学键理论获得理论基础，阐明了化学键的微观本质，从而出现了诱导效应、共轭效应的理论及共振论等有机化学的重要理论。

1.1.3 有机化学的研究内容

在有机化学发展初期，有机化学工业的主要原料是动、植物体，有机化学主要研究从动、植物体中分离出的有机化合物。19 世纪中到 20 世纪初，有机化学工业逐渐以煤焦油为主要原料。由于科学和技术的发展，有机化学与各个学科互相渗透，形成了许多分支边缘学科，比如生物有机化学、物理有机化学、量子有机化学、海洋有机化学等。有机合成主要研究从较简单的化合物或元素经化学反应合成有机化合物，物理有机化学是定量地研究有机化合物结构、反应性和反应机理的学科，有机分析即有机化合物的定性和定量分析，使有机化学研究内容得到了极大丰富。

1.1.4 有机化合物的特点

虽然有机化合物组成元素少，只有 C、H、O、N、P、S、X（卤素 F、Cl、Br、I）

等，但是所形成的有机化合物种类繁多、数目庞大，目前已知的有 3000 多万种，而且还在不断增加。有机化合物种类和数目之所以庞大，主要原因包括有机化合物中原子之间结合的方式多种多样，如单键、双键、三键、链状、环状等；另外，同分异构现象在有机化学中是相当普遍的，如构造异构、构型异构、构象异构等。

绝大多数有机物的熔点都较低，一般不超过 400℃，其热稳定性比无机物差。具有可燃性，燃烧产物多数为二氧化碳和水。

除少数分子内含有较强极性基团可溶于水外，绝大多数有机物水溶性差，可以溶于有机溶剂，如酒精、汽油、乙醚、苯、四氯化碳等。

有机化学反应速率较慢，而且产物复杂。有机物反应多为分子间的反应，速率慢，而且可能在分子的几个部位同时发生反应，通常伴随有副反应，导致产物复杂。

1.1.5 研究有机化合物的一般步骤

1.1.5.1 合成有机物

按照优化的实验方案，合成目标有机物。

1.1.5.2 分离、提纯

由于有机合成反应中副反应多，无法一次性得到纯的目的产物，因此反应产物需要经过分离和提纯。分离提纯有机物的方法很多，如萃取、重结晶、蒸馏、升华、色谱分离等。

1.1.5.3 纯度分析鉴定

利用纯的有机物具有固定的熔点、沸点、密度、折射率等物理常数的特性进行检验，如差示扫描量热法、经典的热力学分析方法以及气相色谱分析等方法。

1.1.5.4 分子式的确定

提纯后的有机物必须确定其分子式。首先，定性分析该化合物由哪几种元素构成，再定量分析各种元素的含量，确定最简单实验式；然后通过测定其分子量，结合实验式，最终确定其分子式。

1.1.5.5 结构的确定

分子式确定后，由于有机化合物中原子之间结合的方式多种多样以及同分异构现象等原因，无法了解该有机物的具体结构。可以通过物理方法和化学方法确定其结构式，包括构造、构型、构象。目前使用较多的是物理方法，如 X 衍射、红外光谱、核磁共振、质谱等分析方法。

1.2 有机化合物的分类

1.2.1 按照碳链分类

有机化合物根据碳架类型可以分为以下类型。

开链化合物：分子中碳原子相互结合而成为碳链，不成环状。

碳环化合物：由碳原子之间连接而成的环状结构。

脂肪环化合物：由开链化合物连接闭和成环。

芳香环化合物：由碳原子连接而成的特殊环状结构。

杂环化合物：具有环状结构，由碳原子和其他原子（氧、氮、硫）共同组成。

1.2.2 按照官能团分类

按照以上的碳链或碳环的区分方法来分类，虽然在一定程度上反映了各类化合物的结构特征，但还不能全面地反映这些化合物的特征。有机物的许多反应都是由官能团的结构引起的，具有相同官能团的化合物就有相似的化学反应，因此又可以按照有机物所含官能团进行划分。如烯烃、炔烃、卤代烃、醇、酚、醚、醛、酮、羧酸、硝基化合物、胺类化合物等。

1.3 共价键的一些基本概念

有机化合物是含碳的化合物，碳原子最显著的特点是以共价键与其他原子相结合。可以说，共价键是有机化学的核心。

1.3.1 共价键的基本理论

1916 年美国化学家 Lewis（路易斯）提出了共价键学说，建立了经典的共价键理论，1927 年德国化学家兼理论物理学家海特勒和伦敦首先把量子力学理论应用到分子结构中并获得成功。后来，鲍林等学者又发展了这一成果，建立了现代共价键理论（valence bond theory），简称 VB 理论。

1932 年，美国化学家密里根和德国化学家洪特提出了分子轨道理论（molecular orbitao theory），简称 MO 理论。1931 年，鲍林为了完善价键理论（即 VB 理论），提出了"杂化轨道"这一概念。此概念开始仅属于价键的范畴，后来 MO 理论中也使用了这一概念。20 世纪 50 年代，许多学者将这一概念不断深化和完善，使之成为当今化学键理论的重要内容。1932 年，鲍林又提出了共价键的共振理论，也是对 VB 理论的补充。

总的来说，当今公认的共价键理论主要有两种：一种是价键理论（VB 理论），另一种是分子轨道理论（MO 理论）。价键理论认为成键电子只能在以化学键相连的两原子间的区域内运动。而分子轨道理论认为成键电子可以在整个分子的区域内运动。

1.3.1.1 价键理论

价键理论主要内容如下：

（1）如两个原子各有一个未成对电子且自旋方向相反，就可偶合配对成为一个共价键。如原子各有两个或三个未成对电子，则可以形成双键或三键。因此原子的未成对电子数就是其原子的价数。

两个或多个原子通过共用电子对而产生的一种化学键称为共价键。原子的电子可以配对成键（共价键），使原子能够形成一种稳定的惰性气体的电子构型。例如：

$$H\cdot \ + \ :\!\overset{\displaystyle\cdot\cdot}{\underset{\displaystyle\cdot\cdot}{F}}\!: \longrightarrow H:\!\overset{\displaystyle\cdot\cdot}{\underset{\displaystyle\cdot\cdot}{F}}\!: \qquad 即 \ F—H$$

$$4H\cdot \ + \ \cdot\overset{\displaystyle\cdot}{\underset{\displaystyle\cdot}{C}}\cdot \longrightarrow H\!:\!\overset{\displaystyle H}{\underset{\displaystyle H}{\overset{\displaystyle\cdot\cdot}{\underset{\displaystyle\cdot\cdot}{C}}}}\!:\!H \qquad 即 \ H—\overset{\displaystyle H}{\underset{\displaystyle H}{C}}—H$$

其中，由两个原子共用若干电子对形成的共价键称为双原子共价键。大多数双原子共价键的共用电子对是由两个原子共同提供的，但也有共用电子对由一个原子提供的情况，这样的共价键称为共价配键或配价键，用 A→B 表示，其中 A 是电子提供者，B 是电子接受者。

（2）如果一个原子的未成对电子已经配对了，它就不能再与其他原子的未成对电子配对，这就是共价键的饱和性。所以一个具有 n 个未成对电子的原子 A 可以和 n 个具有一个未成对电子的原子 B 结合形成 AB_n。

（3）电子云重叠越多，形成的共价键就愈强，即共价键的键能与原子轨道重叠程度成正比。因此要尽可能在电子云密度最大的地方重叠，这就是共价键的方向性。

例如，1s 轨道与 2p 轨道在 x 轴方向有最大的重叠，可以成键。如图 1-1 中，图（a）的轨道有最大的重叠，图（b）不是最大的重叠。这种沿键轴方向电子云重叠而形成的轨道，电子云分布沿键轴呈圆柱形对称，称为 σ 轨道，生成的键称 σ 键。例如，s-s、s-p_x、p_x-p_x 均为 σ 键。两个原子的 p 轨道平行，侧面电子云有最大的重叠，形成的轨道称 π 轨道，生成的键称为 π 键，如图 1-1（c）所示。π 键电子云密度在两个原子键轴平面的上方和下方较高，键轴周围较低，所以 π 键的键能小于 σ 键。

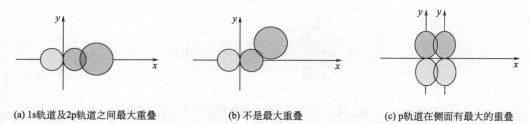

(a) 1s轨道及2p轨道之间最大重叠　　　(b) 不是最大重叠　　　(c) p轨道在侧面有最大的重叠

图 1-1　2p 轨道与 1s 轨道及 2p 轨道之间的重叠

（4）能量相近的原子轨道可以进行杂化，组成能量相等的杂化轨道，这样可以使成键能力更强，体系能量更低，成键后可达到最稳定的分子状态。

例如，碳原子外层 $(2s)^2$ $(2p_x)^1$ $(2p_y)^1$ 四个电子，其中 2s 中一个电子跃迁到 $2p_z$ 轨道中，然后四个轨道杂化：

$$(2s)^2 \ (2p_x)^1 \ (2p_y)^1 \xrightarrow{跃迁} (2s)^1 \ (2p_x)^1 \ (2p_y)^1 \ (2p_z)^1 \xrightarrow{杂化} (sp^3)^4$$

杂化后形成四个能量相等的杂化轨道，称 sp^3 杂化轨道。每一个杂化轨道绝大部分电子云集中在轨道的一个方向，在杂化轨道另一个方向电子云较少，这样一个轨道的方向性就加强了，可以与另一个轨道形成更强的键。为了使杂化轨道彼此达到最大的距离及最小的干扰，碳原子的四个 sp^3 轨道在空间采取一定的排列方式，即以碳原子为中心，四个轨道分别指向正四面体的每一个顶点，有一定方向性。轨道彼此间保持一定的角度，按计算应该是 109.5°，这与范德华（vant' Hoff）的计算是一致的。

除了 sp³ 杂化外，还可以形成 sp² 杂化及 sp 杂化。例如铍（Be）原子的电子构型为 $(1s)^2$ $(2s)^2$，没有未成对电子，但铍原子可以与两个氯原子形成二氯化铍（$BeCl_2$），说明铍是二价的。这是因为一个 2s 电子激发到 2p 轨道上，杂化形成两个能量相等的 sp 杂化轨道，每个轨道具有 1/2 的 s 成分与 1/2 的 p 成分。同样地，为了使两个轨道具有最大的距离和最小的干扰，两个轨道处在同一条直线上，但其方向相反，如图 1-2 所示。因此，铍原子在 sp 轨道对称轴方向与两个氯原子形成 Cl—Be—Cl，是直线形的化合物。

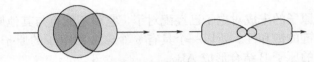

图 1-2　一个 s 轨道和一个 p 轨道杂化形成的两个 sp 杂化轨道

又如硼（B）原子的电子构型为 $(1s)^2$ $(2s)^2$ $(2p)^1$，只有一个未成对电子，但它能与三个氟原子结合形成三氟化硼，说明硼是三价的。这是因为有一个 2s 电子激发到 2p 轨道上，由一个 2s 轨道与两个 2p 轨道杂化，形成三个能量相等的 sp² 杂化轨道，每个 sp² 杂化轨道具有 1/3 的 s 成分与 2/3 的 p 成分。为了使三个轨道具有最大的距离和最小的干扰，三个轨道具有平面三角形的结构，如图 1-3 所示。硼的三个杂化轨道与三个氟原子成键，形成三氟化硼分子，三个 B—F 键在同一平面上，键角为 120°。

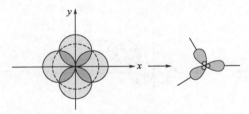

图 1-3　一个 s 轨道与两个 p 轨道杂化形成三个 sp² 杂化轨道

价键理论是在总结了很多化合物的性质与反应的基础上，结合应用量子力学对原子及分子的研究成果发展起来的。在认识化合物的结构与性能关系上起了指导性作用，简单明了，易于接受，现在仍然在用。但它的局限性在于，它只能用来表示由两个原子的相互作用而形成的共价键，也就是分子中的价电子是被定域在一定的、形成化学键的两个原子的核内运动，因此对单键、双键交替出现的多原子分子形成的共价键（共轭双键）无法形象标识，也无法解释该现象。而后来发展起来的分子轨道理论，对此有比较满意的解释。

1.3.1.2　分子轨道理论

将量子力学处理氢分子共价键的方法推广到比较复杂分子的另一种理论是分子轨道理论，其主要内容如下。

分子中电子的各种运动状态，即分子轨道，用波函数（状态函数）Ψ 表示。分子轨道理论中目前最广泛应用的是原子轨道线性组合法。这种方法假定分子轨道有不同能级，每一个轨道只能容纳两个自旋相反的电子，电子也是首先占据能量最低的轨道，按能量的增高，依次排上去。按照分子轨道理论，原子轨道的数目与形成的分子轨道数目是相等的。例如两个原子轨道组成两个分子轨道，其中一个分子轨道是由两个原子轨道的波函数相加组成，另一个分子轨道是由两个原子轨道的波函数相减组成：

$$\Psi_1 = \phi_1 + \phi_2 \qquad \Psi_2 = \phi_1 - \phi_2$$

式中，Ψ_1 与 Ψ_2 分别表示两个分子轨道的波函数；ϕ_1 与 ϕ_2 分别表示两个原子轨道的波函数。

在分子轨道 Ψ_1 中，两个原子的波函数符号相同，亦即波相相同，它们之间的作用如波峰与波峰相遇相互加强一样。在分子轨道 Ψ_2 中，两个原子的波函数符号不同，亦即波相不同，它们之间的作用如波峰与波谷相遇相互减弱一样。两个分子轨道波函数的平方，即为分子轨道电子云密度分布。分子轨道 Ψ_1 在核间的电子云密度很大，这种轨道称为成键轨道。分子轨道 Ψ_2 在核间的电子云密度很小，这种轨道称为反键轨道。成键轨道与反键轨道对于键轴均呈圆柱形对称，因此它们所形成的键是 σ 键。成键轨道用 σ 表示，反键轨道用 σ^* 表示。例如，氢分子是由两个氢原子的 1s 轨道组成的一个成键轨道（见图 1-4）。

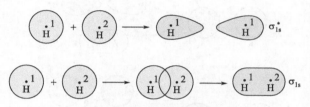

图 1-4　氢分子轨道示意图

分子中的电子排布时，根据保里（Pauli）不相容原理及能量最低原理，应占据能量较低的分子轨道。例如，氢分子中两个 1s 电子占据成键轨道且自旋平行，而反键轨道是空的，图 1-5 是氢分子基态的电子排布。

因此，分子轨道理论认为电子从原子轨道进入成键的分子轨道形成化学键，从而使体系的能量降低，形成稳定的分子。能量降低愈多，形成的分子愈稳定。

原子轨道组成分子轨道还必须具备能量相近、电子云最大重叠以及对称性相同三个条件。所谓能量相近，是指组成分子轨道的两个原子轨道的能量比较相近，这样才能有效地成键。如氢原子与氟原子组成氟化氢分子，氢原子的 1s 轨道与氟原子的哪一个轨道能量相近？氟原子的电子构型为 $(1s)^2$ $(2s)^2$ $(2p)^3$。由于氟的核电荷比氢的核电

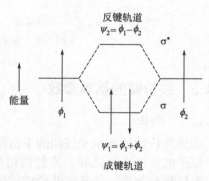

图 1-5　氢分子基态的电子排布

荷多，氟原子核对 1s 电子和 2s 电子的吸引力比氢原子核对 1s 电子的吸引力大得多，因此氟原子的 1s 电子和 2s 电子的能量很低，氟原子的 2p 电子与氢原子的 1s 电子能量相近，可以成键。

两个原子轨道在重叠时还必须有一定的方向，以便使重叠最大化、最有效，组成的键最强。例如一个原子的 1s 与另一个原子的 $2p_x$ 如果能量相近，就可以在 x 键轴方向上有最大的重叠，而在其他方向就不能有效地成键。

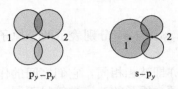

图 1-6　2p 轨道与 2p 轨道及 2p 轨道与 1s 轨道的重叠情况

要有效成键的一个条件就是对称性相同。在不同的区域，原子轨道波函数有不同的符号，符号相同的重叠能够有效成键。符号不同的，则不能有效成键。如图 1-6 所示。p_y 与 p_y 轨道符号相同，能有效地成键组成分子轨道；而 s 轨道与 p_y 轨道虽有部分重叠，但因其中一部分符号相同，另一部分符号不同，两部分正好互相抵消，不能有效地成键。

图 1-7 列举了几种典型的分子轨道，其中，π 键的成键轨道用 π 表示，反键轨道用 π^* 表示。σ 键的成键轨道用 σ 表示，反键轨道用 σ^* 表示。

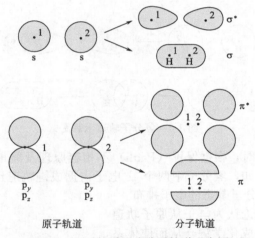

图 1-7　原子轨道形成分子轨道示意图

1.3.2　共价键的基本参数

1.3.2.1　键长

形成共价键的两原子核间的平衡距离称为共价键的键长。同核双原子分子的键长是两个原子的共价半径之和。X 射线衍射法、电子衍射法、光谱法等都可以用于测定键长。有机化合物中一些常见共价键的键长列于表 1-1 中。

表 1-1　一些共价键的键长　　　　　　　　　　　　　单位：nm

化合物	键	键长	化合物	键	键长	化合物	键	键长	化合物	键	键长
甲烷	C—H	0.109	烷烃	C—C	0.154	三甲胺	C—N	0.147	氟甲烷	C—F	0.142
乙烯	C—H	0.107	烯烃	C=C	0.134	尿素	C—N	0.137	氯甲烷	C—Cl	0.177
乙炔	C—H	0.105	炔烃	C≡C	0.120	乙腈	C≡N	0.115	溴甲烷	C—Br	0.194

续表

化合物	键	键长	化合物	键	键长	化合物	键	键长	化合物	键	键长
苯	C—H	0.108	乙腈	C—C	0.149	甲醚	C—O	0.144	碘甲烷	C—I	0.213
硫脲	C=S	0.164	丙烯	C—C	0.150	甲醛	C=O	0.121	氯乙烷	C—Cl	0.169

表中数据表明，键型和成键的杂化轨道发生变化时，共价键的键长也会随之变化。

1.3.2.2 键角

分子内同一原子形成的两个化合键之间的夹角称为键角。键角常以度数表示，例如，水分子呈弯曲形，它的键角为 $104.5°$；氨分子呈三角锥形，其键角为 $107.3°$，甲烷分子呈正四面体型，其键角为 $109.5°$。化合键之间有键角，所以它具有方向性。表 1-2 列出了一些烃类化合物的键角。

表 1-2　一些烃类化合物的键角参数

化合物	角	键角	化合物	角	键角
甲烷	∠HCH	$109°28'$	丙二烯	∠CCC	$180°$
乙烯	∠HCC	$122°±2°$	苯	∠CCH	$120°$
	∠HCH	$116°±2°$	环己烷	∠CCC	$109°28'$
乙炔	∠HCC	$180°$			

1.3.2.3 键解离能和平均键能

当 A 和 B 两个原子（气态）结合形成 A—B 分子时，放出的能量称为键能。分子中，断裂某一个键所消耗的能量称为键解离能。标准状况下，双原子分子的键解离能就是它的键能，它是该化学键强度的一种量度。键解离能和键能的单位常用 kJ/mol 表示。但是，对于多原子分子，由于每一根键的键解离能并不总是相等的，因此平时所说的键能实际上是指这类键的解离能的平均值。例如，甲烷分子中四个 C—H 键的键解离能是不同的。第一个 C—H 键解离能为 439.3kJ/mol，第二、第三个 C—H 键解离能均为 442kJ/mol，第四个 C—H 键解离能为 338.6kJ/mol。而甲烷的 C—H 键的平均键能为 ［（439.3+442×2+338.6）/4］ kJ/mol＝415.25kJ/mol，显然用键解离能比用平均键能更精确一些。表 1-3 列出了一些常见共价键的解离能。

表 1-3　一些常见键的键解离能　　　　　单位：kJ/mol

项目	H	F	Cl	Br	I	OH	NH₂	Me	CN
甲基	439.3	460.2	355.6	297.1	238.5	389.1	355.6	376.6	510.5
乙基	410.0	451.9	334.7	284.5	221.8	382.8	343.1	359.8	493.7
正丙基	410.0	447.7	338.9	284.5	221.8	384.9	343.1	361.9	489.5
异丙基	397.5	445.6	338.9	284.5	223.8	389.1	343.1	359.8	485.3
异丁基	389.1	460.2	338.9	280.3	217.6	389.1	343.1	354.5	
苯基	464.4	527.2	401.7	336.8	272.0	464.4	426.8	426.8	548.1
苯甲基	368.2		301.2	242.7	200.8	338.9	297.1	318.0	
烯丙基	359.8		284.5	225.9	171.5	326.4		309.6	
乙酰基	359.8	497.9	338.9	276.1	205.0	447.7		338.9	
乙氧基	435.1					184.1		347.3	
乙烯基	460.2		376.6	326.4				418.4	543.9
氢	436.0	568.2	431.8	366.1	298.3	498.0	447.7	419.3	523.0

1.3.2.4　偶极矩和分子的极性

共价键的极性常常用偶极矩来表示。

在分子中，由于原子之间电负性不同，电荷分布不均匀，导致某一部分正电荷多些，而另一部分负电荷多些，使正电中心与负电中心不能重合。例如，在二氯甲烷分子中，正电中心与负电中心各在空间某一点处：

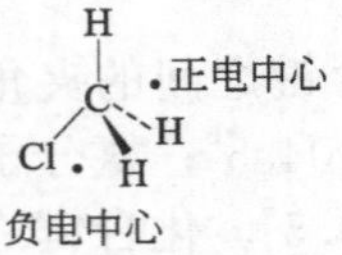

$$\begin{array}{c} H \\ \text{·正电中心} \\ C \\ Cl \quad H \\ H \\ \text{负电中心} \end{array}$$

这种在空间上具有两个大小相等、符号相反的电荷的分子，构成了一个偶极。正电中心或负电中心上的电荷值 q 与两个电荷中心之间的距离 d 的乘积，称为偶极矩，用 μ 表示：

$$\mu = q \times d$$

偶极矩的单位为 C·m（库仑·米）。偶极矩是有方向性的，用 ⊢→ 表示，箭头所示方向是从正电荷到负电荷的方向。

分子的偶极矩是组成分子的各原子间偶极矩的向量和。例如，甲烷分子是对称的，各键的偶极矩向量和为零，分子没有极性，或者称为非极性分子；而一氯甲烷（CH_3Cl）中 C—Cl 的偶极矩没有被抵消，整个分子具有偶极矩，称为极性分子。所以键的极性和分子的极性是不一样的。

1.3.3　共价键的断裂

1.3.3.1　共价键的断裂方式

共价键的断裂方式有均裂和异裂两种方式。均裂是断键时成键的一对电子平均分给两个成键原子或基团，反应产生自由基（或者称为游离基）。

$$A{-}B \xrightarrow{\text{光照或高温}} A \cdot + B \cdot$$

比如，甲烷中碳氢键发生均裂，产生甲基自由基和氢自由基，分别表示为 $CH_3 \cdot$、H·。均裂反应多发生于非极性分子中，需光、热或过氧化物催化。

而异裂是指断键时成键的一对电子全部给了其中一个原子或者基团，带部分负电荷，而另一个原子或者基团带部分正电荷，异裂产生正、负离子，表示为 A^+ 和 B^-。这类反应是反应物通过共用电子对的完全转移来实现的。

$$A{-}B \longrightarrow A^+ + B^-$$

需要注意的是，异裂过程中可能产生碳正离子和碳负离子，见图 1-8。不论是自由基、碳正离子和碳负离子都是反应过程中的中间体，比较活泼，只能瞬间存在。

1.3.3.2　有机反应类型

常见的有机反应类型主要包括自由基反应、离子型反应和协同反应。反应类型与键的断裂方式关系见图 1-9。一般地，自由基反应在高温、光照作用下进行，离子型反应在酸碱或者极性溶剂中进行。反应过程中，旧键断裂和新键形成相互协调地在同一步骤中完成的反应，称为协同作用。

离子型反应根据反应试剂不同，可以分为亲电反应和亲核反应。关于各种反应类型的反应条件以及反应机理将在后面章节进行详细介绍。

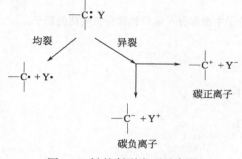

图 1-8 键的断裂类型示意图

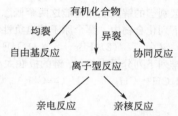

图 1-9 有机化学反应类型示意图

1.4 有机化学对各行业领域的重要性

有机化学是许多领域的基础科学，从农业、工业、国防等到与人类生产生活密切相关的衣食住行，都与有机化学及有机化合物有着密切关系。

在有机化学工业中，用量较大、用途最广的产品是塑料、合成纤维和合成橡胶，三者通称为三大合成材料。这些新的合成产物往往是自然界所没有的，从而弥补了天然有机物的不足，而且某些方面的性能比天然的产物优越、使用价值更大。例如，塑料除了日常民用外，已经成为机械制造工业、国防上多种金属的代用品；选矿和湿法冶金方面的一些设备和零件也是用塑料制成的。

有机化学与选矿、冶金领域的关系十分密切，是选矿、冶金工业的基础学科之一。浮选工艺中所涉及的药剂大多数是有机化合物。例如，常用的硫化矿捕收剂黄药是醇的衍生物；黑药是醇或酚的衍生物。作为氧化矿捕收剂的油酸、亚油酸、氧化石蜡皂、达尔皂、胺类等均为有机化合物。

选矿工艺中使用的起泡剂，如二号油、甲酚酸、重吡啶、醇醚起泡剂等也是有机化合物。抑制剂，如单宁、没食子酸、淀粉、糊精、羧甲基纤维素等属于有机高分子化合物。

在湿法冶金方面，不仅是稀有金属，而且在某些重金属以及轻金属的分离提取工艺中，越来越多的利用到有机化学的知识。从矿石浸出液中提取金属、分离性质相近的金属元素以及制备纯的金属化合物，已经日益广泛应用有机溶剂萃取。而萃取冶金中用的各类萃取剂，如仲辛醇、甲基异丁基酮、混合脂肪酸、环烷酸、磷酸三丁酯、胺、羟肟、异羟肟酸、烷基酰胺等是有机化合物。

以离子交换法制备高纯金属化合物所用的离子交换树脂是有机高分子化合物；在交

换分离过程中用到的淋洗剂，如氨羧络合物等也是有机化合物。

从以上这些常用的有机药剂可以看出，作为一个矿物加工领域和冶金领域工作者非常需要有机化学知识。

习　题

1. 根据电负性数据，用 δ^+ 和 δ^- 表明下列键或分子中带部分正电荷和部分负电荷的原子。

C＝O　　O—H　　CH₃CH₂—Br　　N—H

2. 区别键的解离能和键能这两个概念。

3. 下列化合物中，哪个原子的电负性较强？

(1) SO₂　　　　(2) PBr　　　(3) HF　　　(4) HI

4. 排列下列分子中 C—C 键的极性大小顺序。

CH₃CH＝CH₂　　　CH₃C≡CH　　　CH₃CH₂CH₃

第2章

烷烃

由碳和氢两种元素形成的有机物叫作烃，也叫作碳水化合物。烃是最简单的有机化合物，可以看作是其他有机化合物的母体，或者表述为：其他有机化合物可以看作是烃的衍生物。所以，有机化合物一般从烃类开始讨论。

根据分子中碳架，烃可以分为开链烃与环烃。开链烃是指分子中的碳原子相连成链状（非环状）而形成的化合物，也称为脂肪烃。脂肪烃又可以分为烷烃、烯烃、二烯烃、炔烃等。环烃分子中碳原子连接成闭合的碳环，又称为闭合烃，分为脂环烃和芳香烃两大类。

根据分子中碳原子的结合方式，烃又可以分为饱和烃和不饱和烃。在有机化学中，"饱和"意味着分子中的碳原子与其他原子的结合达到了最大极限。

开链的饱和烃叫作烷烃。烷烃是指分子中的碳原子之间以单键相连，其余的价键都与氢结合而成的化合物。例如：

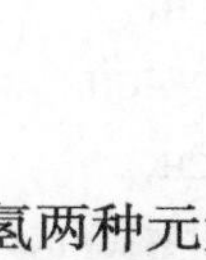

甲烷(CH_4) 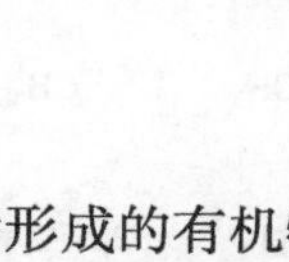　　乙烷(C_2H_6) 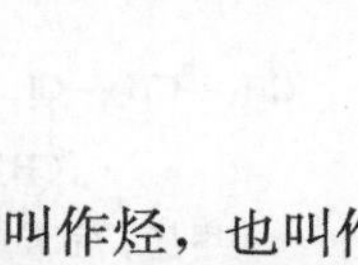　　丙烷(C_3H_8) 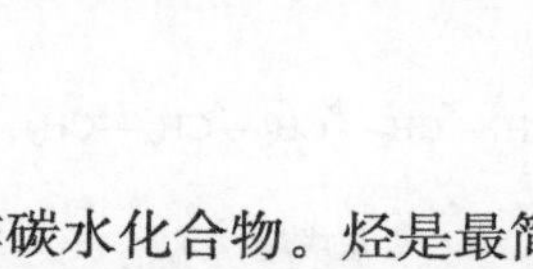　　戊烷(C_5H_{12})

2.1 烷烃的同系物及同分异构体

2.1.1 同系物

烷烃中最简单的是含有一个碳原子的化合物，叫作甲烷，分子式是 CH_4。碳原子的四个价键都与氢原子结合。其他烷烃分子中，碳原子的四个价键除以单键与其他碳原子互相成碳链，其余的价键也都和氢原子相连。两个碳原子的烷烃是乙烷，分子式是 C_2H_6。随着碳原子数目逐渐增多，可以得到一系列烷烃化合物。可以看出，从甲烷开始，每增加一个碳原子，就相应地增加两个氢原子。因此，可以用 C_nH_{2n+2} 表示这一系列化合物的组成，叫作烷烃的通式。

这种结构相似、组成上相差 n 个 CH_2（$n \geq 1$）的许多化合物组成的一个系列，叫作同系列，同系列中的化合物叫作同系物。

2.1.2 同分异构体

乙烷可以看作甲烷的一个氢原子被—CH_3基团取代而成，丙烷又可以看作乙烷的一个氢被—CH_3基团取代而成。同理丙烷的一个氢被—CH_3基团取代而形成丁烷。

甲烷、乙烷和丙烷都没有同分异构体。而丁烷有两种同分异构体，一种不含有支链（称为直链烃），叫作正丁烷；另一种含有支链，即在碳链上有支链，叫作异丁烷。这种由于碳原子的连接次序不同而产生的异构体叫作同分异构体。例如，戊烷同分异构体有以下几种：

$$^aCH_3{-}^bCH_2{-}^bCH_2{-}^bCH_2{-}^aCH_3$$

$$^aCH_3{-}^bCH_2{-}^cCH{-}^aCH_3 \atop |_{CH_3}$$

$$^aCH_3{-}^dC{-}^aCH_3 \; (^aCH_3\; 上下)$$

正戊烷   2-甲基丁烷(异戊烷)   2,2-二甲基丙烷(新戊烷)

由上述结构式可以看出，用 a、b、c、d 标出的碳原子是有区别的。以 a 标记的碳原子，只与另一个碳原子相连，其余三个键都与氢相连，叫作一级碳原子或者伯碳原子（以 1°表示一级）。以 b 标记的碳原子，与两个碳原子相连，叫作二级碳原子或者仲碳原子（以 2°表示二级）。以 c 标记的碳原子，与三个碳原子相连，叫作三级碳原子或者叔碳原子（以 3°表示三级）。以 d 标记的碳原子叫四级碳原子或季碳原子（以 4°表示），与四个碳原子相连，碳原子上无氢原子。

同分异构体的物理性质不同。一般地，直链烷烃比带有支链的异构体的沸点高，部分烷烃异构体的物理常数见表 2-1。

表 2-1 部分烷烃异构体的物理常数

烷烃名称	结构式	沸点/℃	熔点/℃
正丁烷	$CH_3CH_2CH_2CH_3$	−0.5	−138.3
异丁烷	$CH_3CH(CH_3)CH_3$	−11.7	−159.4
正戊烷	$CH_3CH_2CH_2CH_2CH_3$	36.1	−129.8
异戊烷	$CH_3CH(CH_3)CH_2CH_3$	29.9	−159.9
新戊烷	$CH_3C(CH_3)_3$	9.4	−16.8
正己烷	$CH_3CH_2CH_2CH_2CH_2CH_3$	68.7	−95.3
2-甲基戊烷	$CH_3CH(CH_3)CH_2CH_2CH_3$	60.3	−153.6
3-甲基戊烷	$CH_3CH_2CH(CH_3)CH_2CH_3$	63.3	−118
2,2-二甲基丁烷	$CH_3C(CH_3)_2CH_2CH_3$	49.7	−100
2,3-二甲基丁烷	$CH_3CH(CH_3)CH(CH_3)_2$	58.0	−128.4

为了便于命名以及说明有机化合物的结构，需要给一些基团一定的名称，如"烷基"，所谓烷基是指由烷烃分子中除去一个氢原子后余下的部分，用 R—表示。对于具体的烷基，则按照相应的母体烷烃命名。例如，—CH_3 叫甲基，CH_3CH_2—叫乙基。表 2-2 为某些烷基的名称和结构。

表 2-2 某些烷基的名称和结构

烷基	名称	烷基	名称
—CH_3	甲基	$CH_3CH_2{-}CH{-}CH_3 \atop \quad\;\;|$	仲丁基

续表

烷基	名称	烷基	名称
CH_3CH_2-	乙基	$CH_3-CH-CH_2-$ 　　　　$\|$ 　　　　CH_3	异丁基
$CH_3CH_2CH_2-$	丙基	CH_3 　　　　$\|$ CH_3-C- 　　　　$\|$ 　　　　CH_3	叔丁基
CH_3-CH- 　　　　$\|$ 　　　　CH_3	异丙基	$CH_3-CH-CH_2CH_2-$ 　　　$\|$ 　　　CH_3	异戊基
$CH_3CH_2CH_2CH_2-$	丁基		

2.2 烷烃的命名

由于有机化合物的数目繁多，而且很多化合物的结构又很复杂，为了便于交流，避免造成混乱，自 1892 年以来，国际化学联合会等国际化学组织对有机化合物的命名原则进行了多次讨论、修订、补充。目前，被各国普遍采用的是国际纯粹与应用化学联合会于 1979 年公布的命名原则，简称 IUPAC 原则。对于某些天然产物以及用系统命名过于复杂的化合物则习惯采用俗名。我国给予各类有机物以相应的中文名称并根据 IUPAC 原则命名具体化合物。

烷烃的命名方法主要包括普通命名法、系统命名法和俗名等几种。

2.2.1 普通命名法

烷烃最早是根据碳原子数目来命名的，例如甲烷、乙烷、丙烷等。

用甲、乙、丙、丁、戊、己、庚、辛、壬、癸十个字分别表示十个及以下碳原子的数目，十个以上的就用十一、十二、十三等数字表示。

$$CH_3CH_3 \qquad 乙烷$$
$$CH_3(CH_2)_4CH_3 \qquad 己烷$$
$$CH_3(CH_2)_{10}CH_3 \qquad 十二烷$$

带有支链的烷烃的普通命名法中，用正、异、新等前缀区分同分异构体，然后加上"烷"字就是全名。其中"正"代表不含支链的化合物，分子中碳链一端的第二位碳原子上有一个带有 CH_3 的化合物用"异"，而"新"字用来表示具有叔丁基结构的含五个或者六个碳原子的链烃。这种命名法还称为习惯命名法。

由于采用"正、异、新"命名有时不能很好地反映出分子的结构，而且对于复杂的烷烃，普通命名法不能准确的反映有机化合物的分子结构，因此一般采用系统命名法。

2.2.2 系统命名法

目前，有机化合物最常用的命名法是国际纯粹和应用化学联合会制定的系统命名法。我国现在采用的系统命名法基本上就是根据 IUPAC 规定的规则，再结合我国文字特点而制定的。

2.2.2.1 确定主链

在分子中选择一条最长的碳链作为主链，根据主链所含的碳原子数目叫作某烷。用甲、乙、丙、丁、戊、己、庚、辛、壬、癸十个字分别表示十个及以下碳原子的数目，十个以上的就用十一、十二、十三等数字表示。将主链以外的其他烷基看作是主链上的取代基（或者叫作支链）。

选择主链时要注意，不能只把书面上的直链看作主链，凡是连续的碳原子都应该包括在一条碳链之内。下面例子中，最长的连续碳链有八个碳原子，该化合物母体的名称为辛烷。

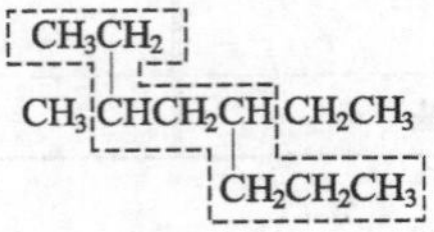

$$CH_3CHCH_2CH\begin{matrix}CH_2CH_2\\|\\CH_2CH_3\end{matrix}$$

CH₂CH₂CH₃

2.2.2.2 编号

按最低系列原则进行编号。选定主链后，需要对主链的位次进行编号，即确定取代基的位次。一般地，由距离支链最近的一端开始，将主链上的碳原子用阿拉伯数字1、2、3……编号，支链所在的位置就以它所连接的碳原子的号数表示。简单的烷烃从距离取代基最近的一端开始编号。

如下式中，从左到右编号，取代基的位次为3，而从右到左编号，取代基位次为4，所以这个烷烃应该从左到右编号，才能使甲基位次最小。

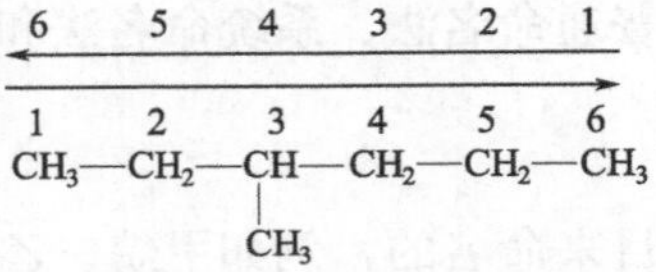

$$\begin{matrix}6&5&4&3&2&1\\1&2&3&4&5&6\\CH_3&CH_2&CH&CH_2&CH_2&CH_3\\&&CH_3\end{matrix}$$

当主链上有几个支链时，从主链任意一端开始编号，可以得到不同的编号方式，则按照最低系列原则进行编号。

最低系列原则要求，首先比较不同编号方式中表示"取代基"位置的数字，然后选择最先遇到、位次较小的那一种编号方式。若有多个取代基，逐个比较，直至比较出差异为止。

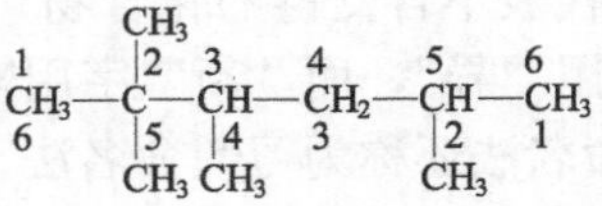

$$\begin{matrix}1&2&3&4&5&6\\CH_3&C&CH&CH_2&CH&CH_3\\6&5&4&3&2&1\\&CH_3 CH_3&&&CH_3\end{matrix}$$

以上例子中确定取代基位置的数字时，选择最先遇到、位次较小的。从左到右编号取代基的位次分别是2，2，3，5；而从右向左编号2，4，5，5。对比数据大小，可以看出，最先出现差别的是第二项，即从左到右编号首先出现较小数字。所以，应该选择从左到右编号，取代基的位次为2，2，3，5。

需要注意，英文文献中，IUPAC规定，支链是按照基团名称的最前面一个字母的顺序排列。如甲基methyl（Me），乙基ethyl（Et），所以乙基写在甲基之前。

2.2.2.3 按名称基本格式写出全名

支链烷基的名称及位置写在母体名称的前面，主链上连有不同支链时，支链（或取代基）的排列顺序按照立体化学中的"次序原则"要求，将"较优"基团列在右面。

所谓"次序规则"的主要内容表述为：

原子序数大的原子次序大，原子序数小的次序小，同位素中质量高的次序大。常见元素次序大小：$I>Br>Cl>S>P>F>O>N>C$。

如果原子团的第一个原子相同，则需要比较与它相连的其他原子（如第二个原子）的原子序数大小，依次类推，优先基团在后。常见的烷基的次序为：甲基、乙基、丙基、丁基、戊基……

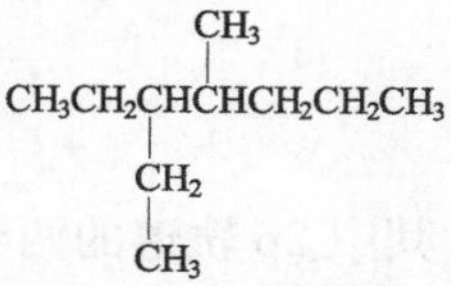

$$CH_3$$
$$CH_3CH_2CHCHCH_2CH_2CH_3$$
$$|$$
$$CH_3$$

4-甲基-3-乙基庚烷

$$CH_3 \quad CH_3 \qquad\qquad CH_3$$
$$CH_3CHCH_2CHCCH_2CH_2CH_2CHCH_3$$
$$| \qquad |$$
$$CH_3 \quad CH_2$$
$$H_3C$$

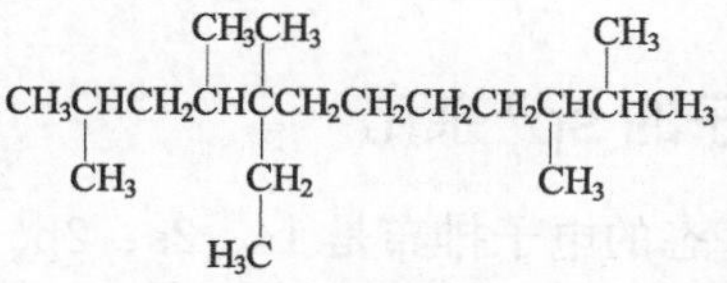

2,3,8,9,11-五甲基-8-乙基十二烷

上面两个实例中，乙基与甲基相比，乙基为较优基团，故应该放在后面，甲基放在前面。

为了清楚起见，书写化合物名称时，要注意各个位次数字之间需要用","隔开，位次与取代基之间用"-"相隔，最后一个取代基和母体名称直接相连。

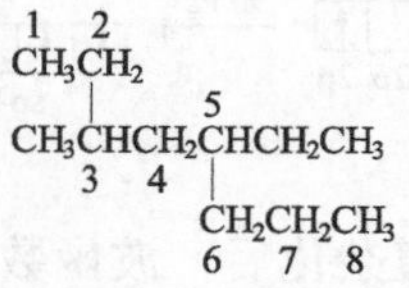

$$\overset{1}{CH_3}\overset{2}{CH_2}$$
$$CH_3CHCH_2CHCH_2CH_3$$
$$\overset{}{\underset{3}{}}\ \overset{}{\underset{4}{}}\quad \overset{}{\underset{5}{}}$$
$$CH_2CH_2CH_3$$
$$\underset{6}{}\ \underset{7}{}\ \underset{8}{}$$

3-甲基-5-乙基辛烷（不能称为 6-甲基-4-乙基辛烷）

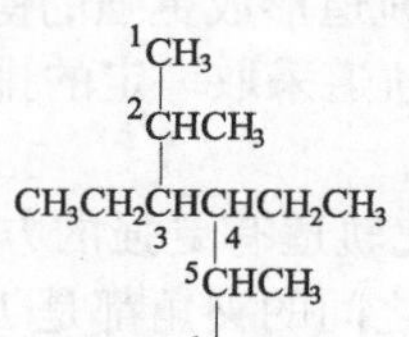

$$\overset{1}{CH_3}$$
$$\overset{2}{CHCH_3}$$
$$CH_3CH_2CHCHCH_2CH_3$$
$$\overset{}{\underset{3}{}}\ \overset{}{\underset{4}{}}$$
$$\overset{5}{CHCH_3}$$
$$\overset{6}{CH_3}$$

2,5-二甲基-3,4-二乙基己烷（不能称为 3,4-异丙基己烷）

次序规则还包括，如果碳链结构中有含双键或三键的基团，则视为连有两个或三个相同的原子，如：

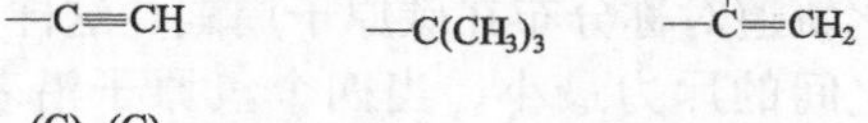

$$-C\equiv CH \qquad\qquad -C(CH_3)_3 \qquad\qquad -\overset{H}{\underset{}{C}}=CH_2$$

可以看作

$$\begin{matrix}(C)&(C)\\-C&-C&-H\\(C)&(C)\end{matrix} \qquad \begin{matrix}CH_3\\-C&-CH_3\\CH_3\end{matrix} \qquad \begin{matrix}(C)&(C)\\-C&-C&-H\\H&H\end{matrix}$$

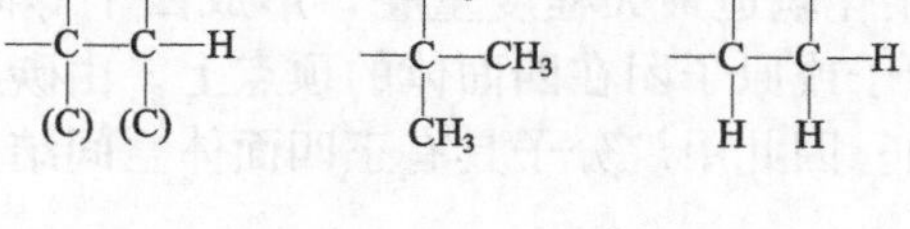

2.3 烷烃的结构、乙烷和丁烷的构象

前面书写的烷烃化合物的结构式只能告诉我们分子中各原子之间的连接次序。例如，甲基（—CH₃）的结构式只能说明分子中有三个氢原子与碳原子直接相连，而没有表示出氢原子与碳原子在空间的相对位置，即不能说明分子的立体形状。实验证明，甲烷的分子不是像结构式画的那样一个平面四方形，而是正四面体，即四个氢原子在四面体的四个顶点，碳原子在四面体的中心，四个 C—H 键键长完全相等，H—C—H 间夹角都是 109°28'。因此，还必须了解烷烃分子中各原子之间的连接方式、成键类型及其空间结构。

2.3.1 碳原子的 sp³ 杂化

碳原子在基态的电子排布是 1s、2s、$2p_x^1$、$2p_y^1$，其中 2p 轨道的两个电子是未成键的价电子。按照未成键电子数目，碳原子应该是二价。实际上，甲烷等有机化合物分子中的碳原子一般都是四价。

根据杂化轨道理论，一个 s 轨道和 3 个 p 轨道杂化形成的四个能量相等的轨道叫 sp³ 轨道，这种杂化方式称为 sp³ 杂化，相当于 1/4 的 s 成分和 3/4 的 p 成分，其空间取向是指向正四面体的顶点的。

p 轨道分为上下两瓣，与 s 轨道杂化后，波函数符号相同的一瓣增大了，另一瓣缩小了。因此每个杂化轨道绝大多数电子云集中在轨道的一个方向，另一个方向电子云少，使方向性加强，可以与另一个轨道形成更强的键。为了使杂化轨道彼此达到最大的距离和最小的干扰，碳的四个 sp³ 轨道采取一定的排列方式，即以碳原子为中心，四个轨道分别指向正四面体的每个顶点。

sp³ 杂化轨道特点表现为：杂化轨道有更强的方向性、四个杂化轨道完全等值、四个键尽可能远离、每两个杂化轨道之间的夹角都是 109°28'。

2.3.2 甲烷的正四面体结构

甲烷是最简单的烷烃，甲烷中四个氢的地位完全相同。研究烷烃的空间结构一般都从甲烷的结构开始。

1874 年范特霍夫和勒贝尔同时提出碳正四面体的概念。他们认为碳原子相连的四个原子或原子团不在一个平面上，而是在空间分布成四面体。四个杂化轨道对称分布在碳原子周围，这样可以使价电子尽可能离得远些，彼此之间的斥力最小。当四个氢原子沿着对称轴方向靠近碳原子时，氢的 1s 轨道可以同杂化轨道最大程度重叠，形成四个等同的 C—H 键。碳原子位于四面体的中心，四个原子或原子团在四面体的顶点上。由碳原子向四个顶点所作连线就是碳的四个价键的方向。因此甲烷分子具有正四面体空间结构。

　　构型是指在具有一定构造的分子中，原子在空间的排列状况。甲烷分子的构型是正四面体，碳原子采取 sp^3 杂化，四个碳氢键的键长为 0.109nm，键角为 109°28′。甲烷中 C—H 成键原子的电子云是沿着它们的对称轴的轴向相互重叠的，这样形成的键叫 σ 键。

　　与甲烷一样，其他烷烃分子中的碳原子也是以 sp^3 杂化轨道与别的原子形成 σ 键的，因此也具有正四面体的结构。

2.4 烷烃分子的模型和表示方法

2.4.1 模型

　　有机化合物都可以用分子模型来表示分子中各碳原子之间的空间排列情况。常用的分子模型有凯库勒模型（球棒模型）和斯陶特模型（比例模型），如图 2-1 所示。

(a) 凯库勒模型(球棒模型)　　　　(b) 斯陶特模型(比例模型)

图 2-1　甲烷的分子模型

　　凯库勒模型是用不同颜色的小球代表不同的原子，以小棍表示原子之间的键，它只能说明原子在空间的相对位置，不能将原子完全等同于宏观的球。斯陶特模型则是按照原子半径和键长的比例制成的，所以它表示的分子的立体形状比球棍模型更加真实些，但是它表示的价键的分布却不如球棍模型明显。

2.4.2 楔形式

　　楔形式表示方法也可以表示有机化合物的立体形状。在楔形式表示方法中，实线表示在纸平面上的键，虚线表示伸向纸平面后方的键，楔形实线表示伸向纸平面前方的键。乙烷的楔形式空间结构表示法如下：

2.4.3 锯架式

　　锯架式也叫透视式，是从 C—C 键轴斜 45°方向观察得到的结构表示式。乙烷的锯架式结构表示如下：

2.5 乙烷和丁烷的构象

烷烃的碳碳单键是可以自由旋转的，如果固定一个碳原子不动，另一个碳原子绕 C—C 键旋转，则一个碳原子上的三个氢原子相对于另外一个碳原子上的氢，可以有无数个空间排列形式。这种由于单键可以相对自由的旋转，使分子中的原子或者基团在空间产生的特定排列形式，称为构象。每一个由单键旋转而产生的异构体称为构象异构体或者旋转异构体。

2.5.1 乙烷的构象

具有构象异构的最简单的烷烃是乙烷。当乙烷分子以碳碳 σ 键为轴进行旋转时，两个相邻碳原子上的其他键（如 C—H 键）会交叉成一定角度，这个角叫作两面角。单键旋转一周可以形成无数个构象异构体。特别地，将两面角为 0° 的构象称为重叠型构象，两面角为 60° 的构象称为交叉型构象，在 0°～60° 的构象叫作扭曲型构象。其中，重叠型构象和交叉型构象是构象异构体中的两种极端构象，也是我们重点研究的构象类型。

表示构象可以用透视式和投影式，即锯架透视式和纽曼投影式。锯架透视式表示的是从斜侧面看到的乙烷分子模型的构象。透视式比较直观，但较难画好。在透视图中，虽然各个键都可以看到，但各个原子的相对位置还不能很好地表达出来。因此，纽曼提出了以投影的方式观察和表示乙烷立体结构的方法，叫作纽曼投影法。它是把乙烷分子的凯库勒模型放在纸面上，沿着 C—C 键的延长线观察，用点表示前面的碳原子，与之相连的三条实线表示三个键，用圆圈表示距眼睛远的碳原子，上面的三个氢画于圆外。

纽曼投影式

乙烷的重叠型构象　　　乙烷的交叉型构象

锯架透视式

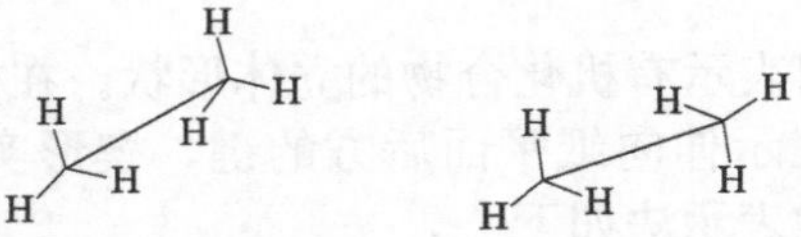

乙烷的重叠型构象　　　乙烷的交叉型构象

在众多的构象中，对交叉构象和重叠构象的研究较多。交叉构象中，两个碳原子上氢原子间的距离最远，相互之间排斥力最小，因而分子内能最低。内能最大的是重叠式，相互斥力作用最大，最不稳定。乙烷可以形成无数的构象，但从能量角度来说，只有一种构象的内能最低，因而稳定性也最大，这种构象叫作优势构象。

乙烷分子中，C—C 键键长为 0.154nm，C—H 键键长为 0.1107nm。它的重叠构象中，两个碳原子上的氢原子彼此间是重叠的。两个氢核之间的距离为 0.229nm，小于氢原子的范德华半径（为 0.120nm）。因此两个氢原子之间存在排斥力，使分子能量最高，如图 2-2 所示。而交叉构象中，两个碳原子上的氢原子离得最远，能量低，稳定。其他构象介于二者之间，在可能的情况下，分子总是倾向于以能量最低的稳定形式存在。一旦偏离稳定状态，非稳定构象就有恢复成稳定构象的力量，这种力量称为扭转张力。

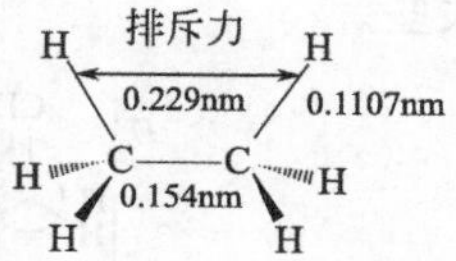

交叉构象和重叠构象的内能虽然不同，但是差别不大，如乙烷的内能差约 12.5kJ/mol。在接近绝对零度的低温下，分子都以交叉式存在，室温下的热能足以使两种构象之间以极快的速率相互转化。因此在室温时，乙烷可以看作是交叉式和重叠式以及介于两者之间的无数构象异构体的平衡混合物，不能分离。但是，如果某一化合物的两种构象之间的内能差很大，就可能通过某种方法分离出不同的构象异构体。由于构象之间相互转化需要克服一定的能障，所以所谓的单键自由旋转也不是完全意义上的自由。

图 2-2　乙烷分子重叠构象中氢与氢间的排斥力示意图

乙烷分子中碳碳单键相对旋转时，不同构象分子内能的变化如图 2-3 所示。图中曲线上的任何一点代表一种构象和它的势能。位于曲线最低点，即谷底，势能最低，所代表的构象最稳定，即最稳定构象，显然交叉构象是稳定构象。同理，位于曲线峰值位置的点对应的构象为不稳定构象，重叠构象为不稳定构象。

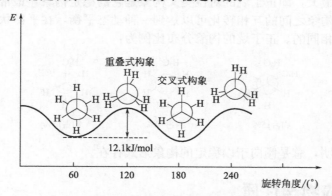

图 2-3　乙烷不同构象的能量曲线图

2.5.2 丁烷的构象

丁烷可以看作乙烷的二甲基衍生物。为了讨论方便，固定 C_2—C_3 键，使 C_3 绕 C_2—C_3 间的轴相对旋转，每转 60°可以得到一种有代表性的构象，旋转 360°则复原，见图 2-4。

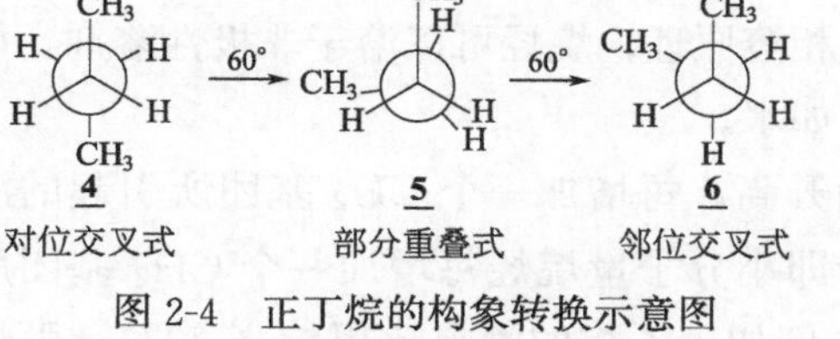

丁烷各种构象的内能变化见图 2-5，从图中可以看出，几种代表性构象的能量顺序为：完全重叠＞部分重叠＞邻位交叉＞对位交叉构象。与乙烷相似，它们之间的能量相差也不是很大，因此也不能分离出构象异构体。但是，由于甲基比氢原子的体积大很多，丁烷的完全重叠式构象与对位交叉式构象间的能量之差比乙烷的重叠式与交叉式构象的能

1 全重叠式　**2** 邻位交叉式　**3** 部分重叠式

4 对位交叉式　**5** 部分重叠式　**6** 邻位交叉式

图 2-4　正丁烷的构象转换示意图

量差大些。

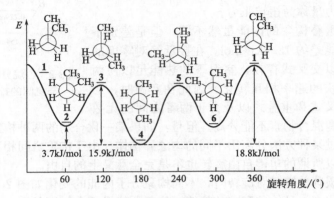

图 2-5　丁烷各种构象的内能变化

丁烷中两个体积大的基团（即甲基）间距离最远的构象没有扭张力，它的能量最低，出现的机会最大，即正丁烷的对位交叉构象是它的稳定构象，最常见。其次是邻位交叉构象。由于构象之间的互相转化可以达到一种动态平衡，在平衡状态下，各种构象所占的比例是不相同的。正丁烷的构象分布比例为：

约占15%　　　　　约占70%　　　　　约占15%

以上数据说明，总是倾向于以稳定的构象形式存在。

2.6　烷烃的物理性质

有机化合物的物理性质通常是指它们的状态、沸点、熔点、相对密度、溶解度和折射率等。纯物质的物理性质在一定条件下都有固定的数值，所以也常常把这些数值称为物理参数。通过参数的测定，可以鉴定物质的纯度或者鉴别个别化合物。如根据物质的沸点，可以鉴定其是否是该物质。利用不同化合物的物理性质，可以分离有机化合物，如利用其沸点不同，通过蒸馏的方法分离烷烃混合物。一般来说，同系物中各种物理性质是随着分子量的增加而递变的。

状态：常温常压下，含有一个到四个碳原子的烷烃为气体，含五个到十六个碳原子的直链烷烃为液体，含十七个碳原子以上的直链烷烃为固体。

溶解性：烷烃是非极性分子，根据相似相溶原理，烷烃可以溶于非极性溶剂，如四氯化碳、烃类化合物。但不溶于极性溶剂，如水。

沸点：烷烃的沸点随着分子量的增加而升高，每增加一个 CH_2 基团所引起的沸点升高的数值随着分子量的增加而逐渐减小，即小分子量烷烃每增加一个 CH_2 基团所引起的沸点差距较大，而高级烷烃相差小些。例如，乙烷的沸点比甲烷高 73℃，丙烷比乙烷高 46℃，十一烷比癸烷仅仅升高 22℃。所以，低级烷烃比较容易分离，高级烷烃难一些。某些烷烃的熔点和沸点见表 2-3。

表 2-3 某些烷烃的熔点和沸点

化合物	结构式	熔点/℃	沸点(0.1MPa)/℃
甲烷	CH_4	−182.6	−161.6
乙烷	CH_3CH_3	−183.3	−88.5
丙烷	$CH_3CH_2CH_3$	−187.1	−42.2
丁烷	$CH_3(CH_2)_2CH_3$	−138.4	−0.5
戊烷	$CH_3(CH_2)_3CH_3$	−129.7	36.1
己烷	$CH_3(CH_2)_4CH_3$	−94.0	68.7
庚烷	$CH_3(CH_2)_5CH_3$	−90.5	98.4
辛烷	$CH_3(CH_2)_6CH_3$	−56.8	125.7
壬烷	$CH_3(CH_2)_7CH_3$	−53.7	150.8
癸烷	$CH_3(CH_2)_8CH_3$	−29.7	174.1
十一烷	$CH_3(CH_2)_9CH_3$	−25.6	195.9
十二烷	$CH_3(CH_2)_{10}CH_3$	−9.7	216.3
十三烷	$CH_3(CH_2)_{11}CH_3$	−6.0	235.5
十四烷	$CH_3(CH_2)_{12}CH_3$	5.5	253.6
十六烷	$CH_3(CH_2)_{14}CH_3$	18.1	287.6
二十烷	$CH_3(CH_2)_{18}CH_3$	36.6	340
一百烷	$CH_3(CH_2)_{98}CH_3$	115.1	

沸点大小取决于分子间的作用力。烷烃分子是非极性分子，它们之间靠范德华引力（主要产生于色散力）吸引在一起，色散力的大小与分子中原子的数目和大小有关系。烷烃分子中碳原子数目增多，则色散力增大，因此沸点升高。另外，碳链的分支及分子的对称性对沸点有显著的影响。一般在含有相同数目碳原子的烷烃异构体中，直链的异构体沸点最高，支链越多，沸点越低。因为随着支链增多，分子趋向球形，使这些分子不能像正烷烃那样接近，分子间作用力就减弱，因此在较低温度下就可以克服分子间作用力而沸腾。

熔点：烷烃熔点的变化规律与沸点相近，也是随着碳原子数目增加，熔点逐渐升高，但是其规律性差些。因为熔点不仅取决于分子间的作用力，还与晶格堆积的密集度有关。对称性大的烷烃，晶格排列比较紧密，熔点相对较高一些。由于偶数碳链具有较高的对称性，因此含有偶数碳原子烷烃的熔点通常比奇数的熔点升高的多一些。由表 2-3、表 2-4 可以看出，烷烃熔点的特点是随分子量增大而增大；偶数碳烷烃比奇数碳烷烃的熔点升高值大；分子量相同的烷烃，支链增多，熔点下降。同分异构体之间的沸点和熔点参数见表 2-4。

表 2-4 同分异构体沸点和熔点

化合物	结构式	熔点/℃	沸点(0.1MPa)/℃
戊烷	$CH_3(CH_2)_3CH_3$	−130	36.1

2-甲基丁烷	$CH_3-CH-CH_2CH_3$
	      $\|$
	     CH_3
		−160	27.9

2,2-二甲基丙烷	CH_3
	    $\|$
	CH_3-C-CH_3
	    $\|$
	    CH_3
		−170	9.5

2.7 烷烃的化学性质

有机化合物的化学性质取决于其结构。烷烃分子中含有碳碳（C—C）σ键和碳氢（C—H）σ键，这两种共价键比较牢固，而且C—H键的极性很小，因此化学性质不活泼，表现为和强酸、强碱、强氧化剂、强还原剂都不发生反应。只有在一定条件下，特别是在高温或催化剂作用下，烷烃能发生一系列化学反应。烷烃的大多数反应都是通过自由基机理进行的。主要因为形成烷烃的碳碳键和碳氢键都很强，需要较高的能量才能使之断裂，如断裂C—C键需要347kJ/mol，断裂C—H键需要308～435kJ/mol。再者，碳原子和氧原子之间的电负性差距较小，共用电子对不易偏向某一个原子，电子分布均匀，因此烷烃对亲电试剂或亲核试剂都没有特殊的亲和力。

2.7.1 氧化反应

需要注意，无机化学中，一般采用电子得失或氧化数升降来判断氧化还原反应。而在有机化学中，则常常把有机物分子结构中引入氧或者脱去氢的反应叫作氧化反应；引入氢或者脱去氧的反应叫作还原反应。

烷烃在空气中能够燃烧，燃烧的实质就是氧化反应。空气充足燃烧时，生成二氧化碳和水，同时发出大量的热。标准状态下，1mol甲烷的燃烧热为889.8kJ/mol。

$$CH_4 + 2O_2 \longrightarrow CO_2 + 2H_2O$$
$$RH + O_2 \longrightarrow CO_2 + H_2O$$

这是石油产品（如汽油、煤油、柴油等）作为内燃机燃料的基本原理。

低级烷烃（$C_1 \sim C_6$）蒸气与空气混合至一定比例时，遇到明火或者火花便燃烧放出大量的热，使生成的 CO_2 和 H_2O 急剧膨胀而发生爆炸，这是煤矿爆炸事故的主要原因。甲烷的爆炸极限是 $5.53\% \sim 14\%$，也就是说，甲烷在空气中的比例在此范围内时遇到明火会爆炸，超过或者低于此范围时只是燃烧而不爆炸。

在催化剂存在的情况下，烷烃在其着火点以下可以被氧气氧化，氧化的结果是碳链在任何部位都有可能断裂，生成含碳原子数较原来烷烃少的含氧有机物，如醇、醛、酸等。氧化反应比较复杂，不能用一个准确的反应式表示，只能简单表示如下：

$$RCH_2CH_2R' + O_2 \longrightarrow RCH_2OH + R'CH_2OH$$
$$醇 \qquad 醇$$
$$RCH_2CH_2R' + O_2 \longrightarrow RCOOH + R'COOH$$
$$酸 \qquad 酸$$

2.7.2 异构化反应

有机化合物由一种异构体转变为另一种异构体的反应，称为异构化反应。炼油工业中，往往利用烷烃的异构化反应，使石油馏分中的直链烷烃异构化为支链烃，以提高汽油的质量。

如正丁烷在三溴化铝和溴化氢存在下，27℃时可以发生异构化反应，生成异丁烷。

$$CH_3CH_2CH_2CH_3 \underset{27℃}{\overset{AlBr_3-HBr}{\rightleftharpoons}} CH_3CHCH_3$$
$$\qquad\qquad\qquad\qquad\qquad\qquad\qquad | $$
$$\qquad\qquad\qquad\qquad\qquad\qquad\qquad CH_3$$
$$\qquad 20\% \qquad\qquad\qquad\qquad\qquad\qquad 80\%$$

异构化反应是可逆的，受热力学平衡控制。该反应在石油工业中具有很重要的意义，通过此反应，可以把石油馏分中的低辛烷值的正烷烃转化为高辛烷值的异构烷烃。

2.7.3 热裂反应

在无氧条件下，烷烃在高温（800℃左右）发生碳碳键断裂，大分子化合物变成小分子化合物，这个反应称为热裂反应。石油加工后除了得到汽油外，还有煤油、柴油等分子量较大的烷烃，通过热裂反应，可以变成汽油、甲烷、乙烷、乙烯等小分子化合物。这个过程很复杂，产物也很复杂，碳碳键、碳氢键都可以断裂。且断裂可以发生在分子中间，也可以发生在分子一侧。一般情况下，分子越大，越容易断裂，而且热裂后的分子还可以继续进行热裂。

$$CH_3CH_2CH_2CH_3 \longrightarrow \begin{cases} CH_4 + CH_3CH = CH_2 \\ H_2C = CH_2 + CH_3CH_3 \\ H_2 + CH_3CH_2CH = CH_2 \end{cases}$$

利用热裂反应可以提高汽油的产量和质量。一般原油经过分馏得到的汽油占原油的 $10\% \sim 20\%$，且质量不好。经过热裂反应后，原油中含碳原子数目较多的烷烃断裂成更被需要的汽油组分（$C_6 \sim C_9$）。工业上通常使用催化剂存在下的热裂反应改善汽油的质量。

2.7.4 自由基卤代反应

烷烃分子中的氢原子被其他原子或基团所取代的反应称为取代反应。通过自由基机理发生的取代反应，称为自由基取代反应。

在热、光或者催化剂作用下，烷烃分子的氢原子被卤素取代，这种反应叫作烷烃的卤代反应。例如：

$$CH_4 + Cl_2 \xrightarrow[\triangle]{h\nu} CH_3Cl + HCl$$

$$CH_3CH_3 + Cl_2 \xrightarrow[\triangle]{h\nu} CH_3CH_2Cl + HCl$$

烷烃的卤代反应一般是指氯代反应和溴代反应。因为氟代反应非常剧烈，属于爆炸性反应，往往用惰性气体稀释，并在低压下进行。而碘代反应却很难直接发生，一方面是碘原子的活性低，另一方面是因为反应中产生的碘化氢具有强还原性，可以把生成的 RI 还原成原来的烷烃。因此，卤素的反应活性顺序为：$F_2 > Cl_2 > Br_2 > I_2$。

甲烷的氯代反应是工业上制备氯代甲烷的重要反应，但是实验室中，很难使反应停止在一氯产物阶段：

$$CH_4 + Cl_2 \xrightarrow[\triangle]{h\nu} CH_3Cl + HCl$$

$$CH_3Cl + Cl_2 \xrightarrow[\triangle]{h\nu} CH_2Cl_2 + HCl$$

$$CH_2Cl_2 + Cl_2 \xrightarrow[\triangle]{h\nu} CHCl_3 + HCl$$

$$CHCl_3 + Cl_2 \xrightarrow[\triangle]{h\nu} CCl_4 + HCl$$

因此，反应得到的产物一般是一氯甲烷、二氯甲烷、三氯甲烷和四氯化碳的混合物。工业中一般通过精馏，使产物的混合物———分离开来。

反应产物混合物的组成取决于反应物与试剂的比例和反应条件等。例如，在工业上400～500℃反应温度下，调节甲烷和氯的摩尔比为 10∶1 时，主要产物是一氯甲烷；当甲烷和氯的摩尔比为 0.263∶1 时，主要生成四氯化碳。

乙烷的卤代反应和甲烷相同，只能生成一种一氯代物。从丙烷开始，其他烷烃的一卤代产物就不止一种，这是由于分子结构中可取代的氢原子类型不止一种，因此能生成两种或两种以上的一卤代物。例如，丙烷的氯代反应可以生成两种一卤代产物：

$$CH_3CH_2CH_3 + Cl_2 \xrightarrow[\triangle]{h\nu} \begin{cases} CH_3CH_2CH_2Cl & 43\% \\ CH_3\underset{\underset{Cl}{|}}{C}HCH_3 & 57\% \end{cases}$$

从丙烷分子结构可以看出，碳原子上的氢原子有伯氢和仲氢两类，其一氯代产物有两种，而且两种取代产物的比例不相同。伯氢原子总共有 6 个，其取代产物所占比例为43%；而仲氢原子数目为 2 个，对应的取代产物比例却达到 57%，即仲碳原子上氢的取代几率更大些。

而异丁烷除两种一氯代产物外，还可能有一些多氯代产物，而且一氯代物的比例也不相同。

$$CH_3\underset{\underset{CH_3}{|}}{\overset{\overset{CH_3}{|}}{C}}H + Cl_2 \xrightarrow[\triangle]{h\nu} \begin{cases} CH_3\underset{\underset{CH_3}{|}}{\overset{\overset{CH_2Cl}{|}}{C}}H & 48\% \\ CH_3\underset{\underset{CH_3}{|}}{\overset{\overset{CH_3}{|}}{C}}Cl & 29\% \\ 多氯代产物 & 43\% \end{cases}$$

分析以上氯代反应产物所占比例数据可以发现，不同类型碳原子上面的氢原子的活性是不相同的。

通过计算可以了解氢原子个数与卤代反应产物的关系。丙烷中有 6 个伯氢原子、2个仲氢原子，理论上其氯代产物比例应该为 3∶1，但实际情况却不是这样。异丁烷中伯氢原子总共有 9 个，其取代产物所占比例为 48%；而叔氢原子数目为 1 个，对应的取代产物比例却达到 29%。为了说明问题方便，将上述反应中氢原子个数与形成取代物比率进行折算，即都折算为一个氢原子对应的取代产物比例，如下：

$$\frac{仲氢}{伯氢} = \frac{57/2}{43/6} \approx \frac{4}{1}$$

$$\frac{叔氢}{伯氢} = \frac{29/1}{48/9} \approx \frac{5}{1}$$

由此可以看出，在室温下光引发的氯代反应中，伯、仲、叔氢原子的相对反应活性大致为 1∶4∶5。因此，烷烃卤代反应中，各种氢原子的活性顺序为：

叔氢原子＞仲氢原子＞伯氢原子

溴代反应中氢的相对活性也遵循叔、仲、伯氢原子被氯原子夺取的顺序。但其活性差别比氯代反应活性大很多，为 1600 ∶ 82 ∶ 1。如叔丁烷的溴代产物只能得到痕量的 1-溴代丁烷。

烷烃分子中不同氢原子的活泼性不同，可以从不同类型的 C—H 键的解离能不同得到解释。键的解离能越小，键发生均裂时需要吸收的能量越少，因此也就容易被取代。伯氢、仲氢、叔氢 C—H 键的解离能参数见表 2-5。由表可知，不同类型碳氢键的解离能大小顺序为伯氢＞仲氢＞叔氢，与氯代反应活性密切相关。

表 2-5　C—H 键解离能与反应活性

C—H 类型	伯氢	仲氢	叔氢
解离能/(kJ/mol)	405.8	393.3	376.6
氯代活性	1	4	5

但是，在高温下进行反应时，三类氢原子的反应活性就很接近了。此时，高温条件使氯和氢都具有很高的能量，只要相互碰撞就能够发生反应。因此所得到的异构体的产率主要与氢原子的个数有关。

2.8　烷烃的自由基取代反应机理

反应方程式只能表示反应原料、反应条件、反应产物，对于反应过程中经历了哪些中间过程等问题需要用反应机理来阐述。反应机理或者反应历程，指反应所经历的具体过程或者途径。通过反应历程，人们才可以认清反应的本质，掌握反应规律，达到控制和利用反应的目的。

烷烃的卤代反应是自由基链反应历程。所谓自由基，是指某键断裂时产生的带有孤对电子的原子或基团。自由基的产生需要通过热均裂、辐射均裂、单电子转移的氧化还原反应等方式。自由基一般采用"·"表示，例如：

$$CH_3 \cdot \qquad \overset{H}{\underset{H}{\overset{|}{C}}}H - H$$

烷烃中的碳氢键断裂会产生一个氢自由基 $H\cdot$ 和一个烷基自由基 $RCH_2\cdot$。烷基自由基中最简单的是甲基自由基 $CH_3\cdot$。研究表明，甲基自由基呈 sp^2 杂化，三个 sp^2 杂化轨道具有平面三角形结构，每个 sp^2 轨道与其他原子的轨道通过轴向重叠形成 σ 键，成键轨道上有一对自旋方向相反的电子。一个 p 轨道垂直于此平面，并被一个孤电子占据。

大量研究表明，自由基反应具有一些共性，例如，反应机理包括链引发、链增长和链终止三个阶段；反应必须在光、热或自由基引发剂的作用下发生；没有明显的溶剂化效应，溶剂的极性、酸或碱催化剂对反应无影响。

2.8.1　甲烷的氯代反应机理

甲烷是最简单的烷烃，以甲烷氯代反应为例说明烷烃的自由基取代机理。

$$CH_4 + Cl_2 \xrightarrow{h\nu} CH_3Cl + HCl$$

实验结果表明，该反应具有以下特点：在室温黑暗处不发生反应；高于 250℃ 发生反应；室温有光作用下能发生反应；用光引发反应，吸收一个光子就能产生几千个氯甲烷分子；如有氧或者有一些能捕捉自由基的杂质存在，反应存在诱导期，诱导期长短与杂质数量有关。因此，根据上述特点可知甲烷的氯化是一个自由基取代反应。

自由基反应机理包括链引发、链增长、链终止三个阶段。

链引发：化学键均裂产生自由基，由于键的均裂需要能量，所以链的引发需要在高温或者光照下，氯分子吸收能量，均裂成具有高能量的 Cl·（氯原子自由基）。这是第一步，反应速率较慢，是整个反应的控制步骤。

链增长：链引发阶段产生的 Cl· 非常活泼，遇到 CH_4 可以迅速夺取其中的氢原子，生成氯化氢和甲基自由基 $CH_3·$。甲基自由基和氯分子结合生成一氯甲烷和另一个氯自由基。以上反应循环进行，生成大量的一氯甲烷。

链终止：当两个氯自由基相遇时，可能会产生氯分子，两个甲基自由基相遇则产生乙烷，不再生成新的自由基。当这种类型的反应占主导地位时，链传递结束，为链终止阶段。

$$Cl_2 \xrightarrow{h\nu} 2Cl·$$ 链引发

$$CH_4 + Cl· \longrightarrow CH_3· + HCl$$
$$CH_3· + Cl_2 \longrightarrow CH_3Cl + Cl·$$ } 链增长

$$Cl· + Cl· \longrightarrow Cl_2$$
$$CH_3· + ·CH_3 \longrightarrow CH_3CH_3$$
$$CH_3· + Cl· \longrightarrow CH_3Cl$$ } 链终止

由此可见，自由基反应的显著特点之一就是通过自由基而进行，因此一切有利于自由基产生和传递的因素都有利于反应。当甲烷量减少时，氯自由基与甲烷碰撞的机会减少，而氯自由基之间碰撞的机会增大，形成氯分子；或者氯分子量少时，甲基自由基碰撞机会增加，相遇则形成乙烷，消耗了自由基，反应都不能继续进行。

2.8.2 烷烃结构对卤代反应的相对活性的影响

一般烷烃的卤代反应机理和甲烷一样，都是自由基反应。由于其中含有不同类型的氢，所以取代产物不止一种，其产物的比例取决于自由基的稳定性。

由于卤代烷中烷烃 C—H 键发生均裂形成烷基自由基，因此烷基自由基形成的难易程度反映了烷烃中各类氢原子被卤代的反应活性。

同一类型的键发生均裂时，键的解离能越小表示键断裂所需要的能量越低，则自由基越容易生成，生成的自由基的内能也较低，较稳定。因此，解离能越低的碳自由基越稳定。C—H 键的解离能参数见表 2-6。

表 2-6　键的解离能参数

自由基产生反应式	自由基类型	解离能 ΔH/(kJ/mol)
$CH_3—H \longrightarrow CH_3· + H·$	甲基自由基	435.1
$CH_3CH_2—H \longrightarrow CH_3CH_2· + H·$	乙基自由基	410
$CH_3CH_2CH_2—H \longrightarrow CH_3CH_2CH_2· + H·$	丙基自由基	410
$CH_3CH_2CH_3 \longrightarrow CH_3\dot{C}HCH_3 + H·$	异丙基自由基	397.5
$CH_3—\underset{\underset{CH_3}{\vert}}{\overset{\overset{CH_3}{\vert}}{C}}H \longrightarrow CH_3—\underset{\underset{CH_3}{\vert}}{\overset{\overset{CH_3}{\vert}}{C}}· + H·$	叔丁基自由基	380

于是，烷基自由基的稳定顺序为：

$$3℃ \cdot > 2℃ \cdot > 1℃ \cdot > CH_3 \cdot$$

即越稳定的自由基越易产生。烷烃的卤代反应是自由基反应，决定反应速率的是产生自由基的反应，这样就回答了为什么烷烃分子中各种不同类型的氢的反应活泼性会呈现以上差异。

2.8.3 卤素对卤代反应的相对活性的影响

一个反应能否发生，或者是否容易发生，在很大程度上取决于反应物和产物之间的能量变化。大量实验结果表明，可以根据反应物和产物共价键的变化，用键的解离能数值来估算化学反应中反应物和产物之间的能量差（ΔH）。卤素对甲烷卤代反应的反应热数据见表 2-7。

表 2-7　卤素对甲烷卤代反应的相对活性

反应	$\Delta H_R/(kJ/mol)$			
	F	Cl	Br	I
$(1)X_2 \longrightarrow 2X \cdot$	+154.8	+242.5	+188.3	+150.6
$(2)X \cdot + CH_4 \longrightarrow CH_3 \cdot + HX$	−129.7	+4.1	+66.9	−136.4
$(3)CH_3 \cdot + X_2 \longrightarrow CH_3X + X \cdot$	−292.9	−108.9	−104.6	−83.7
$(4)2X \cdot \longrightarrow X_2$	−154.8	−242.5	−188.3	−150.6
总反应　$CH_4 + X_2 \longrightarrow CH_3X + HX$	−422.6	−104.8	−37.3	+52.7

表中数据可见，氟代反应发出大量的热（−422.6kJ/mol），使反应难以控制。氯代反应放热量比溴代反应大得多，而碘代反应则是吸热反应。故反应活泼性为：氟＞氯＞溴＞碘。

除反应热数据外，还可以从活化能角度来分析其活性。甲烷卤代的第二步反应：

$$X \cdot + CH_3 - H \longrightarrow CH_3 \cdot + H - X$$

其活化能数据见表 2-8。

表 2-8　卤素活化能参数

卤素	Cl	Br	I
$E_a/(kJ/mol)$	16.7	77.8	136.4

众所周知，反应活化能越小，反应活性越大。故烃基相同时，卤素对反应活性影响顺序为：氯＞溴＞碘。

2.8.4 过渡态理论

过渡态理论对溶液中有机反应机理的分析有很大用途。这个理论把每一个反应沿着反应进程分为三个阶段：始态、过渡态、终态，即由反应物到产物的转变过程中，需要经历一种过渡态。

把反应进程作为横坐标，以势能作为纵坐标，反应的势能变化见图 2-6。

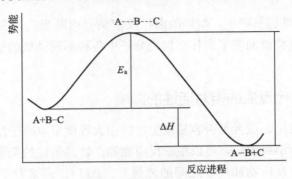

图 2-6 反应的势能变化图

过渡态处在曲线的最高点，也就是反应所需要克服的能垒，是过渡态和反应物分子基态之间的内能差，称为活化能 E_a。当反应物 A 在运动中进攻另一反应物 B—C，接近到一定程度时，由于两个分子间的电子云、原子核之间有斥力，体系能量升高。当两个分子形成活化络合物 A---B---C（过渡态）时，体系的能量最高，极不稳定。此时，它或者变回原来的反应物，或者进一步与 B—C 接近，A—B 间形成新键，使 B—C 完全断裂。

可以看出，过渡态具有以下的特点：能量高；极不稳定，不能分离得到；旧键未完全断开，新键未完全形成。图中产物的能量比反应物的低，属于放热反应，其能量差就是反应热。但是，需要注意，活化能与反应热之间没有直接关系，不能从反应热大小预测活化能的大小。反应热是产物与反应物的焓变，能通过反应中键能的改变计算出来，但活化能一般只能通过温度和反应速率之间的关系得到。下面以甲烷氯代反应为例进行说明。

甲烷氯代生成一氯甲烷的两步主要反应，其反应热（ΔH）与所需活化能如下：

$$\cdot Cl + H\text{---}CH_3 \rightleftharpoons [Cl\text{---}H\text{---}CH_3] \rightleftharpoons HCl + CH_3\cdot$$
过渡状态 I

$$E_1=16\text{kJ/mol} \qquad \Delta H_1=4.1\text{kJ/mol}$$

$$\cdot CH_3 + Cl\text{—}Cl \rightleftharpoons [Cl\text{---}Cl\text{---}CH_3] \longrightarrow CH_3Cl + Cl\cdot$$
过渡状态 II

$$E_2=4.2\text{kJ/mol} \qquad \Delta H_2=-109\text{kJ/mol}$$

CH_4 与 $Cl\cdot$ 生成 CH_3Cl 反应的势能曲线见图 2-7。从势能曲线可以看出，反应生成的 $CH_3\cdot$ 中间体处在曲线低谷处。整个反应要经过的两个过渡态：过渡态 I [$Cl\text{---}H\text{---}CH_3$] 和过渡态 II [$CH_3\text{---}Cl\text{---}Cl$]，它们都处在能量曲线的顶峰位置，说明其能量很高，必然不能稳定存在。

在链转移的两步反应中，步骤 1 是吸热反应，虽然只需要吸热 7.5kJ/mol，但分子需要 16.7kJ/mol 的活化能 E_{a1} 才能越过势能最高点形成 $CH_3\cdot$ 和 HCl，这个势

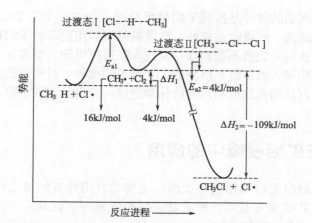

图 2-7 CH$_4$ 与 Cl· 生成 CH$_3$Cl 反应的势能曲线图

能最高点称为第一过渡态。步骤 2 是放热反应，但也需要活化能 E_{a2} 才能越过第二势能最高点形成 CH$_3$Cl 和 Cl·，这个势能点称为第二过渡态。由于形成第一过渡态时所需活化能比形成第二过渡态的活化能高，因此步骤 1 是甲烷氯化中的决定步骤。

需要注意，反应活性中间体和过渡态的关系。在复杂反应中，生成的中间产物如 CH$_3$· 等，都是活泼的中间体，寿命极其短暂，只有少数比较稳定的可以分离出来，多数不能分离出来，但是可以用直接或间接的方法证明它们的存在；而过渡态是一个从反应物到产物的中间状态，目前还未能测得其存在，更不能分离出来。从能量曲线来看，过渡态位于能量的最高点，是反应必须克服的能垒；而中间态即使是极不稳定，如碳正离子、自由基等，但从能量角度来看，相对于过渡态，它处于能量曲线上的低谷处。

2.9 自然界中的烷烃

烷烃的天然来源主要是石油和天然气，天然气是蕴藏在地层内的可燃气体。虽然各地的天然气组分不同，但几乎都含有 75% 的甲烷、15% 的乙烷、5% 的丙烷，其余的为高级烷烃。天然气中主要成分是甲烷，它是很好的气体燃料，也是重要的化工原料。如甲烷高温分解可得炭黑，用作颜料、油墨、油漆以及橡胶的添加剂等；甲烷是木星、土星等行星表层大气层的主要成分，也是早期地球表面大气层的主要气体之一，至今大气层中仍然有极少量的甲烷。甲烷也是温室气体之一，其温室效应比 CO$_2$ 大很多。

含烷烃种类最多的是石油。从油井开采出来的未经加工的石油称为原油，虽然它的成分复杂，组成也随产地而异，但主要成分是烃类。根据沸点不同可以分馏出不同的成分。油井中除了石油外，还有油田气随之逸出，其主要成分也是低级烷烃，如甲烷、乙烷、丙烷、丁烷等。

乙烷具有显著的抗爆性能，因而可以将其用在高压缩比的发动机中。通常乙烷是用作生产卤代乙烷的原料。在极低温度制冷系统中，已经有使用乙烷作制冷剂的。丙烷广泛用来作为燃料，它还可用作制冷剂及选择性溶剂。

辛烷值是表示汽化器式发动机燃料的抗爆性能好坏的一项重要指标，列于车用汽油规格的首项。车用汽油的牌号是按照辛烷值区分的，如 70、76、80、85、92、95 等牌号。汽油的辛烷值越高，抗爆性就越好，发动机就可以用更高的压缩比。也就是说，如果炼油厂生产的汽油的辛烷值不断提高，则汽车制造厂可随之提高发动机的压缩比。这样既可提高发动机功率，增加行车里程数，又可节约燃料，对提高汽油的动力经济性能是有重要意义的。汽油的辛烷值和汽油的化学组成，特别是汽油中烃类分子结构有密切关系。

2.10　烷烃在矿冶领域中的应用

烷烃在矿冶领域中直接使用的不太多，主要是利用烃基的疏水特性（亲油特性），通过化学改性引入其他亲水基团，形成双亲结构的表面活性剂，广泛地应用于矿冶领域。这些将在后面章节做详细介绍。

烃类化合物作为辅助捕收剂在国外使用广泛，并取得较好效果。适量的烃类化合物和极性捕收剂混合使用，可以增强极性捕收剂在矿物表面的吸附强度，增强矿物表面的疏水性，提高极性捕收剂的捕收能力。

采用烃类化合物作为主要捕收剂的矿物不是很多，其主要用于具有良好天然可浮性的非极性矿物，如辉钼矿、石墨、天然硫及煤等，其中以煤油或者柴油浮选辉钼矿的研究居多。煤泥浮选中一般采用煤油或者柴油作为捕收剂，效果较好。

习　题

1. 用系统命名法命名下列化合物。

(1) $\underset{\underset{CH_3}{|}}{CH_3CHCHCH_2} \overset{CH_2CH_3}{\underset{\underset{CH_3}{|}}{CHCH_3}}$

(2) $(C_2H_5)_2CHCH(C_2H_5)CH_2 \underset{\underset{CH(CH_3)_2}{|}}{CHCH_2CH_3}$

(3) $CH_3CH(CH_2CH_3)CH_2C(CH_3)_2CH(CH_2CH_3)CH_3$

(4)

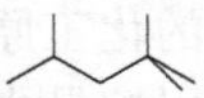

2. 写出下列化合物的分子式和结构式，并用系统命名法命名之。

(1) 仅含有伯氢，没有仲氢和叔氢的 C_5H_{12}；

(2) 仅含有一个叔氢的 C_5H_{12}。

3. 写出下列化合物的构造式。

(1) 2,2,3,3-四甲基戊烷；

(2) 由一个丁基和一个异丙基组成的烷烃；

(3) 含一个侧链甲基和分子量 86 的烷烃；

(4) 分子量为 100，同时含有伯、叔、季碳原子的烷烃。

4. 按要求完成下列问题。

(1) 把下列三个透视式写成楔形式和纽曼投影式，它们是不是不同的构象？

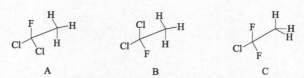

（2）把下列两个楔形式，写成锯架透视式和纽曼透视式，它们是不是同一构象？

（3）把下列两个纽曼投影式，写成锯架透视式和楔形式，它们是不是同一构象？

5.写出 2,3-二甲基丁烷的主要构象式（用纽曼投影式表示）。

6.试估计下列烷烃按其沸点的高低排列顺序（把沸点高的排在前面）。

（1）2-甲基戊烷 （2）正乙烷 （3）正庚烷 （4）十二烷

7.试写出下列各反应生成的一卤代烷，预测所得异构体的比例。

（1）$CH_3CH_2CH_3 + Cl_2 \xrightarrow[\text{室温}]{\text{光}}$

（2）$(CH_3)_3CCH(CH_3)_2 \xrightarrow[\text{室温，CCl}_4]{Br_2，光}$

（3）$H_3C-\overset{\overset{\displaystyle CH_3}{|}}{\underset{\underset{\displaystyle CH_3}{|}}{C}}-H \xrightarrow[\text{室温，CCl}_4]{Br_2，光}$

第3章

不饱和烃

含有碳碳双键或碳碳三键的脂肪族碳氢化合物称为不饱和脂肪烃，简称为不饱和烃。不饱和脂环烃也属于不饱和烃。根据不饱和键类型，不饱和烃分为烯烃和炔烃，分子中既有双键又有三键的不饱和烃称为烯炔。

3.1 烯烃

烃分子中含有碳碳双键的不饱和烃称为烯烃。碳碳双键是烯烃的官能团，决定着烯烃的基本化学性质。因为含有双键，烯烃比相应的烷烃少两个氢，通式为 C_nH_{2n}。

3.1.1 烯烃的结构与命名

3.1.1.1 烯烃的结构

烯烃的官能团是碳碳双键。碳碳双键是指两个碳原子之间以共用电子对形成两个共价键，一般以 C═C 表示。事实证明，碳碳双键与烷烃中的碳碳单键在键长、键能以及键角等共价键属性上都表现出不同特点。

以最简单的烯烃——乙烯为例来说明双键的结构。物理方法研究表明，乙烯分子中的 6 个原子都处于同一平面，每个碳原子与两个氢原子及另一个碳原子相连。乙烯分子中的双键碳以 sp^2 杂化，其中两个双键碳原子各以一个 sp^2 杂化轨道以轴向重叠方式相互交盖形成 σ 键，而两个碳上各自未参与 sp^2 杂化的 p 轨道通过侧面重叠形成了另一种碳碳共价键——π 键，π 键垂直于 sp^2 杂化碳原子所在平面。碳碳双键（C═C）是由一个 σ 键和一个 π 键组成的。

与 σ 键的电子云分布情况不一样，π 键电子云是对称地分布于分子平面的上下方，没有对称轴。π 键不能以碳碳 σ 键为轴自由旋转，否则会导致 π 键断裂。

如果每个双键碳原子分别再与两个氢原子形成 $2sp^2$—1s（C—H）σ 键，则形成乙烯，结构如下：

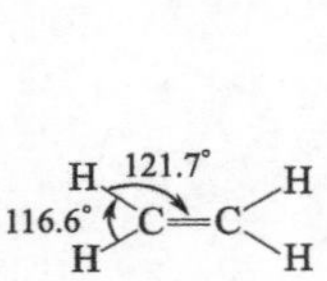

乙烯的结构

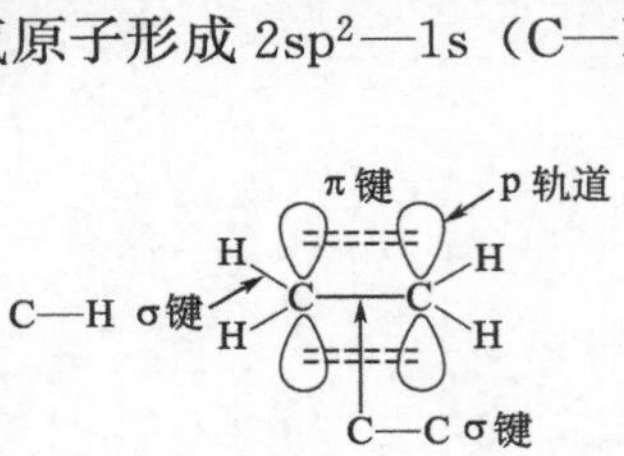

乙烯分子中 π 键形成示意图

由于乙烯碳原子有两个 sp^2 杂化轨道是和氢原子的 s 轨道成键（C—H σ 键），而另一个 sp^2 杂化轨道是和另一个碳原子的 sp^2 杂化轨道成键（C—C σ 键），因此三个 σ 键不完全相等。此外还有碳碳 π 键存在，所以同一个碳原子的三个键角不完全相等。键角 H—C—C 为 121.7°，键角 H—C—H 为 116.6°。

其他烯烃中，形成碳碳双键的也是 sp^2 杂化，碳碳双键的结构特性与乙烯相同，都是由一个 σ 键和一个 π 键组成，由于 π 键是由 p 轨道侧面交盖而成，和 σ 键相比，重叠程度小，所以 π 键比 σ 键弱，比较容易断裂。另外，π 键电子云暴露于平面的上部和下部，容易受到外界的影响，例如易受到试剂的进攻，因此 π 键的存在使烯烃具有较大的反应活性。

如果乙烯中的四个氢原子依次被烷基取代，可以形成 5 种类型：$RCH{=}CH_2$，$R_2C{=}CH_2$，$RCH{=}CHR$，$R_2C{=}CHR$，$R_2C{=}CR_2$。

烯烃含有双键，因此它的同分异构现象比烷烃复杂得多，除了有碳键异构外，还有双键（官能团）位置引起的位置异构，以及由于双键两侧基团不同而引起的空间异构，因此，烯烃的异构体数目比相应的烷烃多。

由于碳碳双键不能自由旋转，双键两侧的基团在空间位置不同会形成异构体。由于不同的空间构型上产生的异构现象，称为几何异构或者顺反异构。一般地，当双键两端有两个相同基团且处于双键的同侧时，叫作顺式。反之，叫作反式。

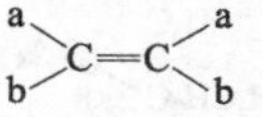

顺式 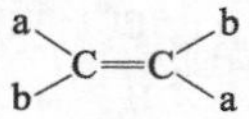　　　　　　反式

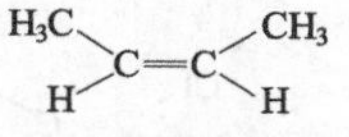

顺-2-丁烯 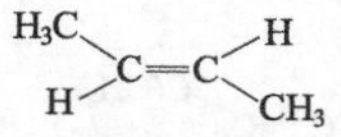　　　　　反-2-丁烯

并不是所有的烯烃都有顺反异构，如果一个双键碳原子所连接的两个取代基是相同的，就没有顺反异构，如 1-戊烯只有一种空间排列：

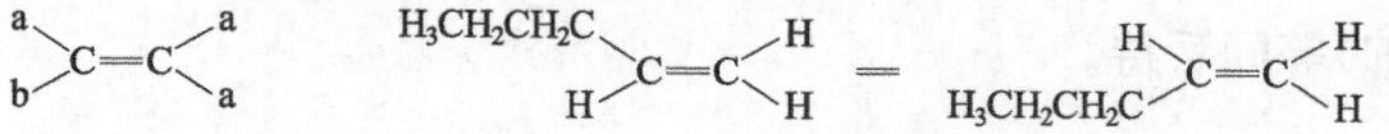

1-戊烯

3.1.1.2 烯烃的命名

选择含有双键的最长碳链为主链，依主链碳原子数目命名为"某烯"。碳链的编号要从靠近双键的一端开始。和烷烃的系统命名法相似，标出官能团的位置和支链的位置。碳原子数目在 10 以上的烯烃，命名时在烯烃之前加一个"烯"字。

1-丁烯　　　　　2-丁烯　　　　　2-甲基丙烯

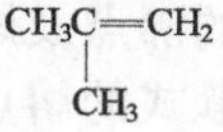

3-甲基丁烯　　　　3,3-二甲基戊烯 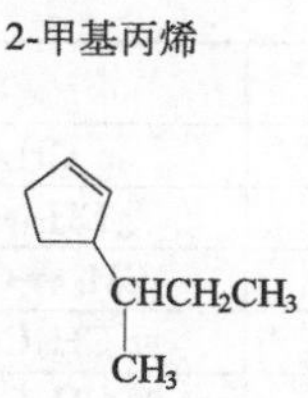　　　　3-异丁基环戊烯

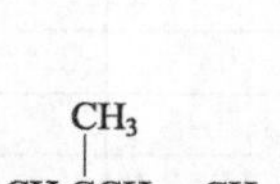

空间异构体的命名：前面说到的顺反异构体的命名，即两个双键碳原子上的两个相同的基因在同侧的，为顺式，而在异侧时为反式。命名可在名称前面加"顺"或"反"字，用"–"连接。

双键碳上连接的四个取代基团中有两个是相同的基团时（如 H、—CH_3、—CH_2CH_3），顺反异构的命名不会混淆。但如果异构体的双键碳原子上没有相同的基团，这样命名就会发生困难，例如：

$$H_3CH_2C\ \diagdown C = C \diagup Cl \qquad\qquad H_3CH_2C \diagdown C = C \diagup CH_3$$
$$\diagup H \qquad\qquad \diagdown CH_3 \qquad\qquad\qquad \diagup H \qquad\qquad \diagdown Cl$$

为了解决这个问题，系统命名法规定了用 Z、E 来标记，即 Z-E 命名法。这个命名法则是根据"次序规则"，即两个较大基团在双键同侧则命名为 Z 型，若不在双键同侧为 E 型。

(Z)-2-氯-2-戊烯   (E)-2-氯-2-戊烯

(Z)-1-氯-2-溴丙烯   (E)-3-甲基-4-乙基-3-庚烯

(Z)-2,2,5-三甲基-3-己烯   (Z)-1,2-二氯-1-溴乙烯

用顺、反和（Z）、（E）表示烯烃的构型是两种不同的命名方法，不能简单地把顺和（Z）或者反和（E）等同看待。

3.1.2　烯烃的物理性质

烯烃的物理性质和烷烃基本相似。室温下，含有 2～4 个碳原子的烯烃为气体，含有 5～18 个碳原子的为液体，19 个碳原子以上的为固体。烯烃的相对密度小于 1，有弱极性，不溶于水，易溶于苯、乙醚、氯仿、石油醚等非极性或弱极性有机溶剂。

沸点随分子量的增高而增大；当分子量相同时，正烯烃的沸点高于带支链的烯烃；当框架相同时，端烯烃的沸点及熔点均低于内烯烃。在烯烃的顺反异构体之间，一般顺式的沸点高于反式的，顺式的熔点低于反式的。表 3-1 为烯烃的物理常数。

表 3-1　烯烃的物理常数

名称	结构	熔点/℃	沸点/℃	相对密度
乙烯	$CH_2 = CH_2$	−169.2	−103.7	0.5193
丙烯	$CH_2 = CHCH_3$	−185.3	−47.7	0.5951
1-丁烯	$CH_2 = CHCH_2CH_3$	−184.3	−6.8	0.6042
反-2-丁烯	反 $CH_3CH = CHCH_3$	−106.5	0.9	0.6213
顺-2-丁烯	顺 $CH_3CH = CHCH_3$	−138.9	3.7	0.5942
1-戊烯	$CH_2 = CHCH_2CH_2CH_3$	−138.0	30.0	0.6405

续表

名称	结构	熔点/℃	沸点/℃	相对密度
2-甲基-1-丁烯	$CH_2\!=\!C(CH_3)CH_2CH_3$	−137.6	31.1	0.6504
2-甲基-2-丁烯	$(CH_3)_2C\!=\!CHCH_3$	−133.8	38.5	0.6623
2,3-二甲基-2-丁烯	$(CH_3)_2C\!=\!C(CH_3)_2$	−74.3	73.2	0.7080
1-己烯	$CH_2\!=\!CH(CH_2)_3CH_3$	−139.8	63.3	0.6731
1-庚烯	$CH_2\!=\!CH(CH_2)_4CH_3$	−119.0	93.6	0.6970
1-辛烯	$CH_2\!=\!CH(CH_2)_5CH_3$	−101.7	121.3	0.7149

3.1.3　烯烃的化学性质

烯烃中碳碳双键的不饱和性决定了其具有很大的化学活泼性，其大部分反应都发生在碳碳双键上。

烯烃的化学性质中最重要的是它可以发生加成反应。两个或多个分子相互作用，生成一个加成产物的反应，称为加成反应。烯烃的加成反应中，π 键断开，双键碳原子与其他原子或基团结合，形成两个 σ 键。加成反应是烯烃的特征反应。此外，烯烃的氧化反应以及与双键相连的碳原子上的氢（α-H）的取代反应也是烯烃的主要反应。

3.1.3.1　催化加氢反应

烯烃在铂、镍等金属催化剂存在下，可以与氢加成，生成烷烃。

$$H_2C\!=\!CH_2+H_2 \xrightarrow{\text{催化剂}} CH_3CH_3$$

一般认为加氢反应在催化剂表面上进行，其反应历程可表示如下：催化剂是分散得很细的金属，具有巨大的表面积，能吸附氢气和烯烃。在金属表面可能先形成了金属氢化物；然后金属氢化物的一个氢先和双键碳原子结合得到中间体，再与另一个金属氢化物的氢原子生成烷烃，最后烷烃再脱离催化剂表面。

由于这个反应是定量的，可以根据氢气的吸收量计算分析试样中的烯烃含量或测定烯烃分子中的双键数目。

3.1.3.2　加成反应

烯烃的官能团是双键，由于 π 键的键能低，且电子云分布于碳碳键的上方和下方，受核的束缚力较小，因而烯烃分子具有供电子性能，容易受到带正电荷的、具有亲电性质的原子或基团的攻击而发生反应。缺电子的试剂称为亲电试剂。由亲电试剂进攻富电子底物而引起的加成反应称为亲电加成反应。在反应中，烯烃分子的 π 键总是发生不均匀的断裂——异裂，生成碳正离子。然后碳正离子易受到缺电子试剂（亲电试剂）的进攻而发生亲电加成反应。

常用的亲电试剂有 HOH、HX、HOCOR、$HOSO_3R$、HOR（H^+）、HOAr、HSR、X_2、XX'（如 Br—Cl）、HOX、R_2BH、R^+（聚合）等。

亲电加成反应可以表示为以下通式：

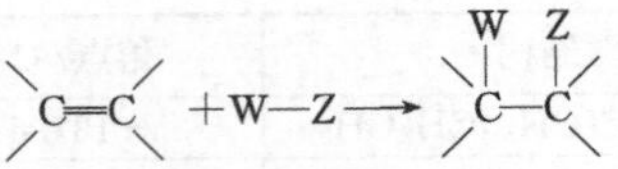

$$\diagdown C = C \diagup + W - Z \longrightarrow \overset{W \quad Z}{\underset{\diagup \quad \diagdown}{C - C}}$$

（1）和氢卤酸加成

烯烃与氢卤酸加成时，可生成一卤代烷。

$$CH_2 = CH_2 + HX \longrightarrow CH_3CHX$$

氢卤酸 HX 是极性分子，易解离成质子。烯烃首先与带正电的质子作用，即双键的 π 电子和质子结合，产生带正电的中间体——碳正离子，这是决定反应速率的一步。这个碳正离子进一步和卤负离子结合生成卤烷。

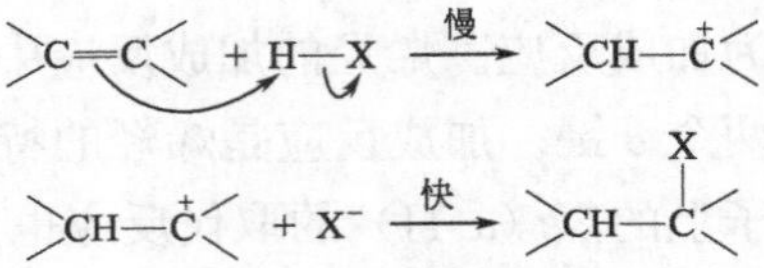

$$\diagdown C = C \diagup + H - X \xrightarrow{\text{慢}} \diagdown CH - \overset{+}{C} \diagup$$

$$\diagdown CH - \overset{+}{C} \diagup + X^- \xrightarrow{\text{快}} \diagdown CH - \overset{X}{\underset{\diagdown}{C}} \diagup$$

由于乙烯分子是对称的，所以它与卤化氢发生加成反应时，不论氢加到哪个碳上都得到同样的产物。

不对称烯烃与氢卤酸加成时，可能产生两种产物。双键两个碳原子上的取代基为不同分子的烯烃称为不相对称烯烃，如丙烯。丙烯与卤化氢加成时就可能形成两种不同的产物（产物Ⅰ和Ⅱ），而且产物Ⅰ和Ⅱ的比例不同，实际得到的主要产物是Ⅱ。因此这个加成反应是一个区域选择性反应，所谓区域选择性反应，是指当反应的取向有可能产生几个异构体时，只产生或主要产生一种产物的反应。

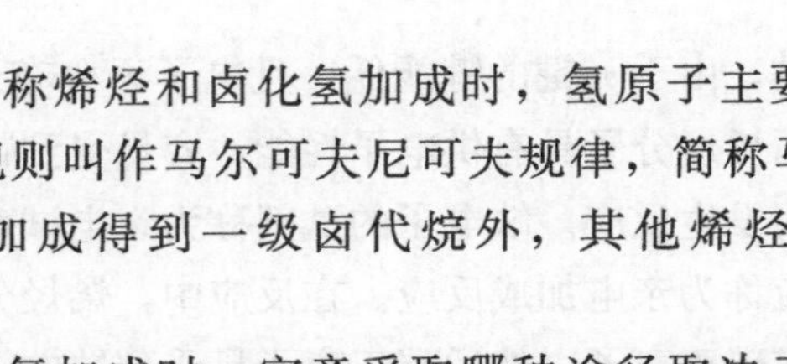

$$CH_3CH = CH_2 + HX \longrightarrow \begin{cases} CH_3CH_2CH_2X & \quad Ⅰ \\ \\ \underset{X}{\underset{|}{CH_3CHCH_3}} & \quad Ⅱ \end{cases}$$

也就是说，当不对称烯烃和卤化氢加成时，氢原子主要加到含氢较多的双键碳原子上，这个经验规则叫作马尔可夫尼可夫规律，简称马氏规则。根据马氏规则，除卤化氢与乙烯加成得到一级卤代烷外，其他烯烃均得到二级、三级卤代烷。

不对称烯烃和卤化氢加成时，究竟采取哪种途径取决于中间体碳正离子的稳定性。即碳正离子的稳定性越大，越容易生成，反应就越容易进行。如果按照Ⅱ方式加成，活性中间体为二级碳正离子（仲碳离子，Ⅲ），二级碳正离子有两个甲基的给电子诱导效应与超共轭效应。如果按照Ⅰ方式反应，活性中间体为一级碳正离子（伯碳离子，Ⅳ），只有一个乙基的给电子诱导效应与两个 C—H 键的超共轭效应。比较两种方式形成的两个碳正离子，仲碳离子（Ⅲ）具有更大稳定性，因为它的正电荷分散到和它相连的两个甲基上，比较分散，因此稳定。相对而言，伯碳正离子（Ⅳ）只有一个给电子性的乙基基团，电荷分散程度差些，所以稳定性略差。

$$
\begin{array}{ccc}
& \overset{\displaystyle H}{\underset{\displaystyle H}{|}} \ \ \overset{+}{} \ \ \overset{\displaystyle H}{\underset{\displaystyle H}{|}} & \overset{\displaystyle H}{\underset{\displaystyle H}{|}} \\
H-C-C-C-H & CH_3-C-CH_2 \\
\end{array}
$$

$$\text{Ⅲ} \qquad\qquad \text{Ⅳ}$$

由于Ⅲ比Ⅳ稳定，相应的过渡态的势能低，活化能低，反应速率快，故反应按照Ⅱ进行。

比较伯、仲、叔碳正离子和甲基碳正离子结构式可以看出，带正电的碳正离子上取代基越多，正电荷越分散，因而也越稳定。它们的稳定性顺序为：

$$\text{叔（3°）} > \text{仲（2°）} > \text{伯（1°）} > CH_3^+$$

$$
CH_3-\overset{CH_3}{\underset{CH_3}{\overset{|}{\underset{|}{C^+}}}} \ > \ CH_3-\overset{CH_3}{\underset{H}{\overset{|}{\underset{|}{C^+}}}} \ > \ CH_3-\overset{H}{\underset{H}{\overset{|}{\underset{|}{C^+}}}} \ > \ H-\overset{H}{\underset{H}{\overset{|}{\underset{|}{C^+}}}}
$$

由此可见，马氏规则是反应过程中生成稳定的碳正离子的必然结果。

反应机理表明，烯烃双键上的电子云密度越高，氢卤酸的酸性越强，反应越容易进行。所以，氢卤酸的反应性为：$HCl > HBr > HI$。

马氏规则是在总结很多实验事实后提出的，除以上提到的碳正离子的稳定性原因外，还可以从电子云密度方面考虑。实验证明，与不饱和碳原子相连的甲基（或烷基）与氢相比，甲基（或烷基）是排斥电子基团（或者叫作推电子、给电子基团）。严格地说，sp^2 杂化碳原子对电子具有更强的引力，从而使甲基碳上的电子向它转移。所以在丙烯分子中，甲基将双键上一对流动性较大的 p 电子推向箭头所指方向：

$$\overset{3}{CH_3} \longrightarrow \overset{2}{CH} = \overset{1}{CH_2}$$

从而使 C_1 上电子密度大，进而使 H^+ 进攻电子云密度大的碳原子（C_1）。这种由于电子密度分布对性质产生的影响叫作电子效应。

马氏规则的适用范围是双键碳上有给电子基团的烯烃。如果双键上有吸电子基团，如—CF_2、—CN、—$COOH$、—NO_2，在很多情况下，加成反应方向是反马氏规则的，即氢加到含氢较少的碳原子上。但符合电性规律，即可用电子效应解释。例如双键与 F_3C—相连时，由于 F_3C—的吸电子效应，双键电子云向—CF_3 方向移动，导致双键上

的 π 电子也向 C₂ 方向移动，使 C₂ 带部分负电荷，C₁ 带部分正电荷。故在进行亲电加成时，H⁺ 与 C₂ 结合，然后 X⁻ 与 C₁ 结合，得到反马氏加成的产物。同时由于双键上电子云密度降低，亲电加成反应速率降低。

$$\overset{3}{C}F_3 \leftarrow \overset{2}{H}C = \overset{1}{C}H_2$$

（2）与硫酸加成

将乙烯通过冷浓硫酸，生成酸式硫酸酯（硫酸氢乙酯）。

烯烃与硫酸加成反应与 HX 的加成机理相同。先是乙烯和质子加成生成碳正离子，然后碳正离子再和硫酸根结合。不对称烯烃与硫酸反应，也符合马氏规则。

$$H_2C = CH_2 + HO - SO_2 - OH \longrightarrow CH_3CH_2OSO_3H$$

$$\underset{}{H_3C} - \overset{CH_3}{\underset{}{C}} = CH_2 + HO - SO_2 - OH \longrightarrow CH_3\overset{CH_3}{\underset{CH_3}{C}}OSO_3H$$

该反应不仅是制备醇的间接方法，而且还可以利用这个性质分离烯烃和烷烃。由石油工业得到的烷烃中常常杂有烯烃，把它们通过浓硫酸，烯烃被硫酸吸收而生成可溶于硫酸的烷基硫酸酯。烷烃不溶于硫酸，从而将它们分离。

（3）和水加成

在酸的催化下，如硫酸、磷酸存在时，烯烃和水加成而得到醇，称为烯烃的间接水合法。

$$\underset{}{H_3C} - \overset{CH_3}{\underset{}{C}} = CH_2 + HO - H \longrightarrow CH_3\overset{CH_3}{\underset{CH_3}{C}}OH$$

但这个反应中，第一步生成的碳正离子也可以和水溶液中的其他物质（如硫酸氢根）起作用，生成不少副产物，因此工业上不用它来制备醇。

（4）和卤素加成

烯烃可以与卤素发生加成反应，生成邻二卤化物。一般指和氯、溴发生加成反应。碘一般不与烯烃发生反应，氟的反应剧烈，往往得到碳链断裂的各种产物，无实际意义。

烯烃与溴作用，通常以四氯化碳作为溶剂，在室温下即可以发生反应。溴的四氯化碳溶液是黄色的，它和烯烃反应后形成二溴化物后，转变为无色。由于褪色反应非常迅速，容易观察，该反应是验证碳碳双键是否存在的特征反应。

$$H_3CHC = CH_2 + Br_2 \longrightarrow H_3C\underset{Br}{H}C - \underset{Br}{C}H_2$$

　　烯烃与溴的加成作用是从卤素分子的正电部分进攻烯烃开始的。第一步，由于 π 键的存在，当溴分子接近烯烃分子时，溴分子发生异裂，带正电荷的溴和烯烃的 π 电子结合成 σ 单键（生成碳正离子）。第二步，碳正离子再和溴负离子结合成二溴化物。在第一步反应中，π 键的断裂和溴分子键的断裂需要能量，是整个反应的关键步骤。

$$CH_3CH\!=\!CH_2+Br_2\longrightarrow CH_3\overset{+}{C}HCH_2Br$$
$$CH_3\overset{+}{C}HCH_2Br+Br^-\longrightarrow CH_3CHBrCH_2Br$$

3.1.3.3　烯烃的自由基加成

　　在高温、过氧化物或者光照条件下，不对称烯烃与溴化氢的加成反应不符合马氏规则，是反马氏规则加成。

$$CH_3CH\!=\!CH_2+HBr\xrightarrow{\text{光照、高温或过氧化物}}CH_3CH_2CH_2Br$$

　　因为在高温、过氧化物或者光照条件下，不对称烯烃与溴化氢的加成反应不属于亲电加成反应，而是自由基加成反应。是由不对称烯烃受到自由基进攻引起的，因此叫作自由基加成反应。它经历了链引发、链增长、链终止阶段。首先，过氧化物可以发生均裂产生自由基，如 RO·，这个自由基与溴化氢生成溴自由基 Br·，这是链引发。溴自由基 Br·加到烯烃上，π 键断裂形成另一个烷基自由基 R·。烷基自由基 R·又可以从溴化氢中夺取氢原子，再生成一个新的溴自由基。如此循环下去，即链反应的增长阶段。

$$HBr\xrightarrow{\text{光照或过氧化物}}Br\cdot$$
$$RCH\!=\!CH_2+Br\cdot\longrightarrow CH_3\underset{\cdot}{C}H\!-\!CH_2Br$$
$$RCH\!-\!CH_2Br+HBr\longrightarrow RCH_2CH_2Br+Br\cdot$$

　　该反应之所以符合"反马氏规则"是由生成的自由基的稳定性决定的。溴自由基的加成有两种取向，其中是以生成更稳定的仲碳自由基为主要取向，即只有溴原子加到双键末端碳原子上才能生成较稳定的自由基，而不是生成不稳定的伯碳自由基。然后氢加到碳自由基上。例如，丙烯和溴原子加成反应：

$$CH_3CH\!=\!CH_2\ +\ Br\cdot \left\{ \begin{array}{l} \longrightarrow CH_3\underset{\cdot}{C}H\!-\!CH_2Br \\ \xrightarrow{\ \times\ } CH_3CH\!-\!\underset{\cdot}{C}H_2 \\ \qquad\qquad\ \ \ \mid \\ \qquad\qquad\ \ Br \end{array} \right.$$

　　自由基稳定性顺序是：叔＞仲＞伯＞甲基。自由基的中心碳原子由于未成对电子的存在，具有强烈的得电子倾向，这就是自由基的活泼性。甲基的给电子性增加了中心碳原子上的电子云密度，因此降低了自由基的活泼性。甲基越多，给电子性越强，自由基的稳定性就越强。所以，叔自由基稳定性最大。自由基加成总是向着获得更稳定的自由基方向进行，所以溴原子总是加在含氢原子多的双键碳原子上。

要注意的是，氯化氢不能进行自由基加成反应，仍然发生亲电加成反应。主要原因是 C—H 键的解离能（431kJ/mol）比 C—Br 键解离能（364kJ/mol）高得多，需要更多的活化能才能使 C—H 键断裂，阻碍了链反应进行。同时，碘化氢也不能进行自由基加成，虽然 C—I 裂解所需能量不大（297kJ/mol），但是碘原子与双键作用需要较高能量，而且碘原子又容易互相结合成键，所以也不能发生自由基加成反应。

3.1.3.4 氧化反应

烯烃的氧化反应主要包括高锰酸钾氧化反应和臭氧氧化反应。

（1）高锰酸钾氧化

在碱性或中性高锰酸钾条件（稀的高锰酸钾水溶液）下，烯烃被氧化为邻二醇。反应中，高锰酸钾的紫色褪去，生成棕褐色二氧化锰沉淀，因此这个反应可以用于鉴定不饱和烃。

$$RHC{=}CH_2 \xrightarrow[H_2O,\ 5℃]{KMnO_4} \underset{\underset{OH\ OH}{|\quad\ |}}{RHC{-}CH_2} + MnO_2$$

需要注意，能使高锰酸钾褪色的不只烯烃，醇和醛也可以。

烯烃在酸性条件下氧化，可以使双键断裂生成羧酸和酮。

$$RR'C{=}CHR'' \xrightarrow[(2)\ H_3O^+]{(1)\ KMnO_4} RR'C{=}O + R''\overset{\overset{O}{\|}}{C}{-}OH$$

$$RCH{=}CH_2 \xrightarrow[(2)\ H_3O^+]{(1)\ KMnO_4} R\overset{\overset{O}{\|}}{C}{-}OH + CO_2$$

通过一定方法测定产物中羧酸和酮的含量，可以推断反应物烯烃的结构。

（2）臭氧氧化

将含有臭氧（6%～8%）的氧气在低温下通入液体烯烃或者烯烃溶液中，臭氧迅速而且定量地与烯烃反应，臭氧分子中两端的两个氧原子协同加在两个双键碳原子上面，生成臭氧化物。在臭氧化物中，碳碳双键已经完全断裂。臭氧化物易于爆炸，一般不分离出来，可以直接加水分解，生成的水解产物为醛或者酮，此外还有过氧化氢。为了避免水解中生成的醛被氧化为羧酸，臭氧化物可以在还原剂（如锌粉）存在下进行分解。

$$CH_3CH{=}CHCH_3 \xrightarrow[(2)\ Zn+H_2O]{(1)\ O_3} CH_3CH{=}O + O{=}CHCH_3$$

$$CH_3CH_2CH{=}CH_2 \xrightarrow[(2)\ Zn+H_2O]{(1)\ O_3} CH_3CH_2CH{=}O + O{=}CH_2$$

$$(CH_3)_2C{=}CH_2 \xrightarrow[(2)\ Zn+H_2O]{(1)\ O_3} (CH_3)_2C{=}O + O{=}CH_2$$

由于臭氧化物水解得到的醛或酮保持了原来烯烃的部分碳链结构，因此可以由醛和酮结构的测定来推导原来烯烃的结构。如果只产生一种氧化产物，如乙醛，说明双键在碳链中间；如果产物中有甲醛，说明双键在碳链的一端；如果另一种产物为醛，说明另一个双键碳原子上只有一个烷基；如果另一种产物为酮，说明另一个双键碳原子上有两个烷基；如果氧化产物为二醛或者二酮，说明双键在碳环内。

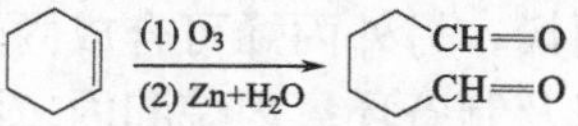

3.1.3.5 聚合

烯烃可以在引发剂或催化剂作用下，双键断裂而相互加成，形成长链的大分子或高分子化合物。在聚合反应中形成的高分子化合物实际上是不同分子量的聚合物的混合物。由相同单体在不同反应条件下聚合得到的聚合物，不仅分子量不同，不同分子量分子的组成分布以及高分子链的结构也有很大不同，因此它们的性质和用途也不同。为了得到各种不同规格和用途的聚合物，就要研究在不同条件下聚合的各种反应历程以及产物的结构。控制反应条件可以得到二聚体、三聚体。

四氟乙烯通过自由基聚合反应聚合成聚四氟乙烯，这是一种性质优良的塑料。

$$n\text{CF}_2=\text{CF}_2 \longrightarrow \text{—}[\text{CF}_2\text{—}\text{CF}_2]_{\overline{n}}$$
四氟乙烯   聚四氟乙烯

3.1.4 烯烃的制备方法

表 3-2 为烯烃的主要制备方法。

表 3-2 烯烃的主要制备方法

制备方法	反应机理	反应的立体化学	反应的区域选择
醇失水	E1	重排	符合 Zaitsev 规则
卤代烃失卤化氢	E2	反式共平面消除	符合 Zaitsev 规则
二卤代烃失卤素	E1	反式共平面消除	
Hofmann 消除	E2	反式共平面消除	符合 Hofmann 规则
氧化胺热裂	环状过渡态	顺式消除	末端消除
酯热裂	环状过渡态	顺式消除	空阻小、酸性大的 β-H 被消除
黄原酸酯热裂	环状过渡态	顺式消除	空阻小、酸性大的 β-H 被消除
Wittig 反应和 Wittig-Horter 反应	四元环过渡态	稳定叶立德反应时，E 型产物为主	

3.1.5 重要的烯烃

3.1.5.1 乙烯

乙烯是一种重要的化工原料，可用于生成许多产品或者中间体，如塑料、树脂、纤维、表面活性剂、涂料等化工产品。因此乙烯的产量在某种程度上可以衡量一个国家的石油化工水平。

除工业用途外，乙烯还是一种植物生长调节剂，植物在生命周期的许多阶段，如发芽、成长、开花、果熟、衰老、凋谢等，都会生成乙烯。乙烯可以作为水果的催熟剂。南方产的水果，多数在未成熟时采摘下来运到北方，向存放未成熟水果的库房中充入少量乙烯，催熟之后再销售。反之，为了延长果实或花朵的寿命，方便远距离运输，常常在装有果实或花朵的密闭容器中放入浸泡过高锰酸钾溶液的硅土，用来吸收水果或花朵中产生的乙烯。

3.1.5.2 丙烯

丙烯用量最大的是生产聚丙烯，另外丙烯可合成丙烯腈、异丙醇、苯酚和丙酮、丁醇和辛醇、丙烯酸及其酯类，以及制备环氧丙烷和丙二醇、环氧氯丙烷和合成甘油等。

3.1.5.3 丁烯

丁烯的利用以混合丁烯生产汽油组分为主，其约占丁烯消费量的60%。另有11%的混合丁烯用作工业或民用燃料。用作石油化工原料的丁烯仅占丁烯消费量的29%，其中正丁烯主要用于丁二烯的生产，其余用于生产顺丁烯二酸酐和仲丁醇、庚烯、聚丁烯、乙酸酐等。

聚乙烯（PE）占世界聚烯烃消费量的70%，占总的热塑性通用塑料消费量的44%，消费了世界乙烯产量的52%。聚乙烯基本分为三大类，即高压低密度聚乙烯（LDPE）、高密度聚乙烯（HDPE）和线型低密度聚乙烯（LLDPE）。薄膜是其主要加工产品，其次是片材和涂层、瓶、罐、桶等中空容器及其他各种注塑和吹塑制品、管材和电线、电缆的绝缘和护套等，主要用于农业和交通等部门。与世界其他各国相比，我国是世界上农膜产量最大的国家，这是由我国农业大国的特点所决定。

3.2 炔烃

分子中含有碳碳三键（C≡C）的烃，称为炔烃。碳碳三键是炔烃的官能团，属于不饱和烃。炔烃比相应的烯烃少了两个氢，所以通式为C_nH_{2n-2}，例如：

HC≡CH	$CH_3C≡CH$	$CH_3CH_2C≡CH$	$CH_3C≡CCH_3$
乙炔	丙炔	1-丁炔	2-丁炔

3.2.1 炔烃的结构与命名

3.2.1.1 炔烃的结构

炔烃中最简单的是乙炔，分子式是C_2H_2，构造式为HC≡CH，分子中含有一个碳碳三键，是炔烃的官能团。现代物理方法证明乙炔中所有的原子都在一条直线上。乙炔分子中，碳原子外层的四个价电子以一个s轨道与一个p轨道杂化，形成两个等同的sp杂化轨道。碳原子各以一个sp杂化轨道结合形成碳碳σ键，另一个sp杂化轨道则各自与氢原子结合，所以乙炔分子中的碳原子与氢原子所组成的σ键在同一直线上，键角为180°。

除了已经使用了的s和p轨道外，乙炔的每个碳原子还有两个相互垂直的p轨道，不同碳原子的p轨道又是相互平行的，这样，一个碳原子的两个p轨道与另一个碳原子相对应的两个p轨道在侧面交盖成了两个π键。这两个π键并不是彼此孤立的，而是对称分布在碳碳σ键的键轴周围，形成类似圆筒形的π电子云。

由于炔烃中的碳碳三键是C sp—C sp键，与sp^2及sp^3杂化轨道相比，sp杂化轨道中的s轨道成分大，所以其键长小于烯烃中的C sp^2—C sp^2和烷烃中的C sp^3—C sp^3键。丙炔分子中碳碳单键是C sp—C sp^3键，其键长也小于丙烯中C sp^2—C sp^3键。几种碳碳、碳氢键键长参数见表 3-3。

实验证明乙炔为线性分子，键长比碳碳双键的短，键能比碳碳双键以及碳碳单键的都大。

表 3-3　几种碳碳、碳氢键键长参数　　　　　　　　单位：nm

名称	C≡C	C—H	C=C	C—C	≡C—H
乙炔	0.120	0.106	—	—	—
丙炔	0.121	—	—	0.146	0.106
乙烯	—	0.110	0.134	—	—
丙烯	—	0.110	0.134	0.150	—

其他炔烃分子中的三键也都是由一个 σ 键和两个 π 键组成的。

3.2.1.2　命名

炔烃的系统命名法与烯烃相似，选择含碳碳三键的最长碳链作为主链，根据主链上碳原子的数目称为某炔。从主链靠近三键的一端开始进行编号，用三键碳原子中标号最小的表示三键的位置，得到母体的名称。然后在母体名称的前面加上取代基的名称和位置。

$$CH_3CH_2C≡CH \qquad (CH_3)_2CHC≡CH \qquad (CH_3)_3CC≡CCH_3$$
　　1-丁炔　　　　　　3-甲基-1-丁炔　　　　　　4,4-二甲基-2-戊炔

炔烃的同分异构体是由于碳架不同或者三键位置不同而引起的。由于碳链分支的地方不可能有三键，所以炔烃没有顺反异构，比烯烃简单。

3.2.2　炔烃的物理性质

乙炔、丙炔和 1-丁炔在室温下为气体。简单炔烃的沸点、熔点、密度比含有相同碳原子的烯烃高。碳架相同的炔烃中，三键在端位的沸点较低。炔烃的相对密度小于 1，在水里的溶解度很小，易溶于烷烃、四氯化碳、乙醚等有机溶剂。一些炔烃的熔点和沸点参数见表 3-4。

表 3-4　一些炔烃的熔点和沸点

化合物名称	熔点/℃	沸点/℃
乙炔	−81.8	−84.0
丙炔	−101.5	−23.2
1-丁炔	−125.9	8.1
2-丁炔	−32.3	27.0
1-戊炔	−106.5	40.2
2-戊炔	−109.5	56.1
3-甲基-1-丁炔	−89.6	29.0
1-己炔	−132.4	71.4
2-己炔	−89.6	84.5
3-己炔	−103.2	81.4

3.2.3　炔烃的化学性质

炔烃含有碳碳不饱和键，可以进行与烯烃相似的反应，如氢、卤素、卤化氢、水与炔烃都可以进行加成反应，碳碳三键也可以被氧化断键成羧酸。由于炔烃含有两个 π 键，加成反应可以逐步进行，形成烯烃及其衍生物或者形成烷烃及其衍生物。

3.2.3.1　炔烃的催化加氢

炔烃可以进行加氢反应。一般炔烃在钯、铂催化剂氢化时，总是得到烷烃，很难得到烯烃。有特殊催化剂（如钯附着于碳酸钙及少量氧化铅上）存在下可以制得烯烃。

$$CH_3C{\equiv}CCH_3 + H_2 \xrightarrow[C_2H_5OH]{Ni,\ Pd\ 或\ Pt} CH_3CH_2CH_2CH_3$$

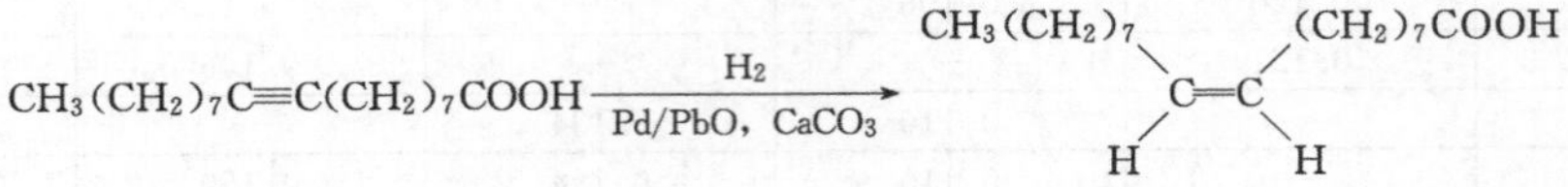

$$CH_3(CH_2)_7C{\equiv}C(CH_2)_7COOH \xrightarrow[Pd/PbO,\ CaCO_3]{H_2}$$

硬脂炔酸　　　　　　　　　　　　　　　　　　油酸（顺）

3.2.3.2　炔烃的氧化

炔烃经臭氧氧化和水解，或者用高锰酸钾氧化，碳链在三键处断裂，生成羧酸。

$$RC{\equiv}CH \xrightarrow[OH^-,\ H_2O]{KMnO_4} RCOH + CO_2 + H_2O$$

$$CH_3CH_2CH_2C{\equiv}CCH_3 \xrightarrow[(2)\ H_2O]{(1)\ O_3,\ CCl_4} CH_3CH_2CH_2COH + HOCCH_3$$

和烯烃的氧化一样，根据高锰酸钾溶液的颜色可以鉴别炔烃。根据产物羧酸的结构可以推知原炔烃的结构，即三键在碳链上的位置。

3.2.3.3　亲电加成

和烯烃一样，炔烃也能与氢卤酸、卤素等发生亲电加成反应，但反应速率比相应的烯烃慢。炔烃中 sp 杂化的碳原子电负性较大，虽然有两个 π 键，但与亲电试剂的加成反应较烯烃难。一般需要催化剂存在时才可以进行。

（1）与氢卤酸加成

炔烃与氢卤酸的加成反应分两步进行。先加一分子氢卤酸，生成卤代烯烃。卤代烯烃继续与氢卤酸加成，生成二卤代烷烃。不对称炔烃 R—C≡CH 与氢卤酸加成产物也符合马氏规则。

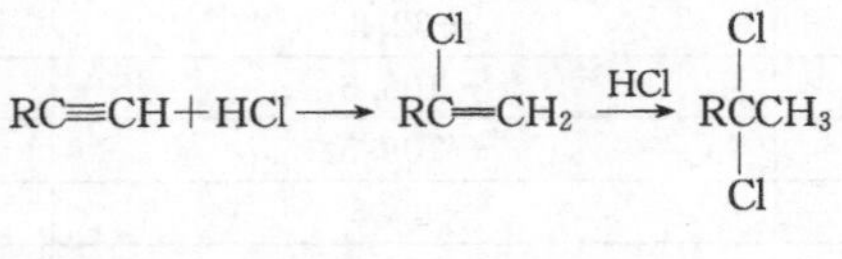

$$RC{\equiv}CH + HCl \longrightarrow RC{=}CH_2 \xrightarrow{HCl} RCCH_3$$

不同类型的三键与卤化氢的加成速率大小顺序为：

$$RC{\equiv}CR' > RC{\equiv}CH > HC{\equiv}CH$$

（2）与卤素加成

炔烃与卤素的加成反应一般较烯烃难。反应机理与烯烃相似，但表现为溴的四氯化碳溶液褪色较慢。

炔烃和两分子氯或溴加成，生成四氯或四溴代烷。炔烃与氯的加成必须在光照或三氯化铁或氯化亚锡（$SnCl_2$）的催化作用下进行。

$$HC \equiv CH + 2Cl_2 \xrightarrow{FeCl_3} Cl_2CH-CHCl_2$$

如果分子中同时存在非共轭的双键和三键，与溴反应时，首先进行的是双键的加成。当其与一分子溴加成反应时，一般三键不发生反应。

$$H_2C=CHCH_2C \equiv CH + Cl_2 \xrightarrow{FeCl_3} \underset{\underset{99\%}{\overset{|}{Cl}}}{ClCH_2CHCH_2C} \equiv CH$$

（3）与水加成

炔烃与水的加成反应需要在硫酸溶液中进行，而且硫酸汞作为催化剂，生成醛或酮。

$$RC \equiv CH + H_2O \xrightarrow[HgSO_4]{H_2SO_4} \underset{\text{烯醇式}}{\overset{\overset{\textstyle HO}{|}}{RC}=CH_2} \xrightarrow[HgSO_4]{H_2SO_4} \underset{\text{醛或酮}}{\overset{\overset{\textstyle O}{||}}{RCCH_3}}$$

一分子水与三键发生加成反应，生成具有双键以及在双键上连有羟基的很不稳定的加成物——乙烯醇。生成的烯醇式化合物很快发生异构化——分子重排，即羟基上的氢原子转移到另一个双键上，与此同时，使共价键的电子云也发生转移，使碳碳双键变成单键，而碳氧单键则变成碳氧双键，形成更稳定的羰基化合物（即含有羰基 $\diagdown C=O$ 的化合物），该反应也叫作炔烃的水合反应。为了使炔烃能够溶解在溶液中，常加入甲醇、乙酸等作为共溶剂。

不对称炔烃与水加成遵循马氏规则。

3.2.3.4 金属炔化物的生成

有机化合物中 C—H 键的解离也可以看作是酸性解离，所以有些教科书说炔烃具有酸性。但是由于碳的电负性较小，炔烃酸性极弱，有时它的 K_a 不能直接测定。

三键碳原子上的氢原子之所以具有活泼性，是因为三键 sp 杂化轨道中 s 成分大，碳原子电负性强，使 C—H σ 键的电子云更靠近碳原子，导致末端炔烃中 C—H 键易于异裂。氢原子容易离解，因而炔烃显示弱酸性。

乙炔、乙烯、乙烷的酸性强弱见表 3-5。

表 3-5　乙炔、乙烯、乙烷的酸性

名称	HC≡CH	CH₂—CH₂	CH₃—CH₃
pK_a	约 25	约 44	约 50

乙炔或者 RC≡CH 型炔烃加入硝酸银或者氯化亚铜的氨溶液中，立即产生炔化银的白色沉淀或者炔化亚铜的红色沉淀。

$$CH \equiv CH + Ag(NH_3)_2^+ NO_3^- \longrightarrow AgC \equiv CAg \downarrow + NH_4NO_3 + NH_3$$

炔化银为灰白色沉淀，炔化亚铜为红棕色沉淀，通过这个反应可以鉴别炔烃分子中的碳碳三键是在端位还是在碳链的中间。

3.2.4 重要的炔烃——乙炔

炔烃中最重要的是乙炔，它是有机合成的基本原料，是重要的化工原料。乙炔在常温常压下为具有麻醉性的无色可燃气体。纯度很高时没有气味，但是在有杂质时有讨厌的大蒜气味。比空气轻，能与空气形成爆炸性混合物，极易燃烧和爆炸。微溶于水，易溶于酒精、丙酮、苯、乙醚等有机溶剂。能与氟、氯发生爆炸性反应，在高压下乙炔很不稳定，火花、热力、摩擦均能引起乙炔的爆炸性分解而产生氢和碳。因此，必须把乙炔溶解在丙酮中才能使它在高压下稳定。乙炔本身无毒，但是在高浓度时会引起窒息。

工业生产方法如下：

碳化钙法：

$$3C + CaO \xrightarrow{2000℃} CaC_2 + CO\uparrow$$
$$CaC_2 + 2H_2O \longrightarrow CH\equiv CH + Ca(OH)_2$$

由天然气或石油制备：

$$CH_4 \longrightarrow CH\equiv CH + H_2$$
$$CH\equiv CH + O_2 \longrightarrow CO_2 + H_2O$$

在氧气中燃烧形成的氧炔焰的最高温度可达到 3000℃，因此被广泛应用在熔接、切割金属。

3.3 二烯烃

3.3.1 二烯烃的分类与命名

3.3.1.1 二烯烃的分类

分子中含两个碳碳双键 C=C 的不饱和烃称为二烯烃。根据分子中两个双键的相对位置不同，可以分为三类。

累积二烯烃：两个双键连在同一碳原子上的二烯烃，或称为聚集双烯，如丙二烯（$H_2C=C=CH_2$）。这类二烯烃不稳定。

共轭二烯烃：两个双键被一个单键隔开（双键、单键相互交替）的二烯烃，例如，1,3-丁二烯（$CH_2=CH-CH=CH_2$）。

孤立二烯烃：双键被两个以上单键隔开的二烯烃，例如，1,4-戊二烯（$CH_2=CH-CH_2-CH=CH_2$）。双键之间相互影响较小，与单烯烃类似。

以上二烯烃中，以共轭二烯烃最为重要。丁二烯是最简单的共轭二烯，分子式 $CH_2=CH-CH=CH_2$，即 1,3-丁二烯。

3.3.1.2 二烯烃的命名

二烯烃和烯烃的命名相似，只是在命名时应注明两个双键的位置，例如：

$$CH_2=CH-CH=CH_2 \qquad CH_2=C=CH-CH_3$$
1,3-丁二烯 　　　　　　　　　1,2-丁二烯

$CH_2=C(CH_3)—CH=CH_2$ 2-甲基-1,3-丁二烯　　$CH_2=CH—(CH_2)_2—CH=CH_2$ 1,5-己二烯

丁二烯也可能有顺反异构，其命名与单烯烃相似，可以用顺、反或 *Z*、*E* 异构两种方法，但需要对每一个可能存在顺反的双键标明构型。与烯烃的顺反异构不同的是，以双键中间的单键为标准，考察的是两个双键与单键的相对位置，用“*s*”表示。*s*-反表示两个双键在单键的异侧，而 *s*-顺则表示两个双键在单键的同侧。例如：

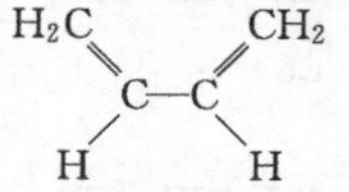

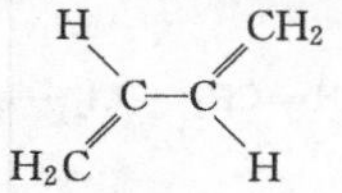

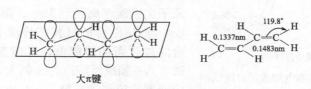

s-顺-1,3-丁二烯

s-反-1,3-丁二烯

顺,顺-2,4-己二烯
(*Z*),(*Z*)-2,4-己二烯

顺,反-2,4-己二烯
(*Z*),(*E*)-2,4-己二烯

1,3-丁二烯的两种构象中，以反式为主。

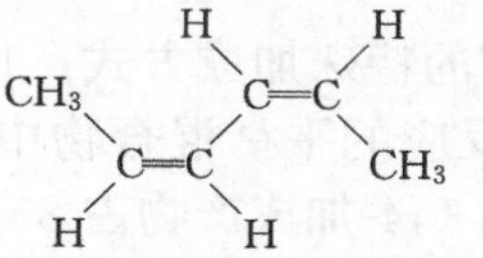

3.3.2 1,3-丁二烯的结构

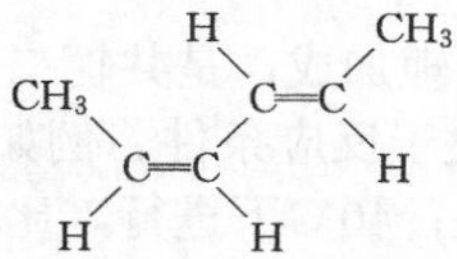

共轭二烯烃在结构和性质上都表现出一系列特性，下面以 1,3-丁二烯为例讨论共轭二烯烃的结构特征。根据近代物理实验测定，1,3-丁二烯为平面结构，所有碳原子都是 sp^2 杂化，键角接近 120°，优势构象中所有的原子都在同一平面上。C—C 键键长 0.1483nm，C═C 键键长为 0.1337nm，比乙烯的双键（0.1334nm）略长，而单键比乙烷的单键（0.154nm）略短。结构示意图见图 3-1。

图 3-1　1,3-丁二烯的结构示意图

四个碳原子之间及其与六个氢原子之间分别形成 3 个 C—C σ 键和 6 个 C—H σ 键。此外，每个碳原子上未参与杂化的 p 轨道均垂直于上述平面，相互平行，它们侧面相互重叠，形成了包含四个碳原子的四电子共轭体系。体系能量降低，分子稳定。实验证明，共轭二烯烃的氢化热低于两个双键烯烃的氢化热。例如 1,3-丁二烯的氢化热为 226kJ/mol，1,4-戊二烯的氢化热为 254kJ/mol。

3.3.3 1,3-丁二烯的化学性质

共轭二烯烃具有烯烃的一般性质，可以发生加成和聚合反应，如与卤素、氢卤酸等发生加成反应。由于其结构的特殊性，加成反应比单烯烃更容易，并且可以发生 1，4-加成和双烯合成。

3.3.3.1 1,2-加成和 1,4-加成

1,3-丁二烯与卤素、氢卤酸都容易发生亲电加成反应。1,3-丁二烯与 1mol 卤素或者氢卤酸作用时，可以发生 1,2-加成，也可以发生 1,4-加成，得到两种产物。1,2-加成产物是试剂在同一个双键的两个碳原子上的加成。1,4-加成则是试剂加在共轭二烯两端碳原子上，同时在中间两个碳上形成一个新的双键。

$$H_2C=CH-CH=CH_2 + Cl_2 \longrightarrow$$

1,2-加成 → $H_2C-CH-CH=CH_2$ 3,4-二氯-1-丁烯
          Cl Cl

1,4-加成 → $H_2C-CH=CH-CH_2$ 1,4-二氯-2-丁烯
          Cl   Cl

1,4-加成也叫共轭加成，是共轭二烯烃具有的特殊加成方式。1,2-加成和 1,4-加成反应的产物比例取决于反应条件。例如，下列反应的平衡混合物中，在低温下生成 1,2-加成产物的速率快；40℃下进行，比较稳定的 1,4-加成产物占 85%。

$$H_2C=CH-CH=CH_2 + HBr \longrightarrow$$

−80℃ → $H_2C-CH-CH=CH_2$ + $H_2C-CH=CH-CH_2$
         H   Br   H   Br
              81%   19%

40℃ → $H_2C-CH-CH=CH_2$ + $H_2C-CH=CH-CH_2$
        H   Br   H   Br
             15%   85%

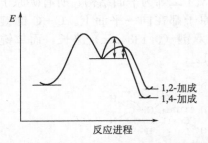

图 3-2 1,3-丁二烯亲电加成反应能线图

从 1,3-丁二烯亲电加成反应能线图（图 3-2）中可以看出，1,3-丁二烯与 HBr 的亲电加成反应分为两步进行。1,2-加成和 1,4-加成的第一步是一样的，都是 H^+ 进攻 1,3-丁二烯的端基碳原子生成碳正离子和 Br^-。第二步是不相同的，Br^- 与 C_2 结合的过渡态势能 E 比 Br^- 与 C_4 结合的过渡态的势能低，反应速率快。所以低温时，1,2-加成反应产物比例大，称为动力学（反应速率）控制的产物；1,4-加成产物比 1,2-加成产物内能低，较稳定，因此达到平衡时，产物比例高，称 1,4-加成产物是热力学控制的产物。从能量角度看，1,4-加成产物内能较低，必须跨越较高的能垒才能转变为 1,2-加成产物。而 1,2-加成产物转变为 1,4-加成产物容易得多，所以升高温度，延长反应时间都对 1,4-加成产物的生成有利。

与烯烃相似，共轭二烯烃与卤素加成也是按亲电加成反应机理进行：

$$\overset{1}{H_2C}=\overset{2}{CH}-\overset{3}{CH}=\overset{3}{CH_2} + Cl-Cl \longrightarrow$$

1,2-加成 → $H_2C-\overset{+}{CH}-CH=CH_2 \xrightarrow{Cl^-} H_2C-CH-CH=CH_2$
            Cl   Cl Cl
                    (1)

1,4-加成 → $H_2C-CH=CH-\overset{+}{CH_2} \xrightarrow{Cl^-} H_2C-CH=CH-CH_2$
            Cl   Cl   Cl
                    (2)

3.3.3.2 狄尔斯-阿德耳反应——双烯加成

丁二烯与乙烯或者取代烯烃反应，生成环己烯或者其衍生物。

反应是由 1,3-丁二烯和乙烯用两个 π 电子重新组合形成了两个新的 σ 键而成环，也相当于乙烯与 1,3-丁二烯发生 1,4-加成反应，该反应叫作狄尔斯-阿德耳反应或者双烯合成反应。

双烯加成反应是一步完成的。反应时反应物分子彼此靠近，相互作用，形成环状过渡态，然后逐渐转化为产物分子。即旧键的断裂和新键的形成是在同一步骤中协同完成的，具有这种特点的反应称为协同反应。在协同反应中，没有活泼的碳正离子、碳负离子或者自由基中间体产生。

这个反应是共轭二烯烃的特征反应，它是将链状化合物变成六元环化合物的方法之一。双烯合成是可逆的反应，在高温时，加成产物又会分解为原来的共轭二烯烃。所以，可以利用与共轭二烯烃的双烯合成反应来检验或提纯共轭二烯烃。

3.3.4 重要的二烯烃

丁二烯是合成橡胶和合成树脂的重要单体。二烯可生产顺丁橡胶、丁苯橡胶、丁腈橡胶、氯丁橡胶、也可生产聚丁二烯、ABS、BS 等树脂。此外还可生产 1,4-丁二醇、己二胺（尼龙-66 的单体）。

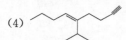

1.命名下列化合物

(1) $(CH_3)_3CC \equiv CCH_2C(CH_3)_3$

(2) $CH_3CH = CHCH(CH_3)C \equiv CCH_3$

(3) $HC \equiv C - C \equiv CCH = CH_2$

(4)

2.写出下列化合物的构造式和键线式，并用系统命名法命名。

(1) 烯丙基乙炔　　　　　(2) 丙烯基乙炔

(3) 二叔丁基乙炔　　　　(4) 异丙基仲丁基乙炔

3.下列化合物是否存在顺反异构体，如存在则写出其构型式。

(1) $CH_3CH = CHC_2H_5$　　　　(2) $CH_3CH = C = CHCH_3$

(3) $CH_3C \equiv CCH_3$　　　　　(4) $HC \equiv C - CH = CHCH_3$

4.写出下列反应的产物。

(1) $CH_3CH_2CH_2C \equiv CH + HBr$（过量）$\longrightarrow$

(2) $CH_3CH_2C \equiv CCH_2CH_3 + H_2O \xrightarrow{HgSO_4 + H_2SO_4}$

(3) $CH_3C \equiv CH + Ag(NH_3)_2^+ \longrightarrow$

(4) $H_3C - C \equiv C - CH_3 + HBr \longrightarrow$

(5) $H_2C = CH - CH_2 - C \equiv CH + Br_2 \longrightarrow$

5. 用化学方法区别下列各化合物。

(1) 2-甲基丁烷、3-甲基-1-丁炔、3-甲基-1-丁烯。

(2) 1-戊炔、2-戊炔。

6. 1.0g 戊烷和戊烯的混合物，使 5mL Br_2—CCl_4 溶液（每 1000mL 含 Br_2 160g）褪色。求此混合物中戊烯的质量分数。

7. 有一炔烃，分子式为 C_6H_{10}，当它加氢后可生成 2-甲基戊烷，它与硝酸银氨溶液作用生成白色沉淀。写出这一炔烃的构造式。

8. 某二烯烃和一分子溴加成反应生成 2,5-二溴-3-己烯，该二烯烃经臭氧氧化还原水解而生成两分子 CH_3CHO 和一分子 $\underset{\substack{\|\\O}}{H-C}\underset{\substack{\|\\O}}{-C-H}$，写出该二烯烃的结构式。

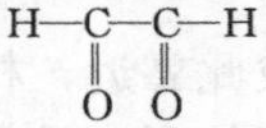

第4章

环烃

本章主要介绍脂环烃和芳香烃两大类环烃。

4.1 脂环烃

脂环烃是指结构上具有环状碳链骨架，但其性质与开链烃（脂肪烃）相似的烃类。脂环烃及其衍生物广泛存在于自然界中，石油中含有环己烷、甲基环己烷以及少量环烷酸等；植物香精油含有大量不饱和脂环烃及其含氧衍生物。

4.1.1 脂环烃的分类和命名

脂环烃分为饱和脂环烃和不饱和脂肪烃，饱和脂肪烃即为环烷烃，不饱和的有环烯烃和环炔烃。单环体系中，一般分为小环（含 3～4 个碳原子）、普通环（含 5～7 个碳原子）、中环（含 8～12 个碳原子）和大环（含十二碳以上），其中环戊烷和环己烷最为普遍。

它们的命名方法与烷烃相似，以碳环作为母体，环上侧链作为取代基命名，在"烷"字前面加上一个"环"字，称为环某烷。例如：

构造式			
环丙烷	环丁烷	环戊烷	环己烷
键线式			

当环上的取代基不止一个时，则将母体编号，以含碳最少的取代基为 1 位；环烯烃的命名，环上碳原子的编号应该以双键位次最小。

构造式		
1-甲基-2-异丙基环戊烷	1-甲基-4-异丙基环己烷	3-甲基-1-环己烷

键线式

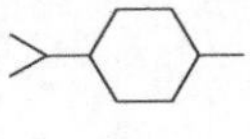

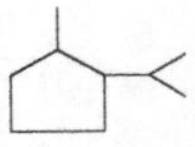

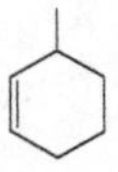

4.1.2 脂环烃的结构

现代物理研究证实，环丙烷分子的三个碳原子在同一平面上，其 C—C—C 键角为 105.5°，H—C—H 键角为 114.5°。一般认为，碳原子是 sp^3 杂化，但是为了保持三个碳原子在一个平面，其键角就不能保持 109°28′左右，这样两个成键原子的 sp^3 轨道在成键时，它们的对称轴不可能在同一条线上。

正常的成键方式　　　弯曲成键

这样形成的键与一般的 σ 键不一样，它的电子云没有轨道轴对称，故通常称为弯曲键。由于弯曲键是以弯曲的方向重叠，重叠较少，因此键的稳定性就差。由于 C—C—C 键角由 109°28′被压缩为 105.5°，此时分子内部产生要求恢复正常键角的内在力量，称为"角张力"。

环丁烷也存在角张力，但比起环丙烷小一些，其稳定性好于环丙烷，但也是不稳定的化合物。

随着成环碳原子的数目增加，角张力逐渐减弱。环戊烷的 C—C—C 键角为 109°28′，角张力很小。实验证明，环己烷成环碳原子不在同一个平面，是以折叠环的形式存在，它的四个碳原子基本在一个平面，另一个在该平面之外，这种构象叫作"信封式"构象。

环丁烷的构象　　　环戊烷的构象

环己烷的结构在本章 4.1.5 详细介绍。

4.1.3 脂环烃的物理性质

环烷烃的沸点和熔点都比相应的烷烃高，相对密度也较大，但比水轻。常温常压下环丙烷和环丁烷为气体，其余环烷烃多为液体。一些环烷烃的物理常数见表 4-1。

表 4-1　一些环烷烃的物理常数

化合物	沸点/℃	熔点/℃	相对密度
环丙烷	−32.7	−127.6	0.720
环丁烷	12	−50	0.720
环戊烷	49.2	−93.9	0.7457
环己烷	80.7	6.5	0.7785
环庚烷	118.5	−12	0.8098
环辛烷	149	14.3	0.8349
甲基环戊烷	71.7	142.4	0.7486
甲基环己烷	100.9	−126.6	0.7694

4.1.4 脂环烃的化学性质

环烷烃的化学性质与相应的开链烃类似。因其具有环状结构，还具有一些环状结构的特性，依据碳环的大小而表现出不同性质，即"小环似烯，大环似烷"。

4.1.4.1 加成反应

环烷烃中，小环具有特殊性。虽然分子结构中没有不饱和键，但是能与氢气、卤素、氢卤酸等试剂发生加成反应，反应时环破裂，也叫作开环反应。

催化剂存在下环烷烃与氢作用时，环烷烃开环，加上两个氢原子生成烷烃。由于环的大小不同，催化加氢难易程度不同。环丙烷很容易加氢，环丁烷需要在较高温度下加氢，环戊烷必须在更强烈的条件下，比如在 300℃ 以上用铂催化才能进行加氢反应。

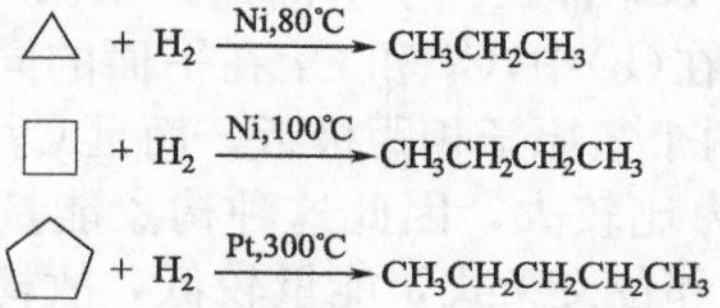

$$\triangle + H_2 \xrightarrow{Ni,80℃} CH_3CH_2CH_3$$

$$\square + H_2 \xrightarrow{Ni,100℃} CH_3CH_2CH_2CH_3$$

$$\pentagon + H_2 \xrightarrow{Pt,300℃} CH_3CH_2CH_2CH_2CH_3$$

还可以与卤素、氢卤酸加成：

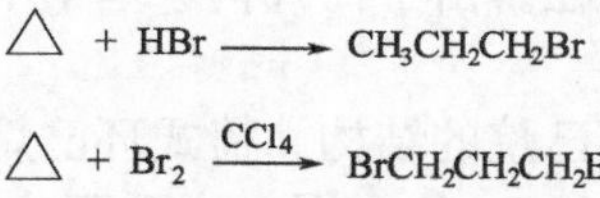

$$\triangle + HBr \longrightarrow CH_3CH_2CH_2Br$$

$$\triangle + Br_2 \xrightarrow{CCl_4} BrCH_2CH_2CH_2Br$$

环丙烷的烷基衍生物与氢溴酸加成时，符合马氏规则，即氢加在含氢较多的碳原子上。

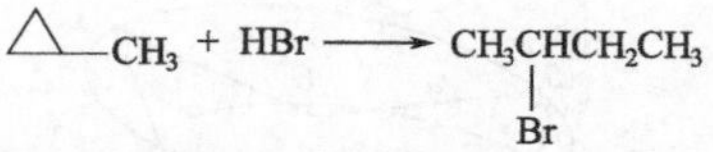

$$\triangle\!\!-\!CH_3 + HBr \longrightarrow CH_3\underset{\underset{Br}{|}}{C}HCH_2CH_3$$

除三元环、四元环外，其他环烷烃不发生这类反应。

4.1.4.2 取代反应

小环烷烃比较容易发生开环反应，但是随着环的增大，其开环反应性能就逐渐减弱。环己烷即使在相当强烈的条件下也不能开环，而表现出与烷烃相似的性能，发生自由基取代反应生成相应的卤代物。

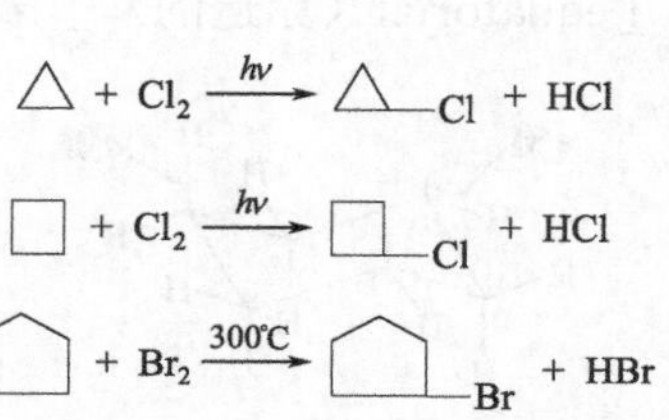

$$\triangle + Cl_2 \xrightarrow{h\nu} \triangle\!\!-\!Cl + HCl$$

$$\square + Cl_2 \xrightarrow{h\nu} \square\!\!-\!Cl + HCl$$

$$\pentagon + Br_2 \xrightarrow{300℃} \pentagon\!\!-\!Br + HBr$$

4.1.5 环己烷及其衍生物的构象

4.1.5.1 环己烷的构象

环己烷分子中，碳原子是 sp^3 杂化，6 个碳原子不在同一平面，碳碳键之间的夹角可以保持 109°28′，因此环很稳定。环己烷有两种极限构象，一种是椅式构象，另一种是船式构象，见图 4-1。在室温下，每 1000 个环己烷分子中只有 1 个分子处于"船式"构象。由此可见，环己烷的构象异构中椅式构象更稳定。

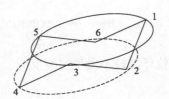

<table>
<tr><td>透视式</td><td>纽曼投影式</td><td>透视式</td><td>纽曼投影式</td></tr>
<tr><td colspan="2">(a) 椅式构象</td><td colspan="2">(b) 船式构象</td></tr>
</table>

图 4-1　环己烷的椅式构象和船式构象

在(a)和(b)中，C_2、C_3、C_5、C_6 都在一个平面内。在(a)中，C_1 和 C_4 在平面的上下两侧，这种构象叫椅式构象。但在(b)中，C_1 和 C_4 在平面的同一侧，这种构象叫船式构象。船式构象中，C_1 和 C_4 上的两个氢原子相距极近，而且 C_2—C_3、C_5—C_6 上连接的基团为全重叠式，相互之间排斥力比较大，因此这种构象能量较高。而椅式构象中，C_2—C_3、C_5—C_6 上连接的基团为邻位交叉式，能量较低，故椅式构象是更稳定的构象。物理方法测定结果显示，船式构象比椅式构象能量高 29.7kJ/mol，故在室温下，环己烷基本上以能量较低的椅式构象存在。由于椅式构象基本不存在环张力，所以环己烷具有与烷烃类似的稳定性。

以下主要讨论椅式构象的环己烷的结构。椅式环己烷分子中的六个碳原子在空间分布在两个平面上，其中 C_1、C_3 和 C_5 处在同一个平面内，C_2、C_4 和 C_6 处在另外一个平面内。

环己烷有 12 个 C—H 键，每个碳原子上与氢原子相连的两个键可以分为两种类型。一种垂直于平面，这个键叫直立键，以 a 表示［axial（轴向的）］；另一种键则大致与平面平行，叫作平伏键，以 e［equatorial（赤道的）］表示。

环己烷分子有六个 a 键和六个 e 键，它们的空间方向分别是三上三下，三左三右。每个碳原子中，如果 a 键向上，必然（另一个）e 键向下；反之亦然。

4.1.5.2　环己烷衍生物的构象

环己烷衍生物绝大多数也是以椅式构象存在。环己烷上有取代基时，一般存在两种构象。以甲基为例，甲基在 a 键上的构象和甲基在 e 键上的两个构象。

椅式构象中，C_1、C_3 和 C_5（或 C_2、C_4 和 C_6）的三个 a 键所连的氢原子之间的距离与两个氢原子半径大致相等，故无排斥力。若 a 键所连的氢原子被大基团（如叔丁基、苯基）取代，则会因为拥挤而产生排斥力。但是大基团连在 e 键上，由于大基团伸向环外，距离相对较远，排斥力较小，故环己烷衍生物中大基团连在 e 键的构象是更稳定的构象。

例如，4-叔丁基环己醇的两种椅式构象中，叔丁基在 a 键上的构象要比另一种构象稳定得多。

因此，环己烷衍生物优势构象的判定，往往以取代基处于 e 键上的最稳定；含相同取代基的环己烷多元取代物中，最稳定的构象是 e 取代基最多的构象；如果环上有不同取代基时，则体积大的取代基在 e 键上的最稳定。

4.2 芳香烃

芳香烃是指具有芳香性的碳氢化合物。通常所说的芳烃是指苯系芳烃，其中，苯是芳香化合物中最典型的代表。

根据是否含有苯环、所含苯环的数目和联结方式不同可以分为以下三种。

单环芳烃：分子中只含有一个苯环，如苯、甲苯、苯乙烯。

多环芳烃：分子中含有两个或者两个以上的苯环，如联苯、萘、蒽。

非苯芳烃：不含有苯环，但含有结构以及性质与苯环相似的芳环，并具有芳香族化合物的共同特性，如环戊二烯负离子、环庚三烯正离子等。

环戊二烯负离子   环庚三烯正离子

4.2.1 苯的结构与命名

苯的分子式 C_6H_6，从苯的分子式看，苯应该具有高度不饱和性，但是其物理化学性质表现出以下特点：

① 分子中有三个双键，应该具有烯烃的性质。实际上并不发生烯烃的加成反应，也不被高锰酸钾氧化。

② 容易发生取代反应，苯的一元取代物只有一种。苯的邻位二元取代物应该有两种异构体，但实际上只有一种。

③ 苯分子中有三个 C=C 和三个 C—C，其键长应该不相同，但这样苯环就不是一个正六边形。

④ 氢化热不是环己烯的三倍。

因此，可以看出苯的结构不是表观结构那样的单双键交替。近代物理方法证明，苯分子的六个碳原子和六个氢原子都在一个平面，属于平面分子结构。六个碳原子组成一个正六边形，碳碳键键长均等，约为 0.140nm，介于单键和双键之间。碳氢键键长为 0.108nm，所有键角都是 120°。

杂化轨道理论认为，苯分子中的碳原子在成键时采用 sp^2 杂化，每个碳原子的 sp^2 杂化轨道分别与两个碳和一个氢形成三个 σ 键，键角 120°。碳原子的未参与杂化的 p 轨道都垂直于碳环的平面。相邻的两个 p 轨道彼此从侧面重叠，六个 p 轨道形成一个封闭的共轭体系，这个封闭的共轭体系称为大 π 键。由于大 π 键的形成，π 电子高度离域，从而使碳碳键达到完全平均化，并无单、双键之分。

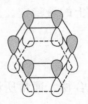

苯分子中的共轭π键

对于苯分子的结构式，目前还没有一个合适的表示式，习惯上用凯库勒式表示，也有资料采用苯的大 π 键表示法表示苯分子。

苯的凯库勒式结构 　　　　　　　　　　　苯的大π键表示法

苯是最简单的单环芳烃。苯分子中减去一个氢原子剩下的官能团 C_6H_5—，称为苯基。苯环上的氢原子被烃基取代而形成的一元取代物的命名，以苯为母体，烃基为取代基，如甲苯、乙苯等。二元取代物有三种异构体，由取代基位置不同，在名称前面加"邻"、"对"、"间"等字，或者用"1,2"、"1,4"、"1,3"表示，例如：

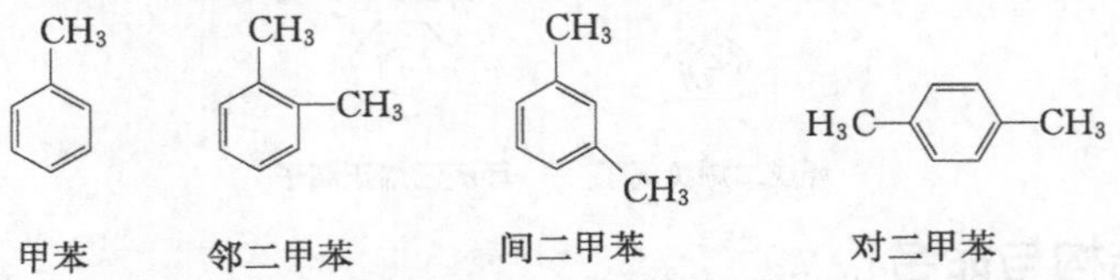

甲苯　　　　邻二甲苯　　　　　间二甲苯　　　　　对二甲苯
　　　　　　（1,2-二甲苯）　　（1,3-二甲苯）　　（1,4-二甲苯）

结构复杂或支链有官能团时，也可以把苯环作为取代基命名，例如：

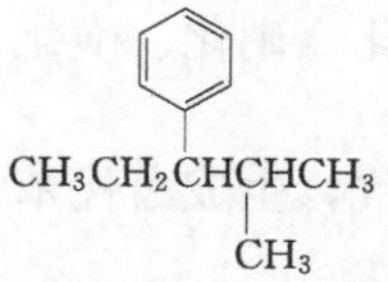

$$CH_3CH_2CHCHCH_3$$
$$|$$
$$CH_3$$
2-甲基-3-苯基戊烷

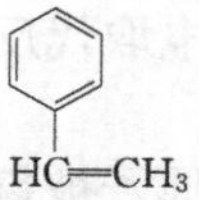

$HC=CH_3$
苯乙烯

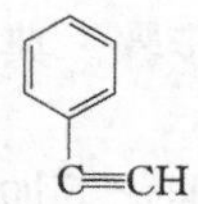

$C≡CH$
苯乙炔

4.2.2 苯的物理性质

芳烃多为液体，具有特殊气味，它们的蒸气有毒，可以通过呼吸道对人体产生伤害。在苯的同系物中，每增加一个 CH_2，沸点平均升高 30℃左右。芳烃都不溶于水，可溶于汽油、乙醚和四氯化碳等有机溶剂，也可以作许多有机化合物的良好溶剂。苯及其同系物的物理常数见表 4-2。

表 4-2 苯及其同系物的物理常数

化合物	熔点/℃	沸点/℃	相对密度
苯	5.5	80.1	0.879
甲苯	−95	110.6	0.8667
邻二甲苯	−25.2	144.4	0.880
间二甲苯	−47.9	139.1	0.864
对二甲苯	13.2	138.4	0.861
乙苯	−95	136.2	0.867
正丙苯	−99.6	159.3	0.862
异丙苯	−96	152.4	0.862
苯乙烯	−33	145.8	0.906
1,2,3-三甲苯	−25.4	176.1	0.894
1,2,4-三甲苯	−43.8	169.4	0.876
1,3,5-三甲苯	−44.7	164.7	0.865

4.2.3 苯的化学性质

由于芳香化合物无一般的碳碳双键，而且具有特殊的稳定性，因此不具备烯烃的典型性质，如亲电加成、氧化、聚合等反应，只有在特殊的条件下才能发生加成反应。但容易发生亲电取代反应，如卤化、硝化和磺化反应，许多产物在工业上具有重要的用途。

4.2.3.1 亲电取代反应

亲电取代反应的一般历程为：

在亲电取代反应中，首先是亲电试剂 E^+ 进攻苯环，并很快地和苯环的 π 电子形成 π 络合物。π 络合物仍然保持苯环的结构，然后 π 络合物中亲电试剂 E^+ 进一步和苯环的一个碳原子直接相连，从苯环获得两个电子，与苯环的一个碳原子结合形成 σ 键，形成 σ 络合物。σ 络合物生成后迅速失去一个质子，重新恢复为稳定的苯环结构，最后形成了取代产物。σ 络合物是亲核取代反应的中间体，σ 络合物生成的反应速率比较慢，是整个反应的决定步骤。典型的亲电取代反应有卤化、硝化、磺化、烷基化和酰基化。

（1）卤化反应

在铁或铁盐的催化下加热，氢原子被氯或溴取代，生成卤代苯，称为卤化反应。以氯化反应为例：

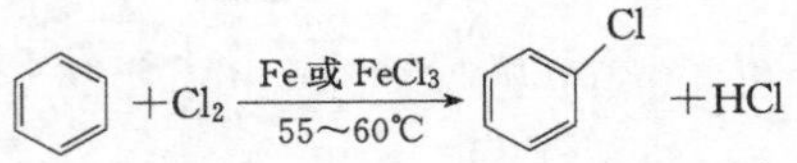

三氯化铁的作用是促使卤素分子极化而解离。氯气过量时，产生二取代物，一般在第一取代位置的邻位和对位发生取代。但反应比一元取代反应速率慢。

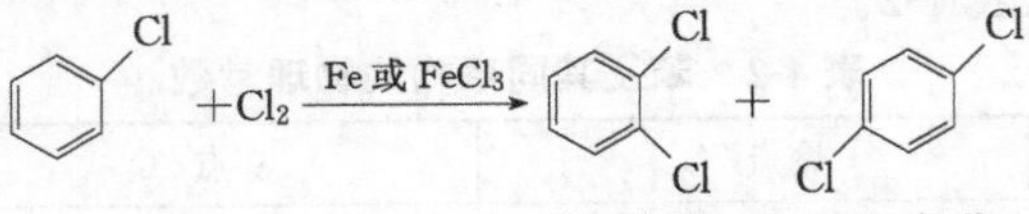

苯环上有甲基时，氯化反应也发生在邻位和对位：

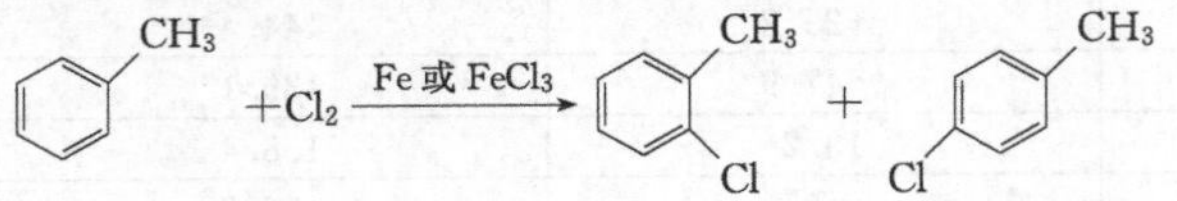

（2）硝化反应

浓硝酸和浓硫酸与苯共热，苯环上氢原子被硝基取代产生硝基苯，称为硝化反应。硫酸是催化剂。增加硝酸浓度，提高反应温度，可进一步硝化得到间二硝基苯，但反应比苯环的硝化反应慢。而甲苯比苯更容易进行硝化反应。

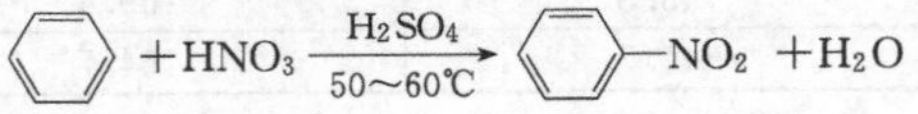

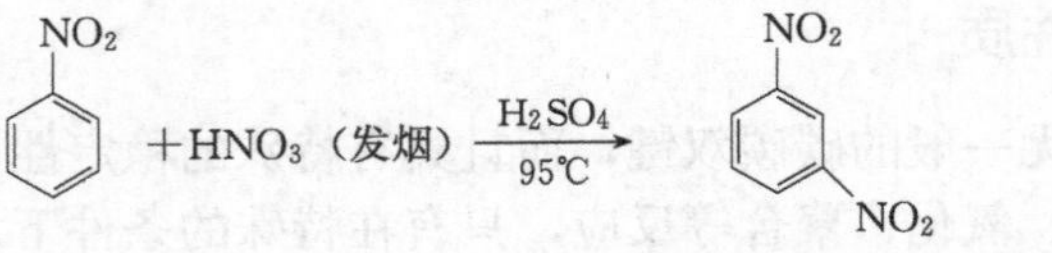

间二硝基苯（93.3%）

邻硝基甲苯　对硝基甲苯

（3）磺化反应

苯和浓硫酸共热，苯环上的氢被磺酸基取代生成苯磺酸，该反应称为磺化反应，是可逆反应。苯与发烟硫酸在室温下即可以生成苯磺酸。

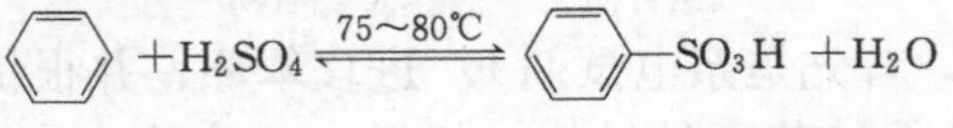

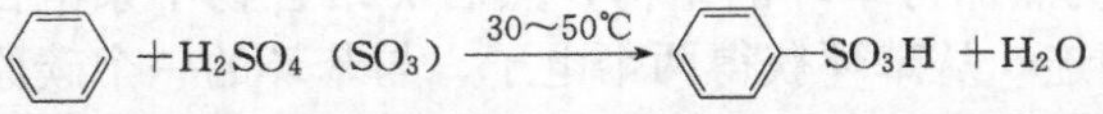

甲苯比苯容易磺化，它与浓硫酸在室温下就可以反应，产物主要是邻位和对位产物。

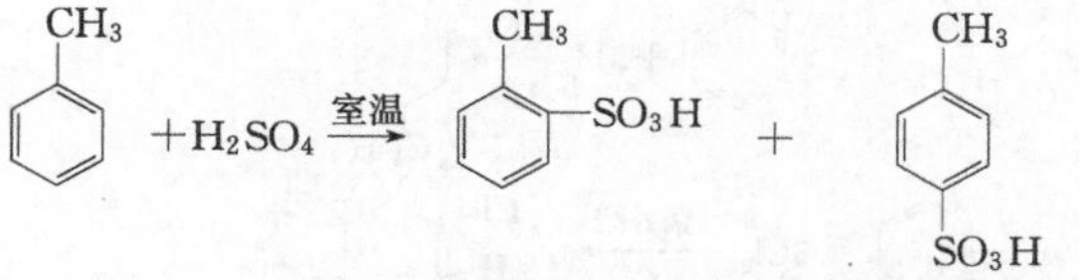

邻甲基苯磺酸 32%　　对甲基苯磺酸 62%

磺化反应是可逆的，生成的苯磺酸与水共热时，苯磺酸会发生水解反应脱掉磺酸基而变成苯。

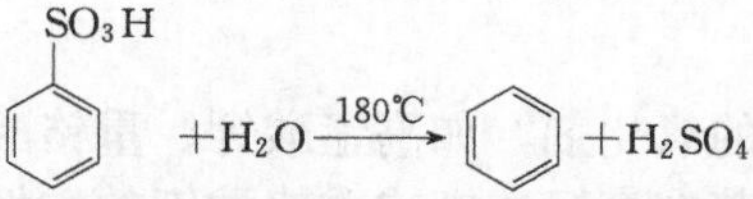

由于磺酸基很容易脱去，在有机合成方面，可以利用磺酸基暂时占据环上的某些位置，使这个位置不再被其他基团取代，或者利用磺酸基的存在，影响其水溶性，待其他反应完毕后再经过水解反应，将磺酸基脱去。该性质被广泛应用于有机合成以及有机化合物的分离和提纯。

苯磺酸是强酸，其酸性与硫酸相当。苯磺酸不易挥发，极易溶于水。在难溶的芳香烃化合物中引入磺酸基后得到易溶于水的物质。

（4）傅列德尔-克拉夫茨（Friedel-Crafts）反应

在无水三氯化铝等催化剂下，芳环上的氢原子可以被烷基或酰基取代，产生烷基苯或芳基酮，该反应称为傅列德尔-克拉夫茨反应，简称傅-克反应。其中生成烷基苯的反应叫傅-克烷基化反应，产生芳基酮的反应叫傅-克酰基化反应。

常见的烷基化试剂是卤代烃。苯和溴乙烷在无水氯化铝的催化作用下，生成乙基苯。在有机化合物中，引入了烷基的反应叫作烷基化反应。

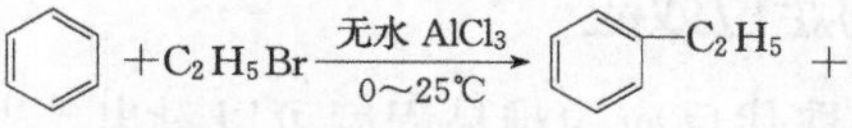

烷基化反应中，亲电试剂是碳正离子，无水氯化铝作为路易斯酸与卤代烷反应，生成具有亲电能力的烷基正离子。

若 R 是三个碳及以上的直链烷基，则反应中常发生烷基的重排，目的是形成更加稳定的碳正离子［二级（三级）＞一级］，因此产物是异构化产物。

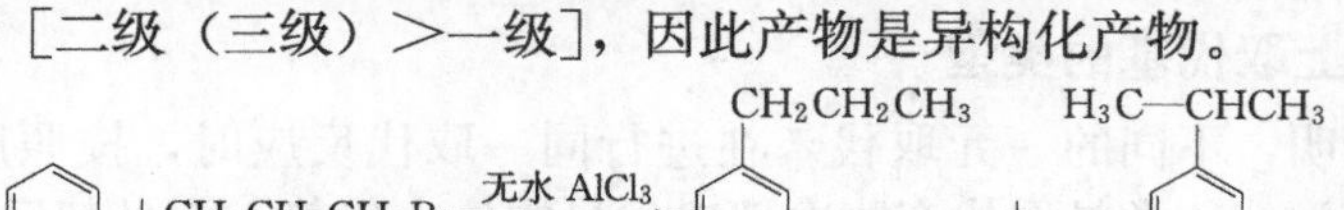

次要产物　　　　　主要产物

常见的酰基化试剂有酰卤和酸酐，在无水三氯化铝催化下，苯与酰氯或酸酐进行类似的反应得到酮。酰基化反应中，亲电试剂是 $R\overset{\oplus}{C}\!=\!O$。

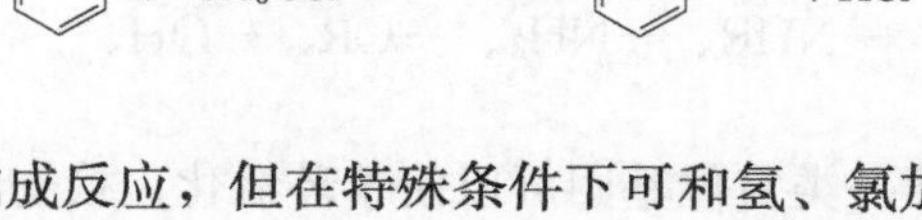

4.2.3.2　加成反应

芳烃一般不易发生加成反应，但在特殊条件下可和氢、氯加成，直接生成环己烷或其衍生物。

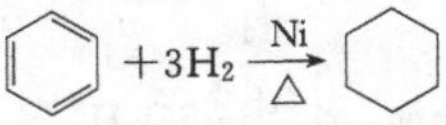

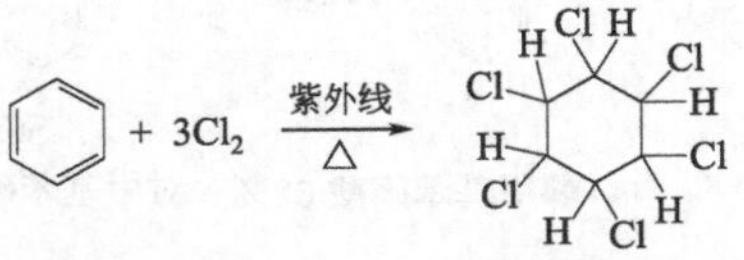

六氯环己烷(俗称六六六)

六六六是杀虫剂，由于其化学性质稳定，残存毒性大，目前已经不使用。

4.2.3.3 氧化反应

苯环的氧化很难。常见的氧化剂，如高锰酸钾、重铬酸钾等，即使是在加热时也不能使苯环氧化。但是，烷基苯在高锰酸钾或重铬酸钾的酸性或碱性溶液中，侧链容易被氧化成醛酮，甚至是羧酸。并且不论碳链多长，都是从与苯环直接相连的碳氢键开始氧化，生成羧基。

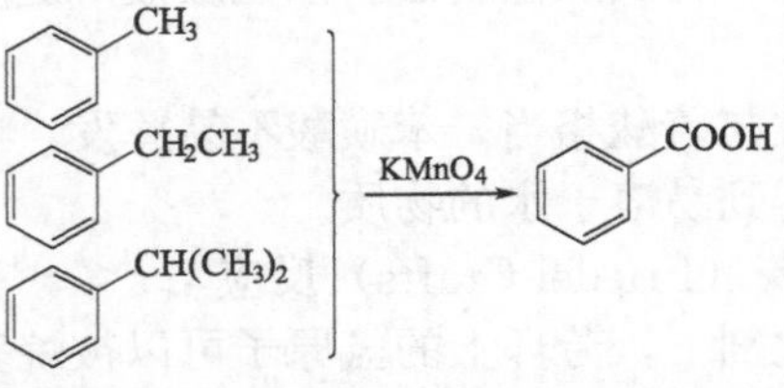

由于 —C(CH₃)₃ 与苯环直接相连的碳上无氢原子，氧化反应无法进行。

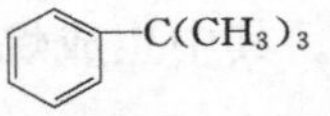

由此可以看出，苯环是相当稳定的，同时由于苯环的影响，和苯环直接相连的碳原子上的氢（α-H）活性增加，因此反应首先发生在 α 位上，导致烷基氧化为羧基。

4.2.4 苯环上取代基的定位效应

从前面介绍的苯环上的取代反应的难易程度可以看出，当苯环上已经有一个取代基，进行亲电取代反应再引入第二个取代基时，某些第一取代基可以使后续亲电取代反应容易进行，而有些第一取代基则使取代反应更难进行。

这种已有基团对再进入苯环的位置产生制约作用，即取代基的定位效应。

4.2.4.1 苯环上取代基的类型

大量实验证明，不同的一元取代苯在进行同一取代反应时，按照所得产物比例不同，可以分为两类。一类是取代产物中邻对位异构体占优势，而且其反应速率一般都比苯取代反应快些；另一类是间位取代为主体，而且反应速率比苯慢些。因此按照所得取代物的不同，可以把苯环上的取代基分为邻对位定位基不是关键词间位定位基两类。

4.2.4.2 定位规则

（1）邻对位定位基（或第一类定位基）

第一类定位基，使再进入的取代基主要进入它的邻对位，叫作邻对位定位。属于这一类定位基的有—NR₂、—NHR、—NH₂、—OR、—OH、—NHCOR、—CH₃（—R）、—Ar、—X等。

首先要了解为什么第一类定位基团可以使苯环活化。换句话说，就是要研究这类取代基在亲电取代反应中对中间体碳正离子的生成有何影响。如果取代基的存在可以使碳正离子更加稳定，则反应所需活化能不大，反应就比苯快。那么，这个取代基对反应的影响就是使苯环活化。

一般来说，这一类定位基是给电子基团（卤素除外），可以向苯环提供电子，使苯环电子云密度增加，有利于发生亲电取代反应。但是邻位、对位和间位取代的机会并不相同，相对而言，邻位和对位的电子云密度比间位增加得多些。以下从诱导效应和共轭效应来讨论三类基团的影响。

① 甲基　甲基的碳原子是 sp^3 杂化，苯环的碳是 sp^2 杂化。从电负性看，sp^2 大于 sp^3，所以甲基是给电子的基团。此外，甲基中的 3 个 C—H 键的 σ 电子和苯环形成了 σ-π 共轭体系，这个共轭体系也使苯环活化。因此，诱导效应和共轭效应都使苯环的 π 电子云密度增加，甲苯比苯环易于发生亲电取代反应。但是，由共振理论研究表明，亲电试剂进攻甲基的邻对位，生成碳正离子的稳定性高，所以更倾向于生成邻对位取代产物。—CR_3 类基团只有给电子诱导效应。—CH_3 和—CR_3 属于弱活化基团。

② —NR_2、—NHR、—NH_2、—OR、—OH、—NHCOR 等基团　属于强活化基团，这些定位基的氧原子或者氮原子都直接与苯环相连。虽然从诱导效应来看，氧原子和氮原子的电负性大于碳原子，是吸电子的，使苯环电子云密度下降。但是这些基团的氧和氮上面的未共用电子对，可以与苯环形成 p-π 共轭，使电子云向苯环转移。通常情况下，其给电子的共轭效应大于吸电子的诱导效应，二者综合的结果是电子云向苯环移动，而且电子云的分布也不平均，邻对位增加较多一些。因此其亲电取代反应比苯环容易进行，且在邻对位取代机会更大。

③ 卤素　卤素原子的情况比较特殊，它是钝化的邻对位定位基。这是两个相反的效应——吸电子诱导效应和给电子共轭效应共同作用的结果。从诱导效应来看，卤素原子的电负性大于碳原子，是吸电子基团，使苯环电子云密度下降，苯环反应活性降低，所以卤原子是一个钝化基团。但是，卤素原子上的未共用 p 电子对与苯环上的大 π 键共轭而形成 p-π 共轭，给电子共轭效应使电子云向苯环转移。从共振理论分析可知，与甲基的间位相比，共轭效应使亲电试剂进攻甲基的邻对位生成碳正离子的稳定性高，所以倾向于生成邻对位取代产物。因此，总体而言，吸电子诱导效应大于给电子共轭效应。卤素在第一类定位基中属于特殊的类型，是钝化的邻对位定位基。

（2）间位定位基（或第二类定位基）

常见的间位定位基有—R_3N^+、—NO_2、—CF_3、—CCl_3、—SO_3H、—CHO、—COR、—COOH、—COOR、—$CONR_2$。大多数是直接和苯环相连的原子都含有不饱和键或者是正离子的基团，都属于吸电子基团。当它们与苯环相连时，苯环的 π 电子云密度减小，从而增加了中间体碳正离子的正电荷。这种碳正离子能量较高，稳定性低，不容易生成，不利于亲电取代反应进行，对苯环亲电取代反应有致钝作用。而且间位定位基对苯环各位置的影响也是不同的，即电子云密度下降的程度也不同，邻对位下降得多些，间位下降得少些，所以基团主要进入间位。—R_3N^+ 只有吸电子诱导效应，是最强的钝化的间位定位基团。

4.2.4.3　第三个基团的引入规则

当苯环上已有两个取代基，再进行亲电取代反应时，第三个基团进入的位置取决于已有的两个基团的性质。两个取代基的定位作用一致时，进入位置由取代基的定位规则来决定。如：

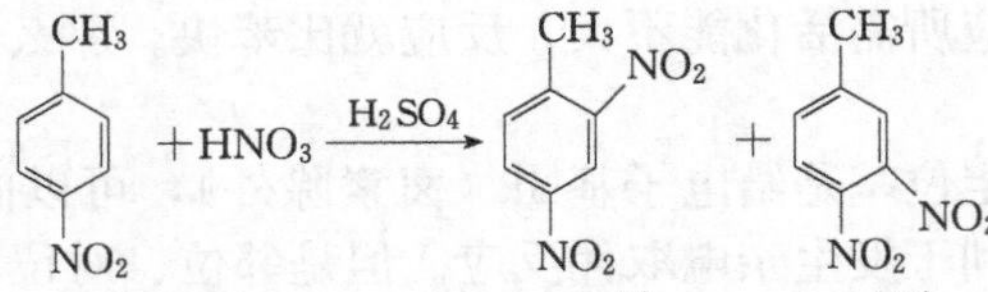

99%　1%

两个取代基的定位作用矛盾时，根据其活化程度分三种情况。

① 若化合物中只有一个强活化定位基时，新取代基位置主要由它决定，例如：

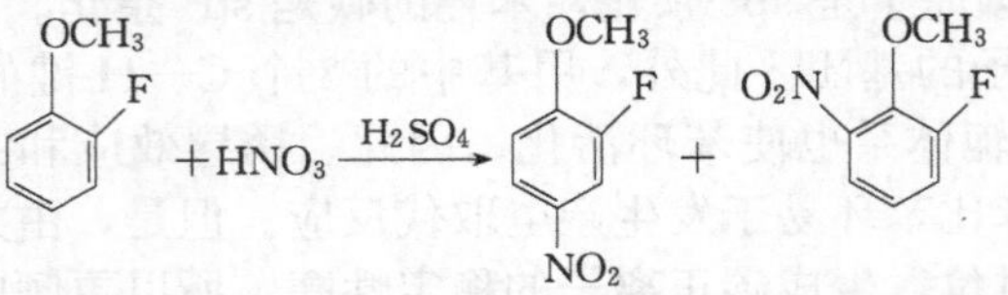

② 若化合物中有弱活化（弱钝化）与钝化基时，新取代基的位置主要决定于弱活化定位基，例如：

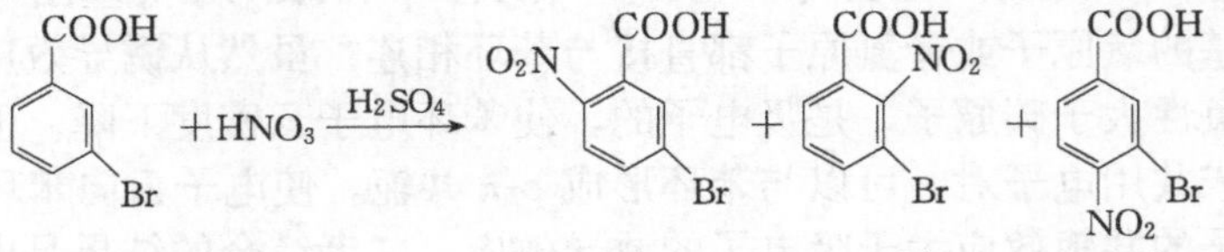

87%　13%　0%

③ 若化合物中有两个取代基属于同一类型取代基，则各种取代位置都可能发生，例如：

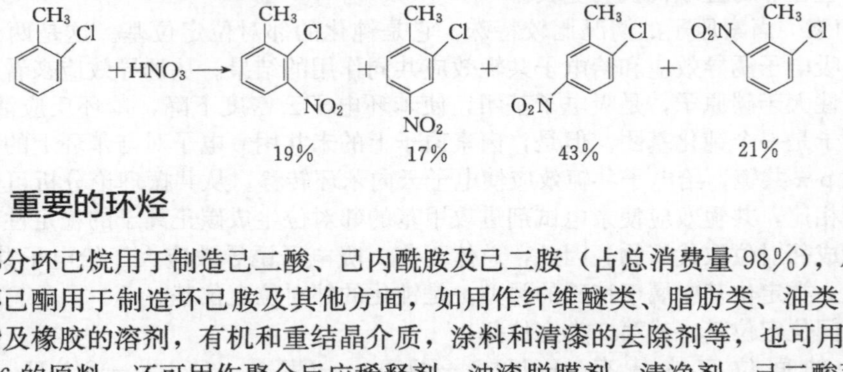

19%　17%　43%　21%

4.2.5 重要的环烃

大部分环己烷用于制造己二酸、己内酰胺及己二胺（占总消费量98%），小部分环己醇和环己酮用于制造环己胺及其他方面，如用作纤维醚类、脂肪类、油类、蜡、沥青、树脂及橡胶的溶剂，有机和重结晶介质，涂料和清漆的去除剂等，也可用作尼龙-6和尼龙-66的原料，还可用作聚合反应稀释剂、油漆脱膜剂、清净剂、己二酸萃取剂和黏结剂等。

苯的来源主要通过煤的干馏和石油的芳构化等，例如通过环烷烃催化脱氢、烷烃脱氢环化再脱氢、环烷烃异构化再脱氢。苯的最大用途是作为生产苯乙烯的单体原料，约占苯消耗量的50%。环己烷和苯酚也是苯的重要消费领域，二者各占苯消费量的15%～18%。此外，苯胺、烷基苯、顺丁烯二酸酐也都是由苯生产的重要衍生物。

4.2.6 环烃在矿冶行业中的应用

芳烃可作为煤泥的捕收剂，常用的有双取代萘芳烃、双取代苯芳烃、单取代苯芳烃等。芳烃捕收剂对煤泥的浮选活性大小依次为：双取代萘芳烃＞双取代苯芳烃＞单取代苯芳烃。当芳烃捕收剂的苯环个数相同时，其浮选活性的差异主要取决于最长取代基的碳原子个数，其他取代基起辅助作用，而且取代基越多浮选活性越强；当最长取代基碳原子个数为 5 时，其浮选效果最佳。芳烃捕收剂与煤中的烷基、胺基和醚键作用属于化学吸附。

习 题

1. 写出下列化合物的构造式。

(1) 2,6-二硝基-3-甲氧基甲苯　　　(2) 三苯甲烷

(3) 环己基苯　　　　　　　　　　(4) 间溴苯乙烯

(5) 对氨基苯甲酸　　　　　　　　(6) (E)-1-苯基-2-丁烯

2. 写出下列反应的反应物构造式。

(1) C_8H_{10} $\xrightarrow[\triangle]{KMnO_4\ 溶液}$ ⬡—COOH

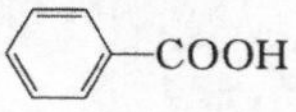

(2) C_8H_{10} $\xrightarrow[\triangle]{KMnO_4\ 溶液}$ HOOC—⬡—COOH

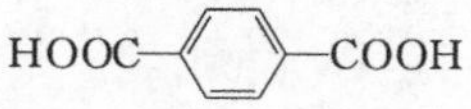

(3) C_9H_{12} $\xrightarrow[\triangle]{KMnO_4\ 溶液}$ C_6H_5COOH

(4) C_9H_{12} $\xrightarrow[\triangle]{KMnO_4\ 溶液}$ 间苯二甲酸（COOH，COOH）

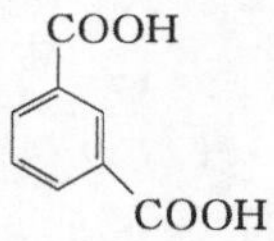

3. 完成下列反应。

(1)  ⬡ + $ClCH_2CH(CH_3)CH_2CH_3$ $\xrightarrow{AlCl_3}$

(2)  ⬡ (过量) + CH_2Cl_2 $\xrightarrow{AlCl_3}$

(3) 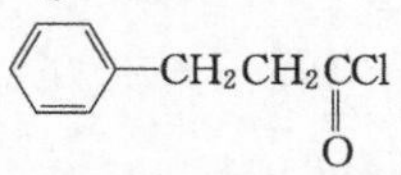 ⬡—CH_2CH_2CCl（O）$\xrightarrow{AlCl_3}$

4. 怎样从苯和脂肪族化合物制取丙苯？用反应方程式表示。

5. 将下列化合物进行一次硝化，试用箭头表示硝基进入的位置（指主要产物）。

(1) 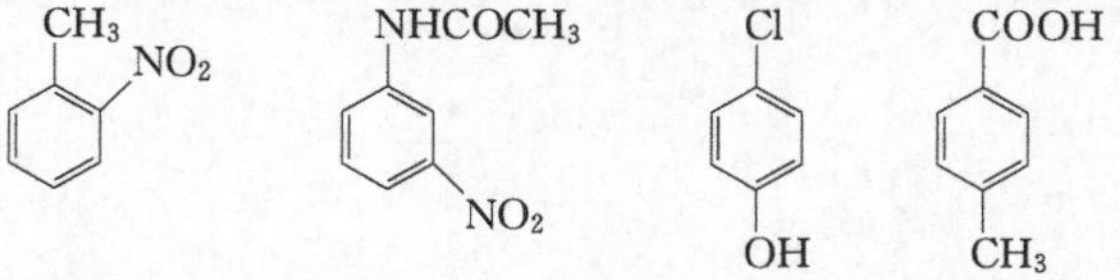 邻硝基甲苯（CH_3, NO_2）；间乙酰氨基（$NHCOCH_3$, NO_2）；对氯苯酚（Cl, OH）；对甲基苯甲酸（COOH, CH_3）

(2) 对甲酚（CH_3, OH）；间溴苯磺酸（SO_3H, Br）；邻氯硝基苯（Cl, NO_2）；间乙酰基苯甲酸（$COCH_3$, COOH）

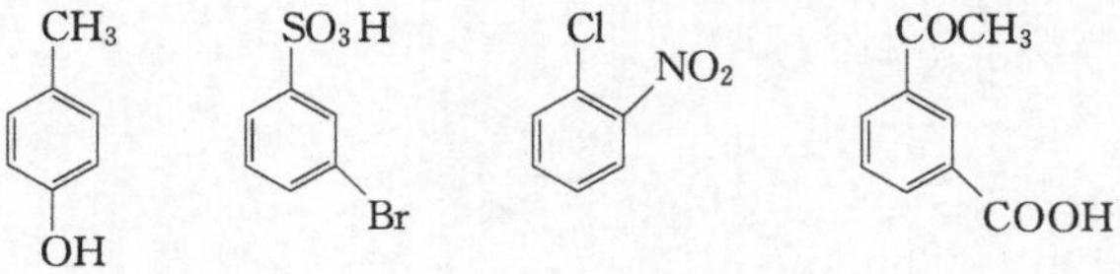

(3) ⬡—CH_2CH_2—⬡—NO_2；⬡—CO—⬡—NO_2

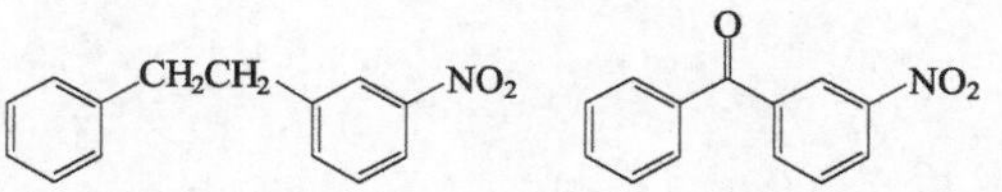

6. 比较下列各组化合物进行硝化反应时的难易程度。

(1) 苯，1,2,3-三甲苯，甲苯，间二甲苯

(2) 苯，硝基苯，甲苯

(3)

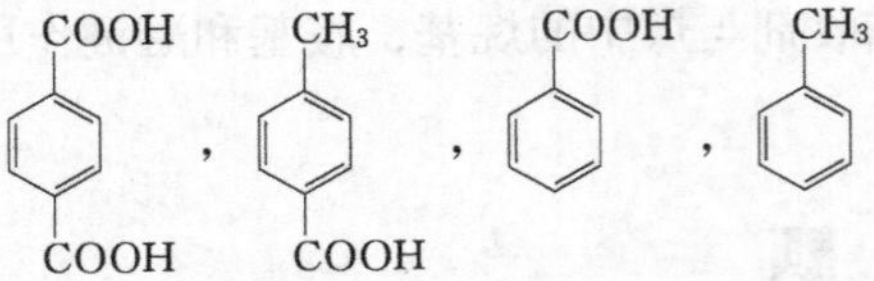

COOH 苯环 / COOH, CH₃ 苯环 / COOH, COOH 苯环, CH₃ 苯环

(4)

NO₂ 苯环, CH₂NO₂ 苯环, CH₂CH₃ 苯环

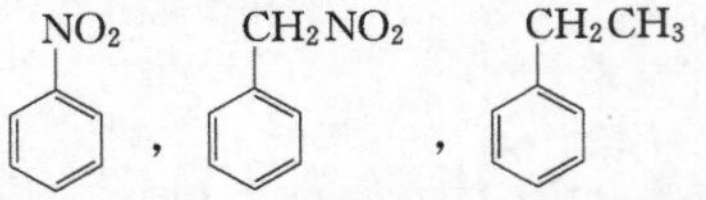

7. 以甲苯为原料合成下列各化合物，请你提供合理的合成路线。

(1) 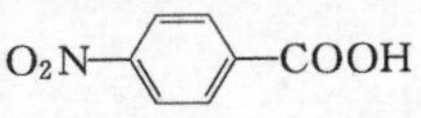 O₂N— 苯环 —COOH

(2) H₃C— 苯环 —CH(CH₃)₂

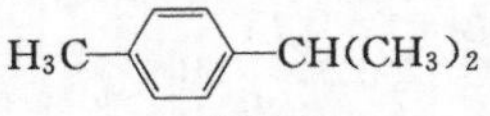

(3)

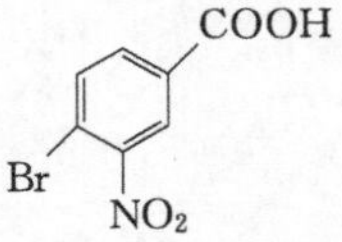

COOH 苯环 Br / NO₂

(4)

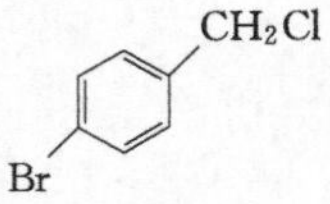

CH₂Cl 苯环 Br

(5)

COOH 苯环 Cl

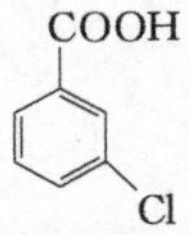

8. 某芳烃分子式为 C_9H_{12}，用重铬酸钾的硫酸溶液氧化后得一种二元酸。将原来的芳烃进行硝化所得的一元硝基化合物主要有两种，问该芳烃的可能构造式如何？并写出各步反应式。

第5章

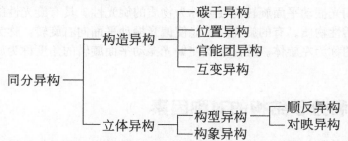

对映异构

有机化学中同分异构现象极为普遍，之前涉及到的因原子互相连接次序不同而产生的异构现象——构造异构，如碳干异构、位置异构、官能团异构和互变异构，都属于这一类。除此之外，一些化合物分子中原子之间连接的次序相同，但空间排列的方式不同，而呈现的异构现象称为立体异构，如构象异构和顺反异构。顺反异构是由于分子的构型不同而产生的异构现象，属于立体异构中构型异构；凡构型相同，但因分子内键旋转而呈现的异构现象称为构象异构。

在构型异构中除顺反异构外，还存在着另一种极为重要的异构现象，称为对映异构。例如乳酸，包括人们剧烈运动后肌肉中分解出的乳酸以及由乳糖经过某种细菌发酵后得到的乳酸。实验证明，这两种乳酸的分子式与构造式完全相同，而且其物理性质和化学性质也相同，但对平面偏振光的旋光性能却不同，肌肉乳酸可使偏振光向右旋转，发酵乳酸却使偏振光向左旋转。这是由于两者的空间构型不同，它们好像物体与镜像一样互呈对映的关系。像这种分子式、构造式相同，构型不同且互呈镜像对映关系的立体异构现象称为对映异构，又称为旋光异构或光学异构。

常见的有机物同分异构现象可以归纳如下：

- 同分异构
  - 构造异构
    - 碳干异构
    - 位置异构
    - 官能团异构
    - 互变异构
  - 立体异构
    - 构型异构
      - 顺反异构
      - 对映异构
    - 构象异构

很多有机化合物都具有对映异构现象。在讨论对映异构现象之前，首先对平面偏振光、旋光性等基本概念作一些简单介绍。

5.1 物质的旋光性

5.1.1 平面偏振光和旋光性

普通的光线含有各种波长的光，而且是在各个不同的平面上振动的。在自然光线里，光波可在垂直于它前进方向的任何可能的平面上振动，如图 5-1 所示，中心圆点 O 表示垂直于纸面的光的前进方向，双箭头如 AA'、BB'、CC'、DD' 表示光可能的振动方向。

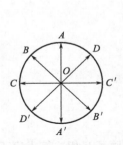

图 5-1　普通光线的振动平面

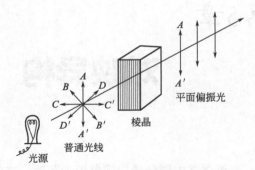

图 5-2　光的偏振

如果将普通光线通过一个尼科尔棱晶（由方解石晶体经过特殊加工制成），如图 5-2 所示，它好像一个栅栏，只有与棱晶晶轴互相平行的平面上振动的光线（AA'）才能透过棱晶，而在其他平面上振动的光线如 BB'、CC'、DD' 则被阻挡住。这种通过棱镜产生的只在一个平面上振动的光称为平面偏振光，简称偏振光或偏光。

5.1.2　旋光性物质和旋光度

实验室中可用旋光仪测定物质的旋光度。旋光仪里面装有两个尼科尔棱晶，一个是起偏棱晶，它是固定不动的，另一个是检偏棱晶，它与回转刻度盘相连，可以转动，用以测定振动平面的旋转角度。若把偏振光透过一些物质（液体或溶液），有些物质如水、酒精等对偏光不发生影响，偏光仍维持原来的振动平面；但有些物质如乳酸、葡萄糖等能使偏光的振动平面旋转一定的角度（α）。

这种能使偏光振动平面旋转的性质称为物质的旋光性。具有旋光性的物质称为旋光物质或称光学活性物质。有的旋光物质能使偏光振动平面向右旋转，称为右旋体。能使偏光向左旋转的称为左旋体。旋光物质使偏光振动平面旋转的角度称为旋光度，通常用 α 表示。

5.2　手性和分子结构的对称因素

5.2.1　手性和手性分子

我们的左、右手很像，互为镜像，但不能重叠。手的这种特性在有机化合物中也存在，这些物质的分子和它的镜像虽然很相像但不能重叠。把物质的这种特征称为手性，具有手性的分子称为手性分子。

由于手性分子具有旋光性。分子的手性与其特征的中心碳原子有关，因此把这个特征碳原子称为手性中心，把与四个不同基团相连的碳原子称为不对称碳原子或手性碳原子。

5.2.2 手性分子的判别

既然物质具有手性就有旋光性和对映异构现象，那么，手性分子在结构上必须具有哪些特点呢？要判断某一物质分子是否具有手性，必须考虑它是否缺少某些对称因素。下面先介绍分子中常见的几种对称因素。

5.2.2.1 对称面

假如有一个平面能把分子分割成两部分，而一部分正好是另一部分的镜像，这个平面就是分子的对称面。有对称面的分子是非手性分子。例如，在三氯乙烷分子中，有三个对称面，这个分子是对称的，它和它的镜像能够重叠，是非手性分子。

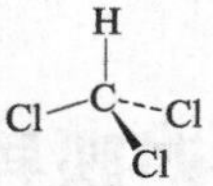

三氯乙烷   (Z)-1,2-二氯乙烯

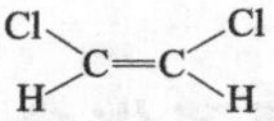

（有三个对称面） （有两个对称面）

5.2.2.2 对称中心

若分子中有一点 i，通过 i 点画直线，如果在离 i 等距离的直线两端有相同基团，则点 i 称为分子的对称中心。例如，反-1,3-二氟-反-2,4-二氯环丁烷，具有对称中心 i。具有对称中心的分子不具手性。

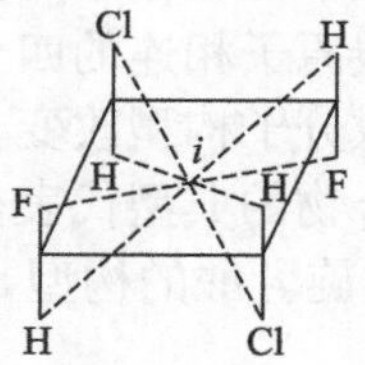

5.2.2.3 对称轴

如果穿过分子画一直线，分子以它为轴旋转一定角度后，可以获得与原来分子相同的形象，这一直线即为该分子的对称轴。当分子沿轴旋转 $360°/n$，得到的构型与原来的分子相重合，这个轴即为该分子的 n 重对称轴，用 C_n 表示。例如，(E)-1,2-二氯乙烯、环丁烷、苯都有对称轴，都是非手性化合物。

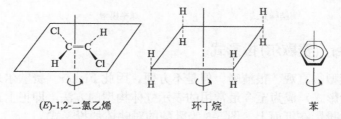

(E)-1,2-二氯乙烯   环丁烷   苯

但是有些含对称轴的化合物也具有手性。例如，反-1,2-二氯环丙烷分子中有二重对称轴，却不含有对称面和对称中心，具有旋光性，是手性分子。因此有无对称轴不能作为判断分子有无手性的标准。

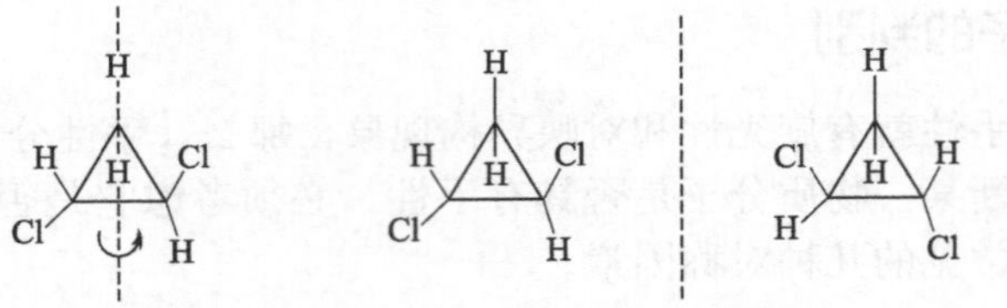

二重对称轴   对映异构体

综上所述，物质分子凡在结构上具有对称面或对称中心的，不具有手性，没有旋光性。反之，在结构上既不具有对称面，又不具有对称中心的，这种分子就具有手性，它和镜像互为对映异构体，不能重叠，故具有旋光性。至于对称轴的存在与否不作为判断的依据。

5.3 含一个手性碳原子化合物的对映异构

手性碳原子所连的四个原子或基团都不相同，既没有对称面，又没有对称中心，所以含一个手性碳原子的化合物具有手性。

5.3.1 对映体

互为物体和镜像的光学异构体称为对映异构体，简称对映体。含有手性碳原子化合物的对映异构现象最普遍，含有一个手性碳原子的化合物都有两个对映异构体，一个是左旋体，另一个是右旋体。与手性碳原子相连的四个不同的基团不能随意改变位置，因为任何两个基团调换了位置，会导致分子构型改变，如左旋构型会变为右旋构型。

乳酸是含有一个手性碳原子化合物的典型代表，它在空间有且只有两种不同的排布方式（i 和 ii），相当于右旋乳酸和左旋乳酸的构型，以下为乳酸常见的结构简式和球棍模型表示式。

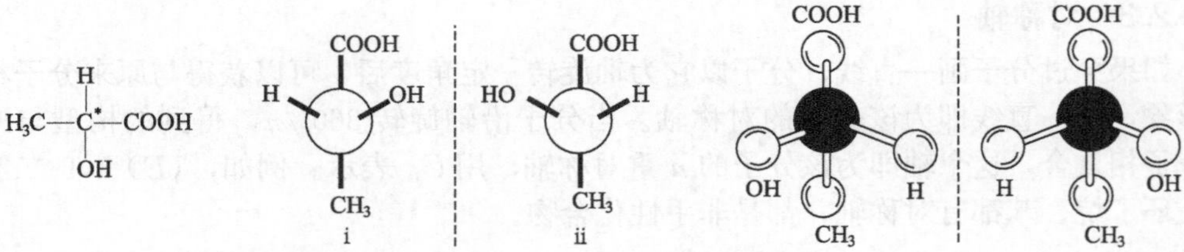

结构简式   球棍模型

5.3.2 Fisher（费歇尔）投影式

尽管球棍模型很直观、很清晰，但是不方便，因此 Fisher（费歇尔）最早提出的投影式（Fisher 投影式）成为至今最常用的表示立体构型的方法，即把上述四面体构型按规定的投影方向投影在纸面上。图 5-3 为乳酸的对映体的投影式。

画出 Fisher 投影式的原则如下：

① 把碳链写在上下竖立的位置，并把顺序较高的基团放在碳链的上端。

② 把其他的原子或基团放在左右横向位置。

③ 把与手性碳原子结合的左右横向的两个键，伸向手性碳原子的前面，即伸向观察者；把上下竖立的两个键，伸向手性碳原子的后面（纸面后边）。常称为"横前竖后"，即横键朝前，竖键朝后。这样，在投影式中，两条直线的垂直交点相当于手性碳原子，它位于纸面上。

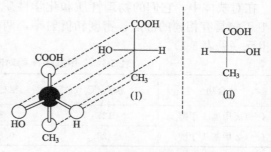

图 5-3　乳酸的对映体的投影式

在使用投影式时，要注意投影式中基团的前后位置关系。投影式不能离开纸面而翻转过来，否则将改变手性碳原子周围各原子或基团的前后关系。如将图 5-3 构型（Ⅰ）的投影式离开纸面翻转 180°，从表面上看它和构型（Ⅱ）的投影式重叠，实际上这两个构型完全不同。因为构型（Ⅰ）翻转后 OH 和 H 已翻到纸平面的后方，而构型（Ⅱ）的 OH 和 H 在纸平面的前方。因此，判断两个投影式是否为同一化合物时，只能通过它在纸面上转动来进行比较，而且只有转动 180°，才能保证不改变基团的前后关系。

如果投影式在纸面上转动 90°，则转动后投影式已经不是原来的了。例如，将下面的（Ⅰ）式在纸上转动 90°就得到下面的（Ⅲ）式，从对应的立体模型可以清楚地看出（Ⅲ）和（Ⅰ）已经完全不同了。

在投影式中如果使一个基团保持固定，把另外三个基团顺时针或逆时针地调换位置，不会改变原化合物的构型。如下面四个结构是同一构型。

若将手性碳原子上所连任何两个原子或基团互相交换，将会使构型变为它的对映体。

在对映体中，它们的物理性质和化学性质一般都相同。例如，右旋和左旋的 2-甲基-1-丁醇具有相同的沸点、密度和折射率，两者的比旋光度的数值也相等，仅旋光方向相反（见表 5-1）。

表 5-1 2-甲基-1-丁醇对映体物理性质比较

化合物	沸点/℃	相对密度	折射率(20℃)	比旋光度
（+）-2-甲基-1-丁醇	128	0.8193	1.4102	+5.756°
（−）-2-甲基-1-丁醇	128	0.8193	1.4102	−5.756°

在化学性质方面，它们用浓硫酸脱水生成同样的烯烃，用醋酸处理生成相同的酯等，反应速率也一样。但是，对映体在生物体内的生理作用有时表现出很大的差别。例如，1962 年在德国、英国和日本等国，由于孕妇在妊娠期间服用镇静剂——沙利度胺治疗呕吐，而引起新生儿短肢畸形或无肢畸形。主要原因是沙利度胺中，只有右旋沙利度胺具有镇定作用，而左旋沙利度胺具有致畸作用。

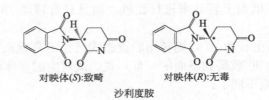

对映体(S):致畸   对映体(R):无毒

沙利度胺

5.3.3 构型的 R、S 命名规则

1970 年国际上根据 IUPAC 的建议采用了 R、S 构型命名法，规则如下：对含有一个手性碳原子化合物的命名，把手性碳原子所连的四个原子或基团（a、b、c、d）先按顺序规则，确定一个从大到小的优先次序，如 a＞b＞c＞d；然后让次序最小的原子或基团（d）远离观察者（即向最小基团方向观察），这个形象与汽车驾驶员面向方向盘很相似，d 在方向盘的连杆上；若 a→b→c 的排列次序是顺时针排列，称为 R 型；相反，如果是反时针排列的就称为 S 型。

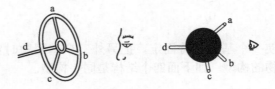

还可以利用我们的手掌，采用如下方法进行命名：排序步骤同前，把最小的基团放在手臂上，食指指向前方的羟基（—OH），中指和拇指表示伸向后方的羧基（—COOH）和甲基（—CH$_3$）。把手掌心朝向眼睛，从前面向手臂方向观察，如果 a→b→c 的排列次序是顺时针排列，就称为 R 型；相反，如果是反时针排列的就称为 S 型。

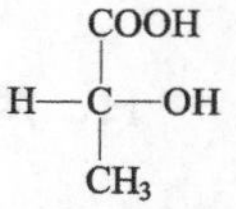

R-乳酸

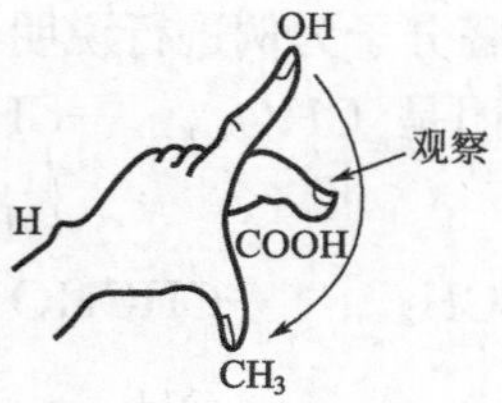

5.3.4 外消旋体

5.3.4.1 外消旋体的概念

将等量的一对对映体混合，得到旋光度为零的混合物，该混合叫作外消旋体，外消旋体可以用符号（±）表示。与对映异构体不同，外消旋体和相应的左旋或右旋体之间，除旋光性能不同以外，其他物理性质也有差异。例如，左旋、右旋乳酸的熔点均为53℃，而外消旋体的熔点为18℃，但化学性质基本相同。

5.3.4.2 外消旋体的拆分

在实验室中用非旋光性物质合成旋光性物质时，得到的大多是外消旋体。例如，正丁烷氯代反应得到的 2-氯丁烷就是外消旋体。如果要得到其中一个对映体，就需将其分开为右旋体和左旋体。

将外消旋体分开成旋光体的过程称为外消旋体的拆分。常用的拆分方法有化学法、酶解法、晶种结晶法和柱色谱法等。例如，把组成外消旋体的一对对映体通过化学方法与另一旋光性物质反应，使生成非对映体，再利用非对映体物理性质的差异达到分离的目的。

假如要拆分一个外消旋体的酸（±酸），一般使用一种旋光的碱与之反应。产物是非对映体，可以利用沸点、溶解度不同，用分馏或分步结晶法使它们分开。两种盐经反复结晶等步骤纯化，再用强无机酸（如 HCl 等）取代有机酸，就可分别制得（+）酸和（－）酸了。

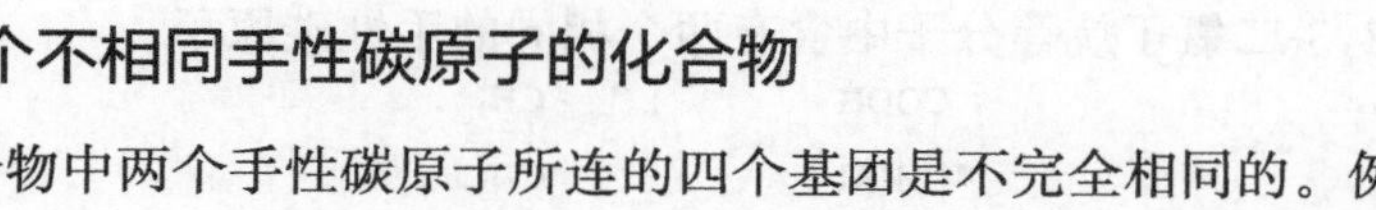

5.4 含两个手性碳原子化合物的对映异构

5.4.1 含两个不相同手性碳原子的化合物

在这类化合物中两个手性碳原子所连的四个基团是不完全相同的。例如：

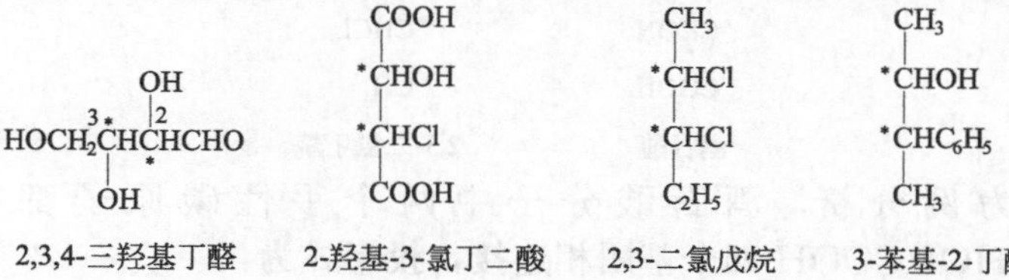

2,3,4-三羟基丁醛　　2-羟基-3-氯丁二酸　　2,3-二氯戊烷　　3-苯基-2-丁醇

以 2,3,4-三羟基丁醛分子为例进行说明，分子中有两个手性碳原子，其中，C_2^* 手性碳原子所连的四个基团是 CHO 、 —CHCH$_2$OH 、—OH、—H。C_3^* 手性碳原子
所连的四个基团是 HOCH$_2$ 、 —CHCHO 、—OH、—H，两个碳原子上的四个基团
不完全相同。

前面分析已经知道，含一个手性碳原子的化合物在空间有两种不同排列方式，因此含两个不相同的手性碳原子的化合物应有四种不同的构型。以 2-羟基-3-氯丁二酸为例，它们的构型用构象透视式和费歇尔投影式分别表示如下：

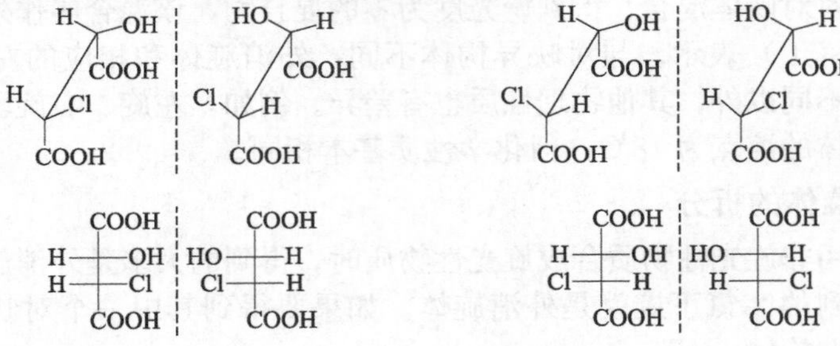

$-7.1°$ $+7.1°$ $-9.3°$ $+9.3°$
（Ⅰ）   （Ⅱ）   （Ⅲ）   （Ⅳ）

从上述构型中很容易看出（Ⅰ）和（Ⅱ）呈物体与镜像关系，它们的旋光度数值相等，方向相反，是一对对映体。同样（Ⅲ）和（Ⅳ）也是一对对映体。由外消旋体的概念可知，将（Ⅰ）和（Ⅱ）或（Ⅲ）和（Ⅳ）等量混合可组成外消旋体。

（Ⅰ）和（Ⅲ）的投影式中整个分子不呈镜像对映关系，互相称为非对映异构体。同样（Ⅰ）和（Ⅳ）、（Ⅱ）和（Ⅲ）、（Ⅱ）和（Ⅳ）也都属非对映。

因此，当分子中有两个或两个以上的手性中心时，除有两对对映体之外，还有非对映异构现象存在。非对映体的物理性质如熔点、沸点、折射率、溶解度等都不相同，比旋光度也不同。由于它们具有相同的官能团，化学性质相似，但是它们分子中相应原子或基团之间的距离并不完全相等，所以它们与同一试剂反应时的反应速率不等。

随着手性碳原子数目的增多，其光学异构体的数目也增多。当分子中含有 n 个不相同的手性碳原子时，就可以有 2^n 个光学异构体，它们可以组成 2^{n-1} 个外消旋体。

5.4.2 含两个相同手性碳原子的化合物

酒石酸和 2,3-二氯丁烷等分子中含有两个相同的手性碳原子。

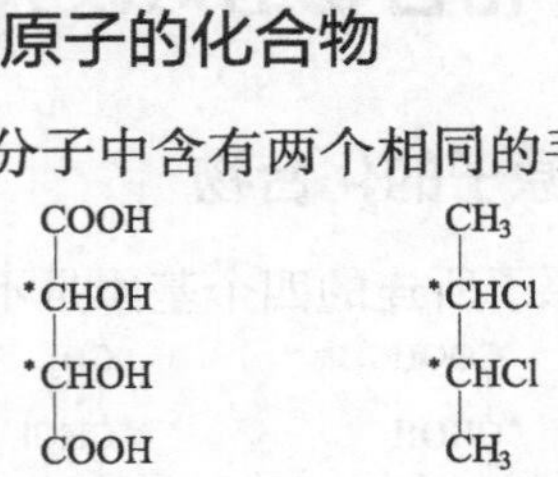

酒石酸   2,3-二氯丁烷

以酒石酸为例分析，酒石酸分子中两个手性碳原子都与—H、—OH、—COOH、—CHOHCOOH 四个基团相连接，投影式为：

$$
\begin{array}{cccc}
\text{COOH} & \text{COOH} & \text{COOH} & \text{COOH} \\
\text{H}-\!\!\!-\text{OH} & \text{HO}-\!\!\!-\text{H} & \text{H}-\!\!\!-\text{OH} & \text{HO}-\!\!\!-\text{H} \\
\text{HO}-\!\!\!-\text{H} & \text{H}-\!\!\!-\text{OH} & \text{H}-\!\!\!-\text{OH} & \text{HO}-\!\!\!-\text{H} \\
\text{COOH} & \text{COOH} & \text{COOH} & \text{COOH} \\
(\text{I}) & (\text{II}) & (\text{III}) & (\text{IV}) \\
\text{右旋体} & \text{左旋体} & & \text{内消旋体}
\end{array}
$$

可以看出，（Ⅰ）和（Ⅱ）是对映体，一个是右旋体，一个是左旋体。（Ⅲ）和（Ⅳ）也呈镜像关系，似乎也是对映体，但仔细观察可以发现，把（Ⅲ）在纸面上旋转 180°后就得到（Ⅳ），说明它们是同一个物质。

实验测得化合物（Ⅲ）没有旋光性，其原因是（Ⅲ）的构型中存在对称面。假如在下列投影式虚线处放一镜面，分子上半部正好是下半部的镜像。像这种由于分子内含有相同的手性碳原子，分子的两个半部互为物体与镜像关系，从而使分子内部旋光性互相抵消的光学非活性化合物称为内消旋体。因此酒石酸仅有三种异构体，即右旋体、左旋体和内消旋体。

$$
\begin{array}{c}
\text{COOH} \\
\text{H}-\!\!\!-\text{OH} \\
\text{镜面} \text{-----------------} \text{对称面} \\
\text{H}-\!\!\!-\text{OH} \\
\text{COOH}
\end{array}
$$

虽然内消旋体和外消旋体都不具旋光性能，但它们的本质不同。内消旋体是一种纯物质，而外消旋体可以拆分成具有旋光性的两种物质。酒石酸三种异构体和外消旋体的物理性质见表 5-2。

表 5-2　酒石酸的物理性质

酒石酸	熔点/℃	比旋光度	溶解度 /(g/100g H₂O)	相对密度 (20℃)	pK_{a1}	pK_{a2}
右旋体	170	+12°	139	1.760	2.93	4.23
左旋体	170	−12°	139	1.760	2.93	4.23
内消旋体	140	无旋光性	125	1.667	3.11	4.80
外消旋体	206	无旋光性	20.6	1.680	2.96	4.24

5.5　不含手性碳原子化合物的对映异构

在有机化合物中，大部分旋光性物质都含有一个或多个手性碳原子，但在有些旋光性物质的分子中，并不含有手性碳原子。

5.5.1　丙二烯型化合物

如果丙二烯两端碳原子上各连接两个不同的基团时：

$$
\begin{array}{cc}
\begin{array}{c}
\text{a} \\
 \\
\text{b}
\end{array}
\text{C}\!=\!\text{C}\!=\!\text{C}
\begin{array}{c}
\text{a} \\
 \\
\text{b}
\end{array}
& \text{或} &
\begin{array}{c}
\text{a} \\
 \\
\text{b}
\end{array}
\text{C}\!=\!\text{C}\!=\!\text{C}
\begin{array}{c}
\text{c} \\
 \\
\text{d}
\end{array}
\end{array}
$$

由于所连四个取代基中两两各在相互垂直的平面上，分子就没有对称面和对称中心，具有手性。如 2,3-戊二烯就是对映异构体，如图 5-4 所示。

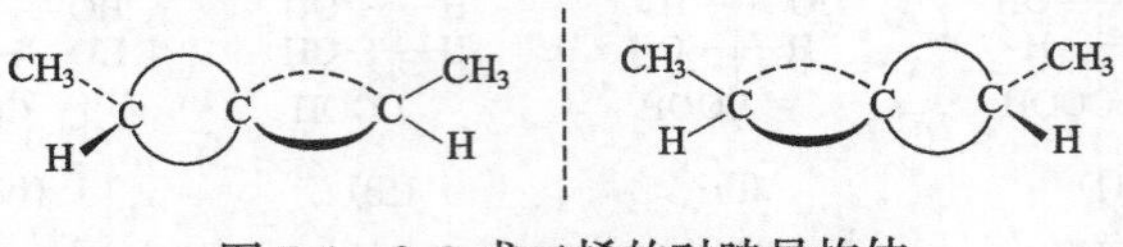

图 5-4　2,3-戊二烯的对映异构体

如果在任何一端或两端的碳原子上连有相同的取代基，则这些化合物都具有对称面，不具旋光性。如：

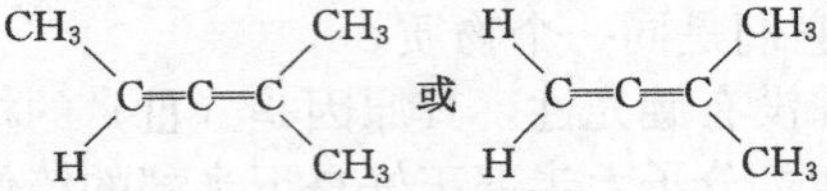

5.5.2　单键旋转受阻碍的联苯型化合物

联苯分子中，如果在苯环中的邻位上存在体积较大的取代基，那么两个苯环绕单键旋转的可能性减小，以致它们可能不处在同一个平面上，没有对称面和对称中心，就可能有手性。例如 6,6′-二硝基联苯-2,2′-二甲酸的两个对映体：

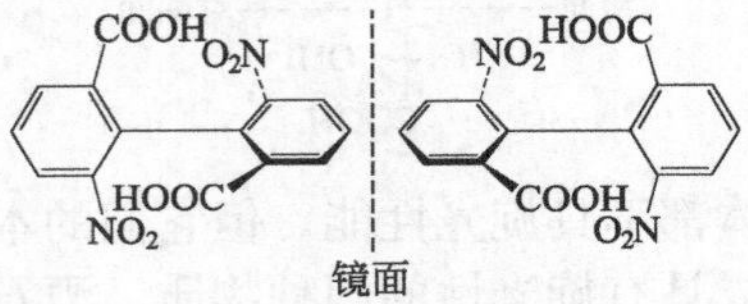

若在一个或两个苯环上所连的两个取代基是相同的，这个分子就有对称面，而没有旋光性，例如：

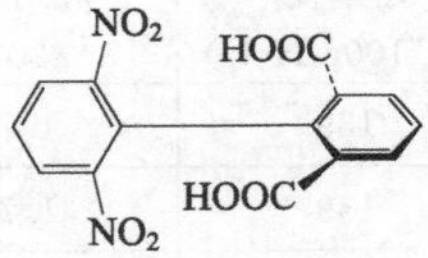

5.5.3　含有其他手性中心的化合物

手性中心不一定都是碳原子，其他原子如 N、P、S、Si、As 等也可以成为手性中心。如果分子没有对称面和对称中心，那么该分子也具有旋光性。例如：

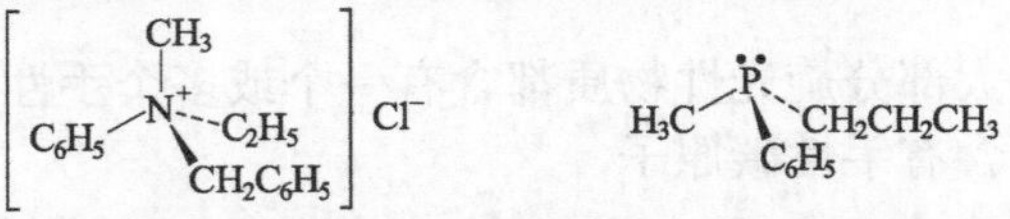

除上述化合物外，下列结构的螺环化合物以及分子扭曲类型的化合物，它们结构的共同点是分子不具有对称面和对称中心，也有对映异构体的存在。例如：

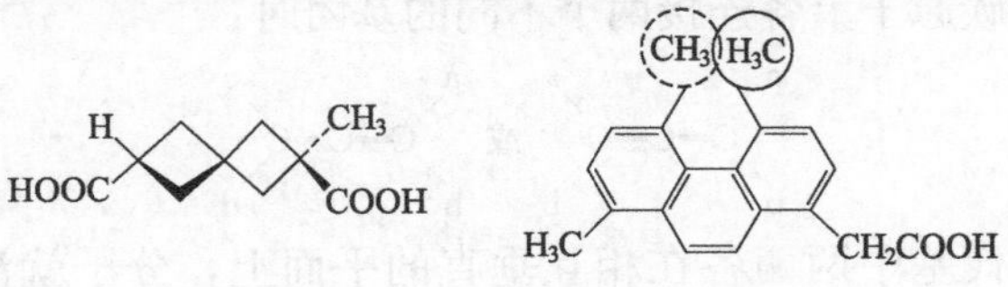

习 题

1. 举例说明下列名词含义。

手性分子；外消旋体；对映异构体；内消旋体

2. 下列化合物中有无手性碳原子？用星号标出下列化合物中的手性碳原子。

(1) $CH_3CH_2CH_2CHCH_2CH_3$
$\qquad\qquad\qquad\quad CH_3$

(2) $C_6H_5CH_2CH_3$

(3) $C_6H_5CH_2CHCH_2C_6H_5$
$\qquad\qquad\qquad\qquad CH_3$

(4) 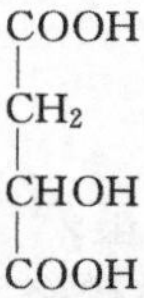 COOH
$\quad\ \ CH_2$
$\quad\ \ CHOH$
$\quad\ \ COOH$

(5)（环己烷，带 OH 和 Cl 取代基）

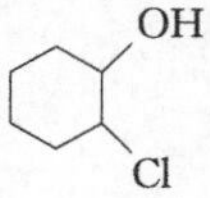

3. 找出下列化合物的对称面和对称轴，是几重对称轴？

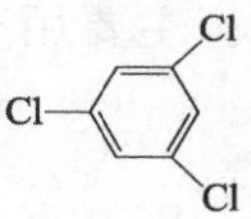

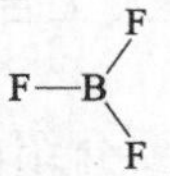

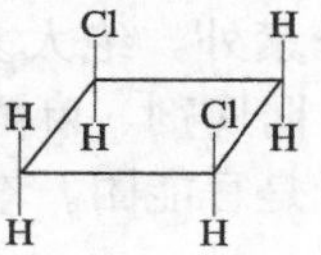

4. 下列构型式中哪些是相同的，哪些是对映体？

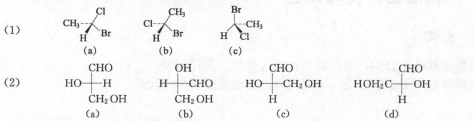

5. 下列分子的构型中各有哪些对称面？

(1) $CHCl_3$

(2)（带两个 Br 和两个 H 的乙烯构型）

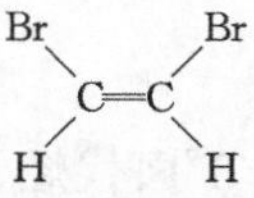

(3)（间二甲苯）

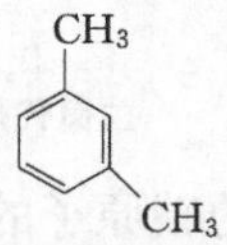

6. 画出下列化合物所有可能的光学异构体的构型式，指出哪些互为对映体，哪个是内消旋体？

(1) 1,2-二溴丁烷

(3) 2,4-二氯戊烷

(2) 3,4-二甲基-3,4-二溴己烷

(4) 2,3,4-三羟基戊二酸

7. 画出 2-氯-3-溴丁烷的光学异构体的投影式，并指出它们组成的外消旋体。

8. 写出 2,3,4-三羟基丁醛的四种异构体中各个不对称碳原子的构型（R 或 S）。

9. 某化合物 A 的分子式为 C_6H_{10}，有光学活性，A 不含三键，催化加氢 A 产生 B，B 的分子式为 C_6H_{14}，无光学活性，不能拆分，同推测 A 和 B 的结构。

10. 某化合物 A 的分子式为 C_5H_8，有光学活性，催化加氢 A 产生 B，B 的分子式为 C_5H_{10}，无光学活性，不能拆分，同推测 A 和 B 的结构。

第6章

▶▶▶

卤代烃

卤代烃可以看作是烃分子的氢原子被卤原子取代的产物（R—X）。虽然卤素包括氟、氯、溴、碘四种元素，但一般所说的卤代烃是指氯代烃、溴代烃和碘代烃，不包括氟代烃，因为氟代烃的制法和性质都比较特殊。卤代烃在自然界中存在极少，除少数卤代烃如甲状腺素、氯霉素外，绝大多数是人工合成的。主要用于有机合成剂、有机溶剂、阻燃剂、制冷剂、防腐剂、麻醉剂等。

卤代烃中，卤原子是官能团。本章主要介绍卤代烷。

6.1 卤代烃的分类与命名

6.1.1 分类

根据烃基结构分类：卤代烷烃、卤代烯烃、卤代芳烃。
根据卤素原子个数分类：一卤代烃、二卤代烃、多卤代烃。

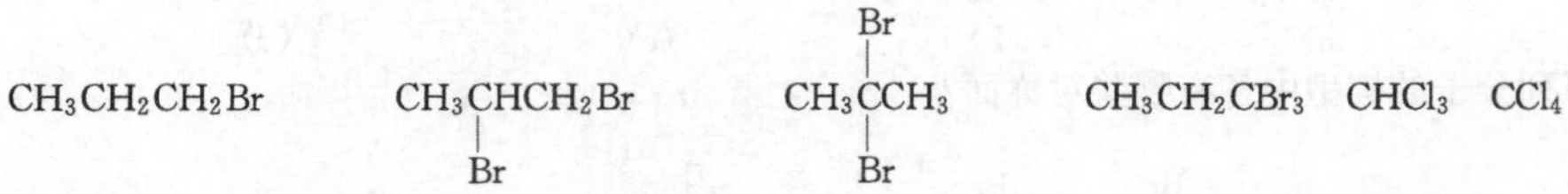

$$CH_3CH_2CH_2Br \qquad CH_3\underset{\underset{Br}{|}}{CH}CH_2Br \qquad CH_3\underset{\underset{Br}{|}}{\overset{\overset{Br}{|}}{C}}CH_3 \qquad CH_3CH_2CBr_3 \quad CHCl_3 \quad CCl_4$$

一卤代烃   二卤代烃   多卤代烃

根据与卤素原子直接相连的碳原子的类型分类：1°卤代烃、2°卤代烃、3°卤代烃。

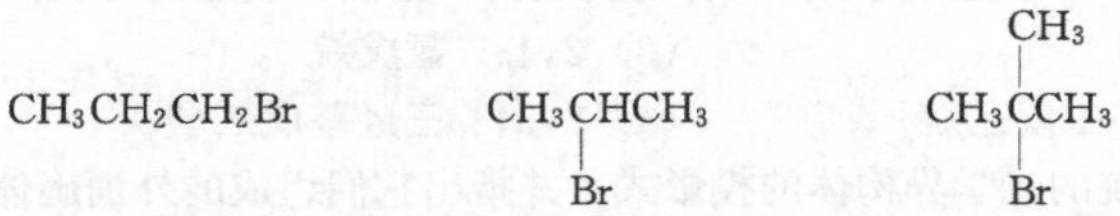

$$CH_3CH_2CH_2Br \qquad CH_3\underset{\underset{Br}{|}}{CH}CH_3 \qquad CH_3\underset{\underset{Br}{|}}{\overset{\overset{CH_3}{|}}{C}}CH_3$$

1°卤代烃   2°卤代烃   3°卤代烃

根据分子中所含的卤素分类：氟代烃、氯代烃、溴代烃、碘代烃。

6.1.2 命名

简单的卤代烃可以采用习惯命名法命名，把卤代烃看作由烃基与卤素原子结合生成的化合物，可以根据分子中烃基命名。例如：

$(CH_3)_2CHBr$ $(CH_3)_3CCl$ [环己烷]—Cl   [苯环]—CH_2Cl $CHCl_3$ CCl_4

     异丙基溴   叔丁基氯   环己基氯   氯化苄   氯仿   四氯化碳

复杂的化合物一般按照系统命名法命名，原则上把卤代烷作为烃的卤素取代物，在烃名称前面加上卤素原子的名称和位置，有不饱和键时，以不饱和烃为母体。例如：

$CH_3CH_2CH_2Br$

            CH_3CHCH=$CHCH_3$
                |
                Br

                       CH_3CHCH_3
                        |
                       Br

     1-溴丙烷   4-溴-2-戊烯   2-溴丁烷

卤代烃中有两个或以上相同卤素时，在卤素前冠以二、三……当有两个或更多不同卤素时，卤素之间的次序为：氟、氯、溴、碘。

                     Cl   F CH_3
                     | | |

CH_3CHCH_2C—$CHCH_3$ $BrCH_2CHCHCH_2I$
     | | |
     Cl   Cl CH_3

    3,3,5-三氯-2-甲基己烷   3-氟-4-溴-1-碘-2-甲基丁烷

6.2 卤代烃的物理性质

常温下，氟甲烷、氯甲烷、溴甲烷、氟乙烷、氯乙烷、氟丙烷是气体，其余的是液体，高级的是固体。由于碳卤键有极性，一元卤代烃的沸点比相对的烃高，且随碳原子数增加而升高。碳原子数相同的异构体中，支链越多沸点越低。

绝大多数卤代烃不溶于水，能溶于许多常用的有机溶剂，有些卤代烃可直接作溶剂使用。卤代烃大都具有一种特殊气味，多卤代烃一般都难燃或不燃，常作阻燃剂。不少卤代烃带有香味，其蒸气有毒，特别是碘烷。一些卤代烷的物理常数见表 6-1。

表 6-1 部分卤代烷的物理常数

烷基名称或卤代烷名称	氯化物		溴化物		碘化物	
	沸点/℃	密度(20℃)/(g/mL)	沸点/℃	密度(20℃)/(g/mL)	沸点/℃	密度(20℃)/(g/mL)
甲基	−24	0.916	3.5	1.676	42	2.279
乙基	12.3	0.898	38.4	1.460	72.3	1.936
正丙基	46.6	0.891	71.0	1.354	102.5	1.749
异丙基	35.7	0.862	59.4	1.341	89.5	1.703
正丁基	78.5	0.886	101.6	1.276	130.5	1.615
仲丁基	68.3	0.873	91.2	1.259	120	1.592
叔丁基	52	0.842	73.3	1.264	100	1.545
二卤甲烷	40.0	1.335	97	2.492	181	3.325
1,2-二卤甲烷	83.5	1.256	131	2.180	分解	2.13
三卤甲烷	61.2	1.492	149.5	2.890	升华	4.008
四卤甲烷	76.8	1.594	189.5	3.27	升华	4.5

6.3 卤代烃的化学性质

卤代烷的化学性质活泼，主要是官能团卤原子引起的。卤代烷分子中的 C—X 键是

极性键 $\overset{\delta+}{C}\longrightarrow\overset{\delta-}{X}$。因为卤素原子的电负性大于碳原子的电负性。因此，碳卤键所连缺电子的碳原子（α-C）易与亲核试剂发生亲核取代反应。

在卤代烷中，卤原子的吸电子效应可以通过 α-C 传递到 β-C 上，进而影响到 β-H，使其具有明显缺电子特征。其表现在化学性质上为在强碱作用下具有 β-H 的卤代烷可以发生消去反应。

6.3.1 亲核取代反应

卤代烷可以和许多亲核试剂作用，使分子中的卤原子被其他基团取代，卤原子以负离子形式离去，称为卤代烃的亲核取代反应。亲核试剂是指那些能提供电子的试剂，如带有负电荷或孤对电子，用 Nu：或 Nu$^-$ 来表示。如负离子：OH$^-$，OR$^-$，CN$^-$、HS$^-$、RS$^-$、X$^-$；带有孤对电子的分子：NH$_3$、H$_2$O、ROH、RNH$_2$、R$_3$N、RSH 等等。亲核试剂在反应中总是进攻反应物分子中电子云密度较低的部分，即与卤素相连的碳。通式为：

$$R—X+Nu：\longrightarrow R—Nu+X^-$$

式中，R—X 是反应物（底物）；Nu：是亲核试剂；X$^-$ 是被 Nu：取代的卤负离子，称为离去基团；R—Nu 是产物。

6.3.1.1 被羟基取代

卤代烷水解生成醇。通常情况下反应比较缓慢，伯、仲卤代烷只有在碱性环境中加热才可以水解。加入 NaOH 的作用是加快反应速率，使反应更加完全。反应产生的 HX 可以被碱中和，从而加速反应并提高醇的产率。

$$RX+NaOH \xrightarrow[H_2O]{\triangle} ROH+NaX$$

6.3.1.2 被烷氧基取代

卤代烷与醇钠的醇溶液作用生成醚，即 Williamson（威廉逊）合成法，可以用来合成两个烃基不同的醚。

$$CH_3CH_2CH_2Br+NaOCH(CH_3)_2 \xrightarrow{\triangle} CH_3CH_2CH_2OCH(CH_3)_2+NaBr$$

6.3.1.3 被氨气取代

卤代烷与氨气作用生成胺，胺是重要的有机碱。

$$RX+NH_3 \longrightarrow RNH_2+NH_4X$$

6.3.1.4 被氰基取代

卤代烷与氰化钠（或氰化钾）的醇溶液共热得到腈（RCN），一般用二甲亚砜（DMSO）作溶剂。腈在酸性介质中水解得到羧酸。

$$RX+CN^- \longrightarrow RCN+X^-$$

$$RCN+H_2O \xrightarrow{H^+} RCOOH$$

氰基（—CN）可以转变为其他官能团，如羧基、酰氨基等。例如，腈水解得到羧酸，比原来的卤代烃多一个碳原子，在有机合成中作为增长碳链的方法之一。

6.3.1.5 卤代烃的鉴别方法

卤代烃可以与硝酸银的乙醇溶液作用，生成卤化银沉淀，此反应可以用于鉴别卤代烃。

$$RX + AgONO_2 \xrightarrow{\text{乙醇}} RONO_2 + AgX\downarrow$$

还可以用此反应生成卤化银沉淀的快慢来鉴别卤代烃可能的结构。当烃基 R 相同时，卤代烃的反应活性大小次序为：$RI > RBr > RCl > RF$。当卤素原子相同时，不同结构类型烃的活性顺序为：$3° > 2° > 1°$。综合考虑，碘代烷或三级卤代烷在室温即可与硝酸银的乙醇溶液反应产生卤化银沉淀，而二级溴代烷和氯代烷反应较慢，一级溴代烷和氯代烷需要加热才可以进行反应。

6.3.2 消去反应

有机化学中，由分子中脱去一些小分子，如 HX、H_2O 等，同时产生 C=C 键的反应叫消去反应，也叫消除反应。消去反应可以根据两个消去的基团的相对位置将其分类，若两个消去基团在同一个碳原子上，称为 1,1-消去或者 α-消去；两个消去基团连在两个相邻碳原子上，则称为 1,2-消去或者 β-消去；两个消去基团在 1,3 位碳原子上，则称为 1,3-消去或者 γ-消去，其余类推。大多数消去反应，都是 β-消去反应，如醇失水、卤代烃失卤化氢等，它们是制备烯烃的重要反应。

卤代烷和氢氧化钠的乙醇溶液共热时，卤代烷脱去一分子卤化氢而形成烯烃。在卤代烃分子中，由于卤素的吸电子效应可以通过碳链传递，因此，β-C 上也会有更少量的正电荷，使 β-C 上的氢具有一定的酸性。因此，卤代烃在强碱的作用下会失去一个分子的卤化氢生成烯烃，这就是卤代烃的消除反应。

$$H-\overset{|}{\underset{|}{C}}-\overset{|}{\underset{|}{C}}-X + CH_3CH_2ONa \xrightarrow{CH_3CH_2OH} \overset{\diagdown}{\underset{\diagup}{C}}=\overset{\diagup}{\underset{\diagdown}{C}} + CH_3CH_2OH + NaX$$

一卤代烷生成烯烃的反应中，脱去了卤原子和 β-碳原子上的氢，因此又叫作 β-消去反应。

实验证明，当卤代烃分子中含有不同 β-H 时，遵守 Saytzeff（札依采夫）规则：消去反应的主要产物是，由含氢较少的 β-碳原子提供氢原子，生成的双键上取代基较多的稳定烯烃。

$$\underset{\underset{H}{|}\ \underset{Br}{|}\ \underset{H}{|}}{CH_3CHCHCH_2} \xrightarrow{CH_3CH_2OH} \underset{81\%}{H_3CH_2C=CHCH_3} + \underset{19\%}{CH_3CH_2CH=CH_2}$$

$$\underset{\underset{H}{|}\ \underset{Br}{|}}{CH_3CHCHCH_3} \xrightarrow{CH_3CH_2OH} \underset{71\%}{H_3CH_2C=\overset{\overset{\displaystyle H_3C}{|}}{C}CH_3} + \underset{29\%}{CH_2CH_2\overset{\overset{\displaystyle CH_3}{|}}{C}=CH_2}$$

卤素原子相同，烃基结构不同时，消去反应的活泼性顺序为：伯卤烷 < 仲卤烷 < 叔

卤烷，即叔卤代烷最容易发生消去反应。仲和叔卤代烃脱卤化氢，反应可以在碳链的不同方向进行，生成不同产物。

由此可见，卤代烃可以发生亲核取代反应，也可以发生消除反应，一般情况下二者同时进行，而且是相互竞争的。究竟哪一种反应占优势，则与反应物的结构和反应条件有关。

6.3.3 与金属的反应

卤代烷能和某些金属发生反应生成有机金属化合物，有机金属化合物是指金属原子直接与碳原子相连的一类化合物，与金属的反应是卤代烷的重要反应之一。

6.3.3.1 与金属镁的反应

在常温下，把镁屑放在无水乙醚中，滴加卤代烷，卤代烷与镁生成有机镁化合物。这种有机镁化合物称为格利雅试剂，简称格氏试剂，结构式为 RMgX。

$$RX + Mg \xrightarrow{\text{无水乙醚}} RMgX$$

一卤代烷生成格氏试剂的活性顺序为 RI＞RBr＞RCl＞RF，通常使用 RBr 制备格氏试剂。反应中，无水乙醚既是溶剂又是稳定剂，它可以与格氏试剂结合成为稳定的溶剂化物：

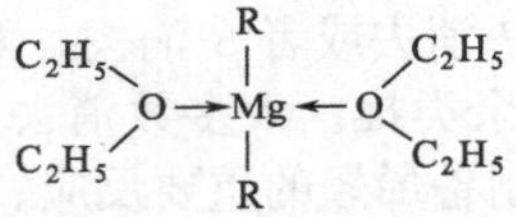

$$\begin{matrix} & & R & & \\ C_2H_5 & & | & & C_2H_5 \\ & O \rightarrow & Mg & \leftarrow O & \\ C_2H_5 & & | & & C_2H_5 \\ & & R & & \end{matrix}$$

乙醚分子中的氧原子和镁原子间形成配位键。此外，也可以使用苯、四氢呋喃等其他醚类作为溶剂。

格氏试剂非常活泼，能与许多含活泼氢的化合物（如水、醇、氨）生成相应的烷烃。

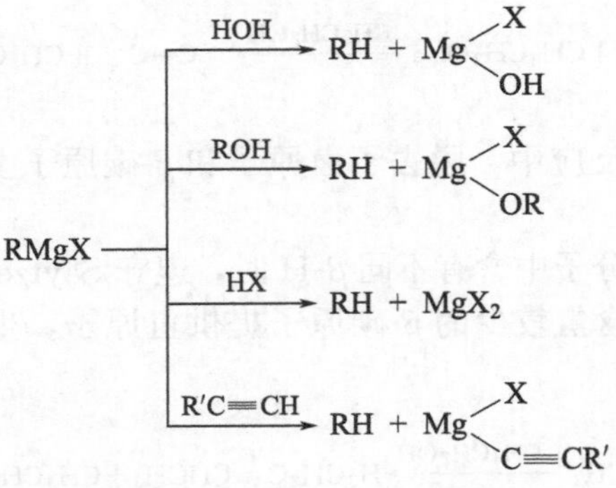

由以上反应可以看出，卤代烃通过生成格氏试剂，进而可以得到相应的烷烃。格氏试剂还能和二氧化碳、醛、酮等多种试剂发生反应，生成羧酸、醇等一系列产物，这在有机合成上有广泛的应用。

6.3.3.2 与碱金属反应

卤代烷可以与金属钠反应，生成的有机钠化合物立即继续与卤代烷反应生成烷烃。

$$RX+2Na \xrightarrow{\text{醚}} RNa+NaX$$

$$RNa+RX \xrightarrow{\text{醚}} R—R+NaX$$

$$2CH_3CH_2CH_2Br+2Na \xrightarrow{\text{乙醚}} CH_3CH_2CH_2CH_2CH_2CH_3+2NaBr$$

这类反应常用无水乙醚作溶剂。用该反应合成的烷烃所含碳原子数比所用卤代烃的碳原子数多一倍，产率也高。也可以用于制备芳烃。

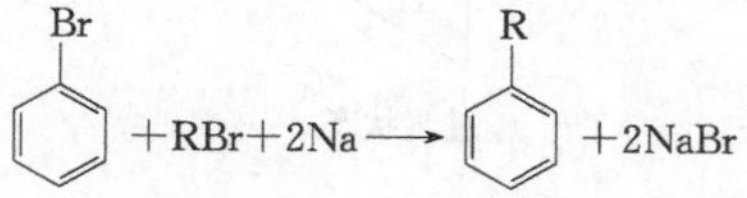

6.4　亲核取代反应机理

卤代烷的亲核取代反应是一类重要的反应，以卤代烷水解为例来说明其机理。大量研究表明，有些卤代烷的水解速率仅与卤代烷的浓度有关，而另一些卤代烷的水解不仅与卤代烷的浓度有关，还和反应试剂（如碱）的浓度有关。例如，溴甲烷、溴乙烷的碱性水解，其水解速率与卤代烷的浓度成正比，也与碱的浓度成正比，是双分子过程，动力学上是二级反应。而叔丁烷在碱性条件下的水解反应，其水解速率只与卤代烷的浓度有关系，与碱的浓度无关，是单分子过程，在动力学上是一级反应。为了解释这些现象，提出了两种亲核取代反应机理，即双分子亲核取代反应机理（S_N2）和单分子亲核取代反应机理（S_N1）。

6.4.1　双分子亲核取代反应机理

双分子亲核取代反应（S_N2）是指有两种分子参与了决定反应速率关键步骤的亲核取代反应。用 S_N2 表示，S 表示取代反应，N 表示亲核，2 表示控制亲核取代反应反应速率的一步（即最慢的一步）是由两种分子控制的。

实验证明，溴甲烷的碱性水解的反应速率不仅与卤代烷的浓度成正比，也与碱的浓度成正比。

$$H_3C—Br+OH^- \longrightarrow CH_3OH+Br^-$$

溴甲烷的碱性水解反应机理是 S_N2 反应：S_N2 反应是同步过程。带负电荷的亲核试剂 OH^- 从离去基团（—Br）背后进攻与它连接的碳原子。在接近碳原子过程中，逐渐部分形成 C—O 键，同时 C—Br 键由于受到 OH^- 影响而逐渐伸长和变弱。OH^- 继续接近碳原子时，碳原子逐渐共用氧原子的电子对，OH^- 的负电荷不断地降低，而溴则带着一对电子从碳原子逐渐离开。与此同时，甲基上的三个氢原子由于被亲核试剂排斥向溴原子一边逐渐偏转，形成了"过渡状态"，此时体系的能量最高。在过渡状态下，碳原子与 OH^- 还没有完全成键，碳原子与溴原子之间的键也没有完全破裂。此时进攻试剂、中心碳原子、离去基团处于一条直线上，而碳和其他三个氢原子处在垂直于这条直线的平面上，—OH 与 Br 分别在平面两边。随着 OH^- 进一步接近碳原子，同时溴原子进一步远离碳原子，体系能量又逐渐降低。最后 OH^- 与碳生成 O—C 键，溴则以

Br⁻ 离去。甲基上的三个氢也完全偏到溴原子一边，这个过程好像雨伞被大风吹得向外翻转一样。这个过程叫作瓦尔登翻转（转化），瓦尔登翻转是 S_N2 反应机理的重要标志之一。

$$OH^- + H\text{-}C\text{-}Br \longrightarrow [OH\overset{\delta^-}{\cdots}C\overset{\delta^-}{\cdots}Br] \longrightarrow OH\text{-}C + Br^-$$

过渡状态

S_N2 机理用一般式表示为：

$$Nu:^- + RX \longrightarrow [\overset{\delta^-}{Nu}\text{---}R\text{---}\overset{\delta^-}{X}] \longrightarrow RNu + :X^-$$

从结构上看，卤代烷转变为过渡态时，中心碳原子由原来的 sp^3 杂化的正四面体结构转变为 sp^2 杂化的三角形的平面结构。碳上还有一个垂直于该平面的 p 轨道，这个 p 轨道的一侧与亲核试剂轨道重叠，另一侧与离去基团的轨道重叠。过渡状态时，亲核试剂与碳原子的键尚未形成，但亲核试剂上的一对电子已经和碳原子共享，离去基团与碳原子之间的键尚未完全断裂，但是碳原子上部分负电荷已经转移给离去基团。

S_N2 反应在立体化学上的重要特征：由于亲核试剂是从离去基团的背后进攻中心碳原子，在生成产物时，中心碳原子的构型完全翻转。

6.4.2 单分子亲核取代反应机理

只有一种分子参与了决定反应速率的亲核取代反应称为单分子亲核取代反应，用 S_N1 表示，1 表示只有一种分子参与了控制步骤。

实验表明，叔丁基溴在碱性溶液中的水解速率仅与卤代烷的浓度成正比，而与亲核试剂（OH⁻）的浓度无关。这说明决定反应速率的一步仅决定于卤代烷分子本身 C—X 键断裂的难易和数量。

$$\underset{CH_3}{\overset{CH_3}{H_3C\text{-}C\text{-}Br}} + OH^- \longrightarrow \underset{CH_3}{\overset{CH_3}{H_3C\text{-}C\text{-}OH}} + Br^-$$

上述反应属于 S_N1 反应机理，反应分两步进行。第一步：碳正离子的生成。反应物叔丁基溴在溶剂中首先解离为叔丁基碳正离子和带负电荷的离去基团溴离子。生成的碳正离子是中间体，性质活泼，又称为活性中间体。这个过程需要能量，是反应中最慢的一步，即属于决定整个反应速率的步骤。第二步：亲核试剂进攻碳正离子。生成的叔丁基碳正离子立即与亲核试剂 OH⁻ 结合生成水解产物叔丁醇，这一反应的速率极快。

$$(CH_3)_3C\text{-}X \underset{慢}{\rightleftharpoons} (CH_3)_3C^+ + X^-$$

$$(CH_3)_3C^+ + OH^- \underset{快}{\rightleftharpoons} (CH_3)_3COH$$

由于控制步骤（第一步碳正离子的生成）的反应速率是与反应物卤代烷的浓度成正

比的，所以整个反应速率仅与卤代烷的浓度有关，与亲核试剂（OH^-）无关。这一步骤中只涉及一种分子，所以称为单分子反应历程（S_N1）。

S_N1 反应的特点是单分子反应，分步进行，且生成活性中间体碳正离子。

在有机化学中有一类重要的反应，即重排反应。当化学键的断裂和形成发生在同一分子中，会引起组成分子的原子的配置方式改变，从而形成组成相同、结构不同的新分子，这种反应称为重排反应。S_N1 的另一个重要特征是常常生成重排产物，有时重排反应产物可能是主要产物。例如：

$$CH_3CHCH_3{-}Br \ (其中含CH_3) \xrightarrow{C_2H_5OH} CH_3{-}C{-}CH_2CH_3 \ (含CH_3, OC_2H_5)$$

上述反应的反应机理如下：

$$CH_3CH_2{-}Br \ (含CH_3,CH_3) \xrightarrow{Br^-} CH_3CCH_2^+ \ (含CH_3,CH_3) \xrightarrow{重排} CH_3CCH_2CH_3^+ \ (含CH_3) \xrightarrow{C_2H_5OH} CH_3{-}C{-}CH_2CH_3 \ (含CH_3,O^+HC_2H_5) \xrightarrow{-H^+} CH_3{-}C{-}CH_2CH_3 \ (含CH_3,OC_2H_5)$$

其中，由一级碳正离子转变为三级碳正离子就是分子重排反应，其重排的动力是从不稳定的一级碳正离子转变为稳定的三级碳正离子。

需要注意的是，反应级数和反应的分子数不是同一概念。动力学中的反应速率是指速率方程中各浓度项的指数和，是根据实验结果确定的。而反应分子数是指在决定步骤中，直接参与反应的分子、原子、自由基等数目，它必须是整数。上面讨论的两类反应中，它们的反应级数与反应的分子数在数目上是一样的。这在大多数情况下是这样的，但是两者并不总是一致。例如，亲核试剂就是溶剂，由于溶剂大量存在，反应前后浓度几乎不发生变化，因此在动力学上观察到的是一级反应，实际上反应机理是双分子过程，所以反应的微观分子数不能单独由宏观反应级数确定。

6.4.3 影响亲核取代反应的因素

卤代烷的亲核取代反应究竟是 S_N2 还是 S_N1 历程，主要由亲核取代反应中烷烃的结构、离去基团的离去能力、亲核试剂的亲核性能以及溶剂作用等因素的影响而决定。

（1）烷烃结构的影响

烷烃的结构对亲核取代反应速率有明显的影响。一般来说，电子效应和空间效应是主要影响因素。

$$RBr+OH^- \longrightarrow ROH+Br^-$$

烷烃结构对 S_N2 反应的影响主要是空间效应。卤代烃结构对发生 S_N2 反应的速率影响情况见表 6-2。数据表明，α-C 上的氢被其他基团取代时，反应速率明显降低。因为双分子反应中亲核试剂需要从离去基团背后进攻 C，取代基较多时会阻碍亲核试剂进攻，且会造成过渡态拥挤程度的增加，降低了过渡态的稳定性，使反应速率明显下降。β-C 上的氢被其他基团取代时的情况与 α-C 上的趋势近似，但其下降的幅度略小。总体上，对于 S_N2 反应影响反应速率的主要是空间位阻效应，空间位阻越大，反应速率越低。

表 6-2　卤代烃结构对发生 S_N2 反应的相对速率影响

卤代烃名称	CH_3Br	CH_3CH_2Br	$CH_3(CH_2)_2Br$	$(CH_3)_3CBr$
相对速率	100	7.9	0.22	≈0
卤代烃名称	CH_3CH_2Br	$CH_3CH_2CH_2Br$	$(CH_3)_2CHCH_2Br$	$(CH_3)_3CCH_2Br$
相对速率	100	28	3	0.00042

在 S_N1 反应中，决定反应速率的步骤是碳正离子的生成。由电子效应分析可知，卤代烃发生 S_N1 的反应活性与其生成的碳正离子的稳定性顺序相似：

$$ArCH_2X > \begin{array}{c} \diagdown \\ \diagup \end{array}C=C-CH_2X > 3°RX > 2°RX > 1°RX > CH_3X > \begin{array}{c} \diagdown \\ \diagup \end{array}C=C\begin{array}{c} \diagup \\ \diagdown \end{array}_X$$

同时，从空间效应看，在 S_N1 反应过程中，具有正四面体结构的反应物变成具有平面结构的碳正离子中间体，空间拥挤程度减小，有利于 S_N1 机理反应。综合来看，三级卤代烷最多进行 S_N1 反应。表 6-3 是一些卤代烃按照 S_N1 机理反应的相对速率。

表 6-3　一些卤代烃按照 S_N1 机理反应的相对速率

溴代物	S_N1 反应相对速率
CH_3Br	1.0
CH_3CH_2Br	1.0
$(CH_3)_2CHBr$	32
$(CH_3)_3CBr$	10^7

（2）离去基团的离去能力

在亲核取代反应中，离去基团是指带着一对电子离开中心碳原子的负离子，卤代烷中的卤素是离去基团。不论是 S_N1 还是 S_N2 反应中，决定反应速率的一步都包含 C—X 键的断裂，所以离去基团的离去倾向大，对 S_N1 和 S_N2 反应都有利。离去基团的离去能力，可以根据 C—X 的键能和离去基团的电负性即碱性来判断。断裂键能越小，键越容易断裂；离去基团的碱性越弱，形成的负离子越稳定，越容易被进攻基团排挤而离去，这样的基团就是好的离去基团。表 6-4 为 C—X 键的键能数据，由表可知 C—I 键能最小，最易断裂。氢卤酸的酸性顺序为：$HI>HBr>HCl>HF$；所以其共轭碱的碱性顺序为：$F^->Cl^->Br^->I^-$，即 I^- 的碱性最弱，离去能力最强。

表 6-4　C—X 键的键能数据

C—X	C—F	C—Cl	C—Br	C—I
键能/(kJ/mol)	485.3	339.0	284.5	217.6

无论从键能数据分析，还是从离去基团的碱性分析，卤素负离子的离去顺序都是 $I^->Br^->Cl^->F^-$，所以，卤代烷中卤素负离子作为离去基团的反应性为碘代烷＞溴代烷＞氯代烷。$(CH_3)_3C$—X 水解反应中，离去基团在亲核取代反应中的相对速率为：

X:	F	Cl	Br	I
相对速率	10^{-2}	1	50	150

（3）试剂亲核性影响

试剂的亲核性是指一个试剂在形成过渡态时对碳原子的亲和能力。亲核试剂对 S_N1 反应的速率影响不大，因为亲核试剂与底物反应不是决定步骤。对 S_N2 反应的速率影响较大。试剂的亲核性能与试剂所带电荷、试剂的碱性、可极化性等有关。常见亲核试剂的亲核性顺序为：$RS^- > CN^- > I^- > NH_3 （RNH_2） > RO^- \approx OH^- > Br^- > Cl^- \gg H_2O > F^-$。

（4）溶剂的影响

溶剂对亲核取代反应的影响主要是通过影响过渡态的稳定性，进而影响反应活化能，影响反应速率。尤其是对 S_N1 反应，卤代烃解离产生碳正离子和卤负离子，溶剂极性强，能生成稳定的过渡态，降低活化能，反应速率加快。对 S_N2 反应的影响不大。

（5）特殊的碘负离子

由前面的分析可知，碘负离子是一个好的离去基团；同时，碘负离子是一个好的亲核试剂。碘负离子的这种双重反应性能，使它成为亲核取代反应的中转站。碘代烷既容易形成，又容易被其他亲核试剂取代。

在卤代烷中溴代烷和氯代烷比碘代烷便宜，但是溴离子和氯离子的离去能力比碘离子差。因此，常常使用价格便宜的溴代烷或者氯代烷作为原料，在反应混合物中，加少量碘负离子促进反应。即利用碘负离子的好的亲核性，很快和溴代烷发生反应产生碘代烷。再利用 C—I 易于离去的特点，与其他亲核试剂反应，以提高反应速率。少量的碘离子可以反复使用，直到反应结束。反应如下所示：

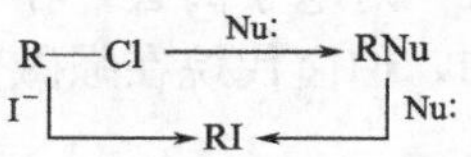

$$R—Cl \xrightarrow{Nu} RNu$$
$$I^- \longrightarrow RI \xrightarrow{Nu:}$$

6.5 消去反应机理

在进行卤代烷的亲核取代反应时，除了产生取代产物外，常常有烯烃生成，这是因为发生亲核取代反应的同时还有消去反应发生。例如：

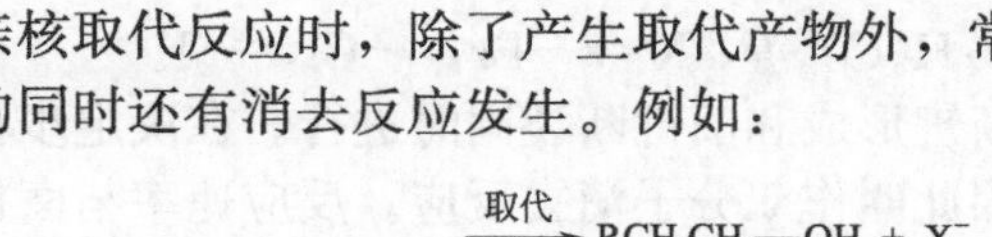

$$RCH_2CH_2—X + OH^- \begin{cases} \xrightarrow{取代} RCH_2CH_2—OH + X^- \\ \xrightarrow{消去} RCH=CH_2 + H_2O + X^- \end{cases}$$

大多数消去反应，如醇失水、卤代烃失卤化氢等都是 β-消去反应，它们是制备烯烃的重要反应。其机理分为单分子消去反应（E1）、双分子消去反应（E2）。

6.5.1 单分子消去反应机理

单分子消去反应 E1：E 表示消去反应，1 表示单分子过程。

例如，叔卤代烷与氢氧化钠的乙醇溶液共热反应，反应速率与碱的浓度无关，即该反应是通过单分子消去反应历程进行的，反应分两步进行，具体过程如下：

第一步，C—Br 异裂，产生活性中间体三级碳正离子（$3°C^+$）。第二步是溶剂乙醇中的氧原子作为碱，提供一对孤对电子与三级碳正离子中的烃基上的氢结合，三级碳正离子消去一个质子，形成烯烃。其中第一步是决定步骤，只与卤代烃解离有关，所以是单分子历程。

$$H-\overset{\underset{\displaystyle R}{|}}{\underset{\underset{\displaystyle R}{|}}{C}}-\overset{\underset{\displaystyle R}{|}}{\underset{\underset{\displaystyle R}{|}}{C}}-X \xrightarrow{\text{慢}} H-\overset{\underset{\displaystyle R}{|}}{\underset{\underset{\displaystyle R}{|}}{C}}-\overset{\underset{\displaystyle R}{|}}{\underset{\underset{\displaystyle R}{|}}{C}}{}^{+} + X^{-}$$

$$H-\overset{H}{\underset{\underset{\displaystyle R}{|}}{C}}-\overset{\underset{\displaystyle R}{|}}{\underset{\underset{\displaystyle R}{|}}{C}}{}^{+} + H\overset{..}{O}C_2H_5 \xrightarrow{\text{快}} \overset{R}{\underset{R}{}}C=\overset{R}{\underset{R}{}}C + H_2\overset{+}{O}C_2H_5$$

$$\downarrow -H^+$$

$$C_2H_5OH$$

S_N1 和 E1 相似，所以通常同时发生，至于两种反应何种占优势的问题，主要取决于碳正离子在第二步反应中消除质子或与进攻试剂结合的趋势。此外，S_N1 和 E1 还可以通过分子重排而转化为更稳定的碳正离子，然后再消去氢（E1）或与亲核试剂作用（S_N1）。

6.5.2 双分子消去反应机理

双分子消去反应用 E2 表示，2 代表双分子过程。E2 反应历程是碱性的亲核试剂 Z^- 进攻卤代烷分子中的 β-H，使这个氢原子成为质子而和进攻试剂结合脱去。同时，分子中的卤原子在溶剂作用下带着一对电子离去，在 β-C 与 α-C 之间形成双键。反应经过一个能量较高的过渡状态。例如，伯卤代烷在强碱作用下发生的消去反应，主要是按照 E2 反应历程进行的：

$$Z^- + H-\overset{\displaystyle}{\underset{\underset{\displaystyle R}{|}}{C}}H-CH_2-X \longrightarrow [Z\overset{\delta^+}{\text{---}}H\text{---}\overset{\displaystyle}{\underset{\underset{\displaystyle R}{|}}{C}}H=CH_2\overset{\delta^-}{\text{---}}X] \longrightarrow ZH + RCH=CH_2 + X^-$$

式中，$Z^- = OH$，$C_2H_5O^-$ 等；$X = -Br$，$-Cl$，$-I$。

此过程不分阶段，新键形成和旧键断裂同时进行。在决定步骤中同时有反应物分子和亲核试剂分子参与，因此叫作双分子消去反应。反应速率与卤代烷和进攻试剂浓度都成正比。

消去反应与亲核取代反应都由同一试剂进攻而引起，E2 与 S_N2 往往伴随发生，如果试剂进攻 α 位碳原子引起亲核取代反应，进攻 β 位氢原子则引起消去反应。

6.6 氯代甲烷用途

一氯甲烷：主要用作制冷剂、甲基化剂，还用于有机合成。

二氯甲烷：二氯甲烷具有溶解能力强和毒性低的优点，大量用于制造安全电影胶片、聚碳酸酯，其余用作涂料溶剂、金属脱脂剂、气烟雾喷射剂、聚氨酯发泡剂、脱模剂、脱漆剂。

三氯甲烷：即氯仿，属于有机合成原料，主要用于生产氟里昂（F-21、F-22、F-23）、染料和药物。在医学上，常用作麻醉剂。可用作溶剂和萃取剂。

四氯甲烷：用于有机合成、制冷剂、杀虫剂，亦作有机溶剂。

6.7 卤代烷在矿冶领域中的应用

四氯乙烯能够作为煤的萃取脱硫的溶剂，煤浆浓度为 20mL/g，煤粒度为 0.074mm，萃取反应时间 150min，萃取反应温度 120℃，原煤的有机硫脱出率可达 50.2%。

习 题

1. 用系统命名法命名下列化合物。

(1) 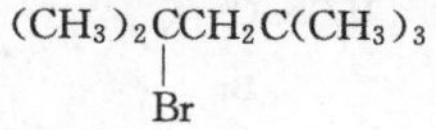 $(CH_3)_2CH_2C(CH_3)_3$
             |
             Br

(2)

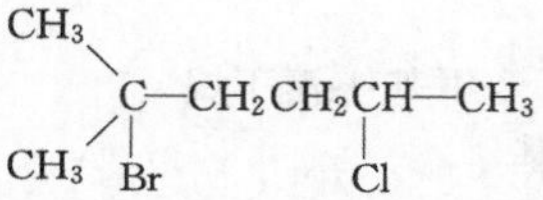

(3) 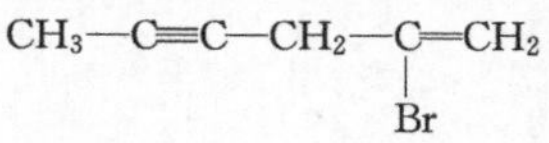 $CH_3-C≡C-CH_2-C-CH_2$
                                 |
                                Br

(4)

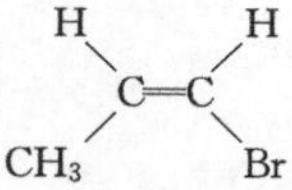

(5)

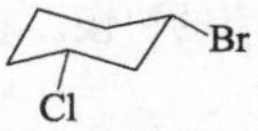

2. 写出符合下列名称的构造式。

(1) 叔丁基氯
(2) 烯丙基溴
(3) 苄基氯
(4) 对氯苄基氯

3. 写出下列反应的产物。

(1)

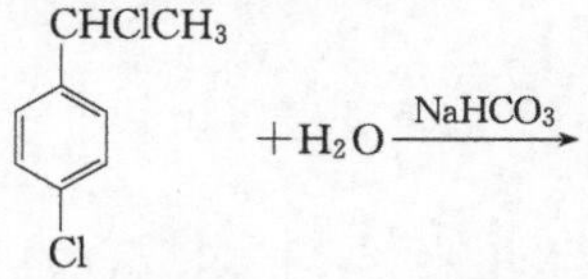

(2) $HO-CH_2CH_2CH_2Cl + HBr \longrightarrow$

(3) $HOCH_2CH_2Cl + KI \xrightarrow{丙酮}$

(4)

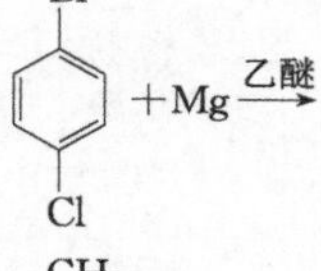

(5)

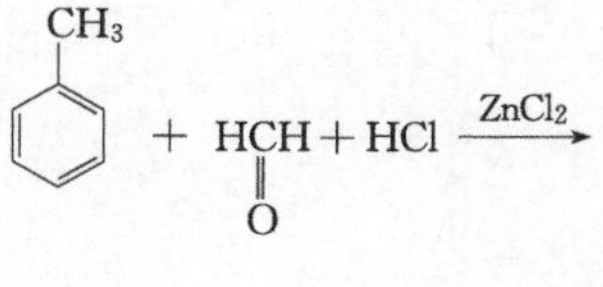

(6) $CH_3C{\equiv}CH + CH_3MgI \longrightarrow$

(7) CH_3—⬡—$Br \xrightarrow[\text{无水乙醚}]{Mg} A \xrightarrow{C_2H_5OH} B+C$

(8) $(CH_3)_2HC$—⬡—$NO_2 + Br_2 \xrightarrow{Fe} A \xrightarrow[Cl_2]{光} B$

4. 将以下各组化合物按照不同要求排列成序。

(1) 水解速率：

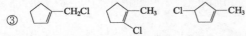

(2) 与 $AgNO_3$-乙醇溶液反应的难易程度：

$$CHBr{=}CHCH_3 \qquad \underset{\underset{Br}{|}}{CH_3CHCH_3} \qquad CH_3CH_2CH_2Br \qquad \underset{\underset{Br}{|}}{\overset{\overset{CH_3}{|}}{H_3C-C}}{-}□$$

(3) 进行 S_N2 反应速率：

① 1-溴丁烷   2,2-二甲基-1-溴丁烷   2-甲基-1-溴丁烷   3-甲基-1-溴丁烷

② 2-环戊基-2-溴丁烷   1-环戊基-1-溴丙烷   溴甲基环戊基

(4) 进行 S_N1 反应速率：

① 3-甲基-1-溴丁烷   2-甲基-2-溴丁烷   3-甲基-2-溴丁烷

② 苄基溴 α-苯基乙基溴 β-苯基乙基溴

③ ⬠—CH_2Cl ⬠CH_3(with Cl) Cl—⬠—CH_3

5. 写出下列化合物在浓 KOH 的醇溶液中脱卤化氢的反应式，并比较反应速率的快慢。

3-溴环己烯   5-溴-1,3-环己二烯   溴代环己烷

第7章
醇、酚、醚

醇、酚和醚都是烃的含氧衍生物，但它们是不同类型的有机化合物。醇、酚和醚在自然界中广泛存在，它们在工业、制药和生物上都有许多用途。例如，乙醇是燃料添加剂、工艺溶剂和饮料，薄荷醇是香料，乙醚曾被广泛用作麻醉剂。

7.1 醇

醇是脂肪烃分子中的氢原子或者芳香烃侧链上的氢原子被羟基（—OH）取代后的化合物，羟基是醇的官能团（又称为醇羟基）。醇又可以看成是 HOH 分子中的 H 原子被烃基（R）取代的产物，简写为 ROH。本章节主要讨论饱和一元醇，多元醇只做简单介绍。

7.1.1 醇的分类、命名和结构

7.1.1.1 醇的分类

（1）根据羟基数目，醇可以分为一元醇、二元醇及多元醇。

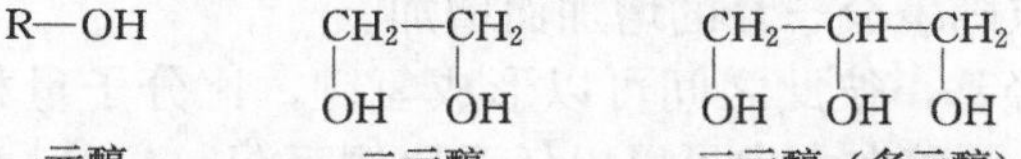

$$R—OH \qquad \underset{\substack{| \quad | \\ OH \quad OH}}{CH_2—CH_2} \qquad \underset{\substack{| \quad | \quad | \\ OH \quad OH \quad OH}}{CH_2—CH—CH_2}$$

一元醇　　　　　　二元醇　　　　　　三元醇（多元醇）

（2）根据官能团所连烃基类型分为饱和醇、不饱和醇、芳香醇及脂环醇等。

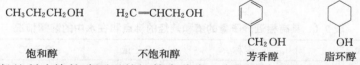

饱和醇　　　　　　不饱和醇　　　　　芳香醇　　　　脂环醇

（3）根据羟基所连接的碳原子的级数来分类，羟基连在一级碳原子上的醇叫作一级醇（伯醇，1°），羟基连在二级碳原子上的醇叫作二级醇（仲醇，2°），羟基连在三级碳原子上的醇叫作三级醇（叔醇，3°）。

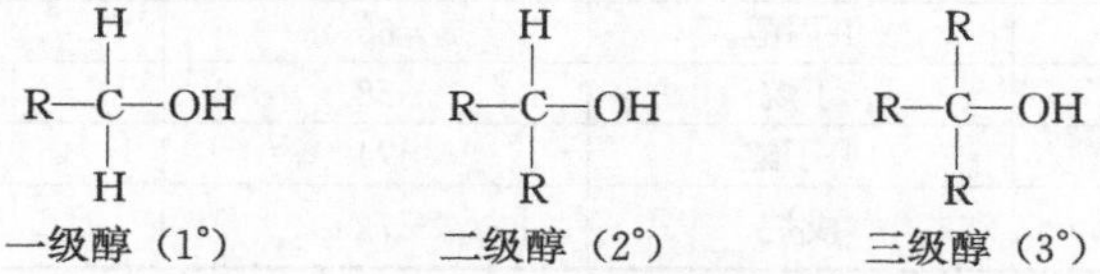

$$\underset{\substack{| \\ H}}{\overset{\substack{H \\ |}}{R—C—OH}} \qquad \underset{\substack{| \\ R}}{\overset{\substack{H \\ |}}{R—C—OH}} \qquad \underset{\substack{| \\ R}}{\overset{\substack{R \\ |}}{R—C—OH}}$$

一级醇（1°）　　　二级醇（2°）　　　三级醇（3°）

7.1.1.2　醇的命名

简单的醇可以看作烃的衍生物，加上"醇"字作为后缀。如 CH_3CH_2OH 乙醇，$CH_3CH_2CH_2OH$ 正丙醇，$\overset{OH}{\wedge}$ 异丙醇。

复杂的醇采用系统命名法命名，将包含羟基的最长碳链作为主链，支链作为取代基，从距羟基最近的一端开始编号，标出羟基和取代基在主链上的位置，并将取代基按照优先次序原则写出，将相应的烃类（如"烷"）改成"醇"字。芳香醇的命名，可以把芳基作为取代基。例如：

$$\underset{2\text{-甲基-2-戊醇}}{\overset{1\ \ 2\ \ 3\ \ 4\ \ 5}{CH_3CCH_2CH_2CH_3}}\quad\underset{2\text{-甲基-2-丙醇}}{CH_3\overset{CH_3}{\underset{CH_3}{C}}OH}\quad\underset{\text{苯甲醇}}{\bigcirc\!\!-CH_2OH}\quad\underset{\text{乙二醇}}{HOCH_2CH_2OH}\quad\underset{\text{丙三醇}}{HOCH_2\overset{OH}{C}HCHOH}$$

7.1.1.3　醇的结构

醇的官能团是羟基，醇羟基中氧原子是 sp^3 杂化，氧原子上两个未共用电子对占据两个杂化轨道，剩下的两个杂化轨道分别与氢原子以及烃基中的碳原子结合成 C—O σ 键和 C—H σ 键。甲醇中 C—O 键和 O—H 键之间的夹角为 108.9°，接近预期的四面体的键角 109.5°。

7.1.2　醇的物理性质

低级醇具有酒味，透明液体，C_{12} 以上的直链醇为固体。由于—OH 的存在，醇是极性化合物。

低级醇比碳原子相同的碳氢化合物的熔点和沸点高得多。主要原因是醇分子之间具有氢键作用，醇的沸点随着分子量的增加而增加。

由于醇和水都有羟基，彼此之间可以形成氢键，比分子量相近的烷烃更容易溶于水，如甲醇、乙醇、1-丙醇在水中可以以任意比例互溶。4～11 碳的醇仅可以部分溶于水，高级醇不溶于水。具有相近分子量的醇和烷烃的沸点和在水中的溶解情况见表7-1。

表 7-1　具有相近分子量的醇和烷烃的沸点和在水中的溶解情况

结构式	名称	分子量	沸点/℃	水中溶解度
CH_3OH	甲醇	32	65	无限
CH_3CH_3	乙烷	30	−89	不溶
CH_3CH_2OH	乙醇	46	78	无限
$CH_3CH_2CH_3$	丙烷	44	−42	不溶
$CH_3CH_2CH_2OH$	1-丙醇	60	97	无限
$CH_3CH_2CH_2CH_3$	丁烷	58	0	不溶
$CH_3CH_2CH_2CH_2OH$	1-丁醇	74	117	8g/100g
$CH_3CH_2CH_2CH_2CH_3$	戊烷	72	36	不溶

结构式	名称	分子量	沸点/℃	水中溶解度
CH₃CH₂CH₂CH₂CH₂OH	1-戊醇	88	138	8g/100g
HOCH₂CH₂CH₂CH₂OH	1,4-丁二醇	90	230	无限
CH₃CH₂CH₂CH₂CH₂CH₃	己烷	86	69	不溶

7.1.3 醇的化学性质

醇的化学性质主要由它官能团中的羟基所决定，烃基结构不同也会影响反应性能。根据键的断裂方式，醇的化学反应中主要有碳氧键断裂和氢氧键断裂两种类型的反应。

7.1.3.1 酸碱性

醇羟基的氧上有两对孤对电子，可以与质子结合形成𨥤盐，所以醇具有碱性。同时，由于氧的电负性大于氢的，氧和氢共用的电子对偏向于氧，使羟基的氢表现出一定的活性，所以醇也具有酸性。

醇的酸碱性与和氧相连的烃基的电子效应相关。烃基的吸电子效应越强，醇的碱性越弱，酸性越强。相反，烃基的给电子性越强，醇的碱性越强，酸性越弱。同时烃基的空间效应也有影响。醇是弱酸，部分醇在水溶液中的 pK_a 值见表 7-2。

表 7-2 部分醇在水溶液中的 pK_a 值

化合物	分子式	pK_a
甲醇	CH₃OH	15.5
乙醇	CH₃CH₂OH	15.9
2-丙醇	(CH₃)₂CHOH	17
2-甲基-2-丙醇	(CH₃)₃COH	18
水	H₂O	15.7
乙酸	CH₃COOH	4.8

醇和水都具有羟基，是极性化合物，具有相似的化学性质。例如，可以与活泼金属反应，如金属钠，氢氧键断裂放出氢气、生成醇钠。由于在水溶液中水的酸性比醇强，所以醇与钠的反应没有水与钠的反应剧烈。

$$2CH_3OH + Na \longrightarrow CH_3ONa + H_2 \uparrow$$

该反应的反应速率随着醇分子量的增大而减慢，反应活性以甲醇最活泼，其次为一般的伯醇，再次为仲醇，叔醇最差。

$$RO^- + H_2O \longrightarrow ROH + OH^-$$

按照酸碱的定义，醇的酸性比水稍弱，醇钠是比氢氧化钠更强的碱。由于醇钠遇水分解为原来的醇和氢氧化钠，所以醇钠要在无水溶剂中使用，如乙醇。

7.1.3.2 与氢卤酸反应

醇与氢卤酸发生醇羟基的置换反应生成卤代烃，这是制备卤代烃的重要方法之一，反应是可逆的。

$$R-OH + HX \Longleftrightarrow R-X + H_2O$$

上述反应是亲核取代反应。醇分子中碳氧键是极性共价键，由于氧的电负性大于碳，所以共用电子对偏向于氧，碳原子带部分正电荷。当亲核试剂进攻中心碳原子时，碳氧键异裂，羟基被亲核试剂取代。

由于醇羟基不是一个很好的离去基团，需要酸的帮助使羟基质子化，形成锌盐，而后再以水的形式离去。

氢卤酸的种类和醇的结构都会影响亲核取代反应的速率。各种醇的反应活性顺序为：$3° > 2° > 1°$。三级醇易于反应，只需要与浓盐酸在室温下振荡即可反应，氢溴酸在低温下也能和三级醇反应。

在氢卤酸中，氢碘酸的酸性最强，氢溴酸次之，盐酸相对最弱。而卤离子的亲核能力顺序为 $I^- > Br^- > Cl^-$，因此氢卤酸与醇发生亲核取代反应的反应性顺序为：$HI > HBr > HCl$。

采用卢卡斯试剂（无水氯化锌和浓盐酸配制成的溶液）可以鉴别一级、二级和三级醇（六碳及其以下的醇）：将三种醇分别加入盛有卢卡斯试剂的试管中，经振荡后可以发现，三级醇立刻发生反应，生成油状氯代烷，它不溶于酸，溶液呈混浊后分层，反应放热；二级醇需要 $2\sim5$min 反应，溶液分层，且放热不明显；一级醇在室温放置 1h 后仍无反应，必须加热才能发生反应。

醇和氢卤酸的亲核取代反应可以分别按照 S_N1 和 S_N2 历程进行。多数的叔、仲醇以及少部分伯醇采用 S_N1 历程进行，大多数伯醇采用 S_N2 历程进行：

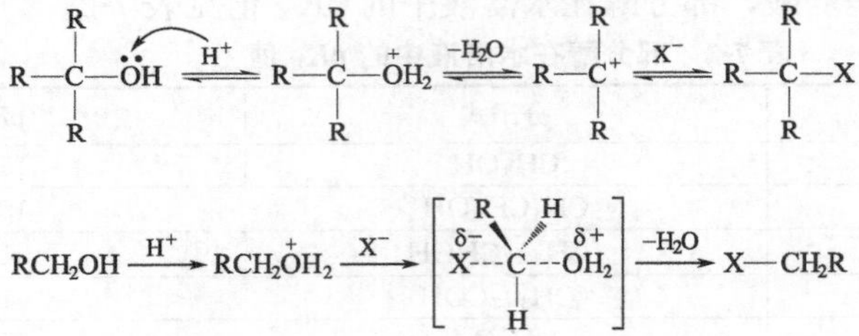

7.1.3.3 脱水反应

醇和酸共热发生脱水反应。根据反应条件不同，可以发生分子内脱水产生烯烃，也可以发生分子间脱水生成醚。

（1）分子内脱水

醇在较高温度下，消去一分子水生成烯烃。在硫酸或者 Al_2O_3 催化作用下可以降低反应温度。不同类型醇的脱水难易程度相差很大，其反应活性为 $3° > 2° > 1°$。例如，用硫酸水溶液处理 1-甲基环己醇（$3°$）脱水反应生成 1-甲基环己烯，反应温度较低，硫酸浓度也较低。相对而言，乙醇和 2-甲基丙醇反应的硫酸浓度和反应温度较高。

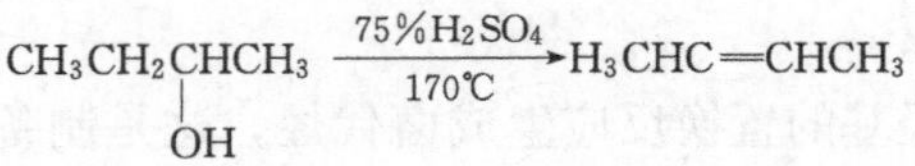

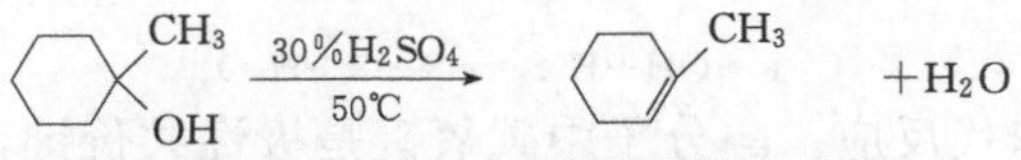

仲醇和叔醇的酸催化脱水反应，通常有两种不同的取向，一般遵循札依采夫规则

（与卤代烃消去卤化氢反应相似），脱去的是羟基和含氢较少的 β-碳原子上的氢，主要产物是双键上有较多取代基的烯烃，这样形成的烯烃更稳定。例如，2-甲基-2-丁醇脱水反应得到的主要产物是 2-甲基-2-丁烯，而不是生成 2-甲基-1-丁烯。

$$CH_3CH_2\underset{\underset{CH_3}{|}}{\overset{\overset{OH}{|}}{C}}CH_3 \xrightarrow[50℃]{H_2SO_4，H_2O} CH_3CH=\underset{\underset{CH_3}{|}}{C}CH_3 + CH_3CH_2-\underset{\underset{CH_3}{|}}{C}=CH_2$$

　　2-甲基-2-丁醇　　　　　　　　2-甲基-2-丁烯（主要）　2-甲基-1-丁烯（次要）

　　醇的酸催化脱水是消去反应，主要是按单分子消去反应历程（E1）进行。反应过程中往往发生分子重排，以形成最稳定的碳正离子。

$$CH_3-\underset{\underset{CH_3}{|}}{\overset{\overset{CH_3}{|}}{C}}-\underset{\underset{OH}{|}}{C}H-CH_3 \xrightarrow{H^+} CH_3-\underset{\underset{CH_3}{|}}{\overset{\overset{CH_3}{|}}{C}}-\underset{\underset{\overset{+}{O}H_2}{|}}{C}H-CH_3 \xrightarrow{-H_2O} CH_3-\underset{\underset{CH_3}{|}}{\overset{\overset{CH_3}{|}}{C}}-\overset{+}{C}H-CH_3$$

$$\downarrow 重排$$

$$CH_2=\underset{\underset{CH_3}{|}}{C}-\underset{\underset{CH_3}{|}}{C}H-CH_3 + \underset{CH_3}{\overset{CH_3}{>}}C=\underset{CH_3}{\overset{CH_3}{<}} \xleftarrow{-H^+} CH_3-\underset{\underset{CH_3}{|}}{\overset{\overset{CH_3}{|}}{\overset{+}{C}}}-CH-CH_3$$

　　　　　　　(20%)　　　　　　　　(80%)

　　由于反应中需要破坏 β 位的碳氢键，需要较高的能量，所以升高温度对分子内脱水生成烯烃有利。

　　（2）分子间脱水

　　在较低温度下，醇分子间脱水生成醚。醇溶于酸时，首先生成锌盐，由于带正电荷的氧原子吸电子能力强，使与羟基直接相连的碳原子（α-C 原子）容易被亲核试剂（另一个分子醇）进攻而发生亲核取代反应。反应按照 S_N2 历程进行：

$$CH_3CH_2-OH \xrightarrow{H^+} CH_3CH_2-\overset{+}{O}H_2 \xrightarrow{H\overset{..}{O}-C_2H_5} CH_3CH_2-\underset{\underset{H}{|}}{\overset{+}{O}}-CH_2CH_3$$

$$\xrightarrow{-H^+} CH_3CH_2-O-CH_2CH_3$$

　　在实际反应中，亲核取代反应和消去反应是两个相互竞争的反应。

7.1.3.4　醇的氧化和脱氢

　　（1）氧化

　　醇最有价值的反应之一是被氧化成羰基化合物。受羟基影响，一级醇、二级醇与羟基相连的碳原子上的氢原子比较活泼，易于被氧化。常用的氧化剂有高锰酸钾或铬酸，醇可以氧化成羧酸或酮。例如，一级醇在重铬酸钾的硫酸溶液中氧化先得到醛，醛继续氧化生成羧酸，反应很难停留在醛阶段。而生成与反应物醇相同碳原子数目的醛和羧酸。

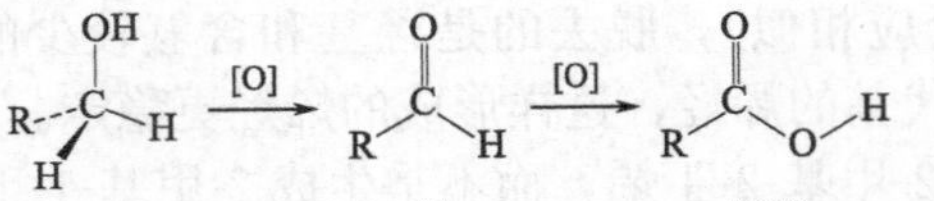

$$CH_3(CH_2)_5CH_2OH \xrightarrow[CH_2Cl_2]{C_6H_5N \cdot CrO_3Cl} CH_3(CH_2)_5CH$$

二级醇可以氧化为含相同碳原子数目的酮，且易于进一步使碳碳键断裂，故较少用于合成酮。

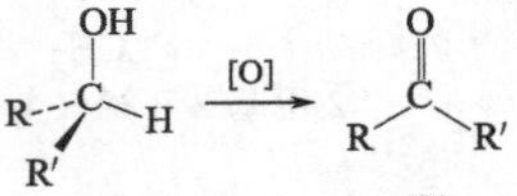

三级醇中与醇羟基相连的碳原子上没有氢，在中性、碱性条件下不易为高锰酸钾氧化。但在酸性条件下能脱水成烯，再发生碳碳键断裂生成小分子化合物。

可以根据氧化反应的难易程度、氧化产物的结构以及反应过程中颜色的变化等信息来区别伯、仲、叔醇。要想使一级醇氧化反应停留在醛阶段，需要选择特殊的氧化剂。实验室中，由一级醇制备醛常用的方法是在二氯甲烷溶剂中，使用吡啶氯铬酸盐（$C_6H_5N \cdot CrO_3Cl$）作为氧化剂进行氧化。

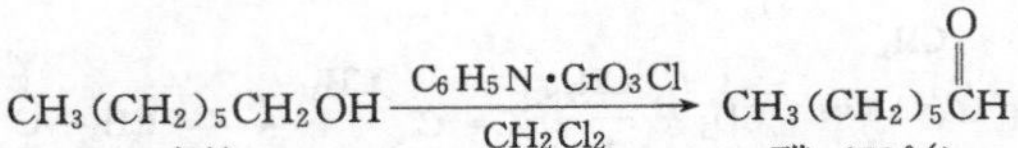

$$CH_3(CH_2)_5CH_2OH \xrightarrow[CH_2Cl_2]{C_6H_5N \cdot CrO_3Cl} CH_3(CH_2)_5CH$$
1-庚烷　　　　　　　　　　　　　　　醛（78%）

用于检查司机是否酒后驾车的呼吸分析仪种类很多，有些是利用酒中所含乙醇被氧化后溶液颜色变化的原理设计的。如饮酒量达 100mL 血液中含有 80mg 乙醇时，人体呼出的气体所含的乙醇量就可以被呼吸分析仪器测定出来。

$$C_2H_5OH + K_2Cr_2O_7 + H_2SO_4 \longrightarrow CH_3COOH + Cr_2(SO_4)_3 + K_2SO_4 + H_2O$$
　　　　　　橙红色　　　　　　　　　　　　　　　　　　　　绿色

（2）催化脱氢

伯、仲醇的蒸气在高温下通过催化剂铜时发生脱氢反应，生成醛或酮。

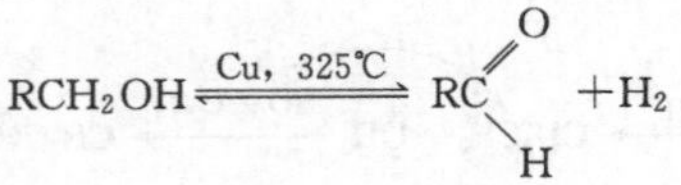

$$RCH_2OH \underset{}{\overset{Cu, 325℃}{\rightleftharpoons}} RCHO + H_2$$
　　　　　　　　　　　　　　　　　　醛

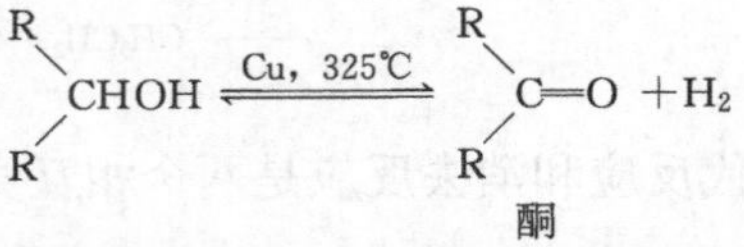

$$\begin{matrix} R \\ | \\ CHOH \\ | \\ R \end{matrix} \overset{Cu, 325℃}{\rightleftharpoons} \begin{matrix} R \\ | \\ C=O \\ | \\ R \end{matrix} + H_2$$
　　　　　　　　　　　　　　　　　　酮

由于叔醇没有 α-氢不能发生脱氢反应，只能脱水成烯。

7.1.4 重要的醇

7.1.4.1 甲醇

甲醇最早是用木材干馏得到的，因此又叫作木醇。甲醇是一种无色的液体，沸点 65℃，能溶于水；毒性很强，误饮 10mL 眼睛失明，30mL 可致死。

目前制备甲醇的主要方法是 CO 和 H_2O 在加热、加压和催化剂存在下合成。

$$CO+2H_2 \xrightarrow[20MPa，300℃]{ZnO\text{-}Cr_2O_3\text{-}CuO} CH_3OH$$

甲醇在工业上主要用来制备甲醛，以及作为油漆的溶剂和甲基化试剂，也可以将甲醇混入汽油中或者大量用作汽车或喷气式飞机的燃料。

7.1.4.2 乙醇

乙醇俗称酒精，是应用最广泛的醇。早在几千年前，我国劳动人民就懂得发酵酿酒。发酵是通过微生物进行的一种生物化学方法，至今仍然是制备乙醇和其他醇的重要方法之一。

工业上使用石油裂解气中的乙烯作为原料，用直接水合法和间接水合法生产乙醇。直接水合法用磷酸作为催化剂，300℃和7MPa压力下，把水蒸气通入乙烯中。间接水合法是把乙烯在100℃吸收于浓硫酸中，然后水解制得乙醇。

7.1.5 醇的制备方法

制备醇最常用的方法就是还原羰基化合物，从形式上看，就是使氢加到C═O双键上。

7.1.5.1 醛和酮的还原

醛和酮易被还原成醇，醛转化为一级醇，酮转化为二级醇。

醛　　一级醇　　酮　　二级醇

常用还原剂为硼氢化钠（$NaBH_4$）和氢化铝锂（$LiAlH_4$）。

1-丁醛　　1-丁醇（85%）（1°醇）

3-己酮　　3-己醇

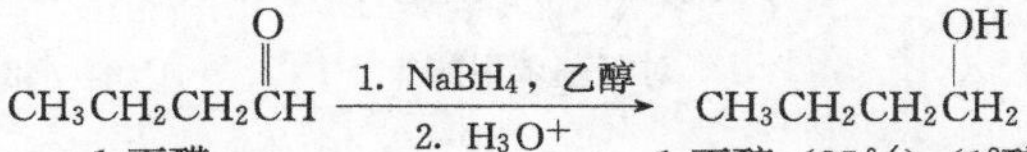

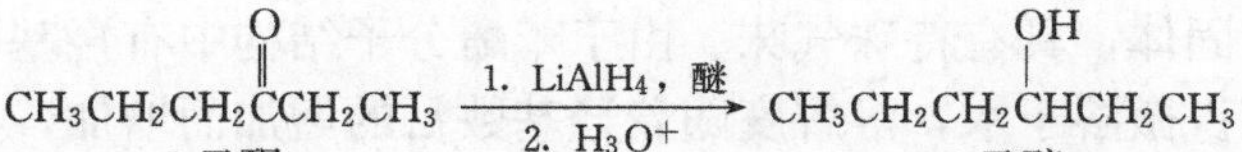

7.1.5.2 酯和羧酸的还原

酯和羧酸能被还原为一级醇：

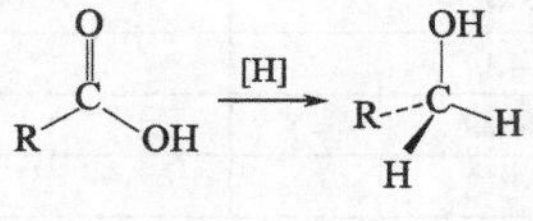

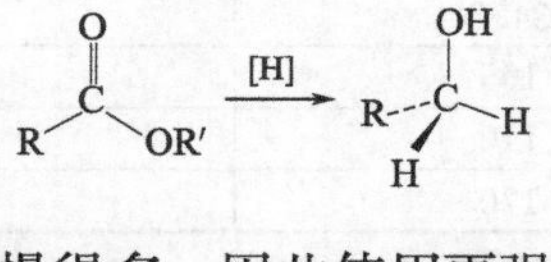

此反应比还原相应的醛和酮慢得多，因此使用更强的还原剂氢化铝锂（$LiAlH_4$）。

$$CH_3CH_2CH_2CH_2COOH \xrightarrow[\text{2. H}_3O^+]{\text{1. LiAlH}_4,\ \text{醚}} CH_3CH_2CH_2CH_2CH_2OH$$

1-戊酸 （左）　1-戊醇（右）

7.2　酚

7.2.1　酚的结构和命名

酚是羟基直接和芳环相连的化合物。最简单的是苯酚，是具有 Ar—OH 通式的化合物。

在苯酚分子中，酚羟基的氧原子处于 sp² 杂化状态，氧原子上两对孤对电子，一对占据 sp² 杂化轨道，另一对占据未参与杂化的 p 轨道，p 轨道电子云和苯环的大 π 键电子云发生侧面重叠形成 p-π 共轭。该共轭体系中，氧原子的 p 电子云向苯环转移，导致氢和氧之间的电子云进一步向氧转移，从而使氢较易离去。简言之，p-π 共轭的结果增强了苯环上的电子云密度，同时增强了羟基上氢的离去能力。

酚的命名一般分为两种情况。一种是酚羟基为化合物的主官能团，则将酚羟基与芳环一起作为母体，其他官能团作为取代基，命名时在"酚"字前面加上芳环名称作为母体，再加上其他取代基团的名称和位置。另一种是把羟基作为取代基。

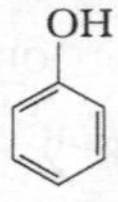

苯酚 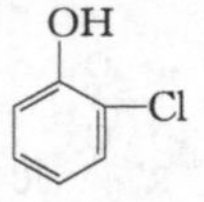　邻氯苯酚 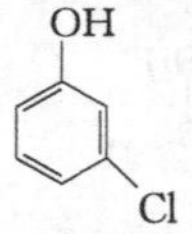　间氯苯酚 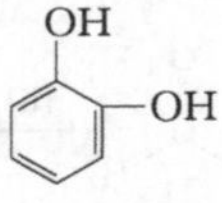　邻苯二酚

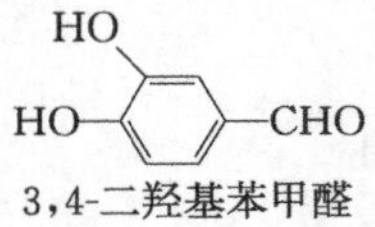

3,4-二羟基苯甲醛 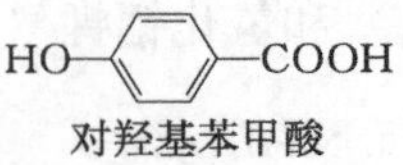　对羟基苯甲酸 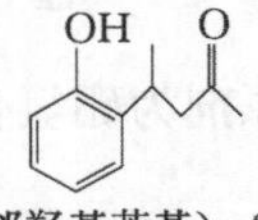　4-（邻羟基苯基）-2-戊酮

7.2.2　酚的物理性质

苯酚大多数为固体，具有特殊气味。由于苯酚分子结构中有羟基，分子间可以形成氢键，所以沸点高。微溶于水，溶解度随着羟基数目的增加而增加，与热水（超过临界温度 65～85℃）可互溶，易溶于醇和醚。纯苯酚没有颜色，但氧化后具有红色至褐色。常见酚的物理常数见表 7-3。

表 7-3　一些酚的物理常数

化合物名称	熔点/℃	沸点/℃	溶解度/(g/100mL H₂O)
苯酚	43	181.8	8.2
邻甲苯酚	30.9	191	2.5
间甲苯酚	11.3	203	0.5
对甲苯酚	34.8	202	1.8
邻苯二酚	105	246	45.1
间苯二酚	110	276	147.3
对苯二酚	170	285	6

酚毒性很大，许多酚类化合物有杀菌作用，可以作为消毒杀菌剂，医院常用的杀菌

剂来苏水就是甲酚（甲基酚异构体的混合物）与肥皂液的混合物。医用漱口水中的一种有效成分百里酚也有杀菌作用。某些酚还可作为木材或食物的防腐剂。

7.2.3 酚的化学性质

酚类分子中羟基和芳环两者直接相连，相互影响，表现出与醇和芳烃不同的化学性质。

7.2.3.1 羟基上的反应

酚羟基具有一定活性，可以被其他基团取代；在羟基的活化下，酚的芳环易发生亲电取代反应。

（1）酸性

苯酚最显著的性质就是它的酸性，表现为苯酚可以溶于氢氧化钠水溶液中，生成的苯酚钠溶于水：

$$HO-\text{◯}+NaOH \longrightarrow NaO-\text{◯}+H_2O$$

苯酚具有酸性的主要原因可以从两方面分析，一方面，在共轭体系中，酚羟基上的电子云向苯环移动，使羟基氧上面的电子云密度降低，O—H 键结合力减弱，使氢容易以 H^+ 的形式解离而具有酸性。另一方面，氢解离后生成苯氧离子，由于形成的 p-π 共轭体系，使其稳定性增强，因此苯酚容易解离出 H^+，呈酸性。

苯酚的酸性比醇、水的酸性强，但不如羧酸、碳酸强。因此，在苯酚的钠盐水溶液中通入二氧化碳，可以得到苯酚。苯酚能溶于碱，又能被比苯酚强的酸从碱溶液中析离出来，利用这一性质可以分离提纯苯酚。

苯环上的其他取代基会影响苯酚的酸性，主要是通过取代基的诱导效应和共轭效应共同实现的。如果苯环上连有吸电子基团，可以使苯酚的酸性增强。例如，苯酚上有硝基时，硝基具有吸电子诱导效应和吸电子共轭效应，并可以使负电荷离域到硝基氧上，从而使硝基苯酚负离子更加稳定。尤其是取代基处于邻、对位置时，影响更大。相对而言，处于间位的取代基的作用较小。与此相反，如果苯环上连有给电子基团，使酸性减弱（见表 7-4）。

表 7-4 取代基对苯酚酸性影响

取代基	氢	对硝基	邻硝基	间硝基	间氯	对氯	对甲氧基
pK_a	9.94	7.15	7.22	8.39	9.02	9.38	10.20

除诱导效应外，取代基的空间效应也会影响酚的酸性，原因是周围的大基团阻碍了溶剂对酚羟基解离所起的溶剂化作用。

（2）与三氯化铁的显色反应

大多数酚能与 $FeCl_3$ 溶液反应生成络合物，不同的络合物呈现不同的特征颜色（表7-5），可以用来鉴定酚。具有烯醇式结构的脂肪族化合物也有这一特性。

表 7-5 各类酚与三氯化铁反应所显颜色

酚	苯酚	对甲苯酚	间甲苯酚	对苯二酚	邻苯二酚	间苯二酚
$FeCl_3$ 显色	蓝紫色	蓝色	蓝紫色	暗绿色晶体	深绿色	蓝紫色

（3）醚的生成

苯酚与醇相似，可成醚（芳香醚），但难脱水。成醚反应一般是苯酚在碱性溶液中与卤代烃或者硫酸二甲酯作用生成醚，这一反应叫作威廉逊合成法。在碱性溶液中，苯酚以酚氧离子形式存在，作为亲核试剂进攻卤代烃或者硫酸二甲酯而生成醚。

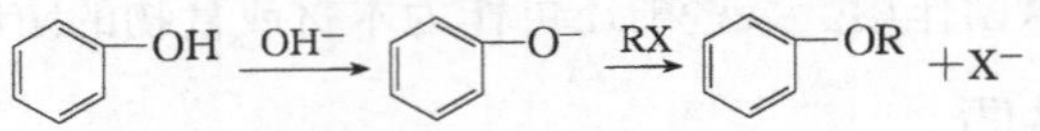

（4）氧化反应

酚很容易被氧化，所以在进行磺化、硝化或者卤化反应时，必须控制条件，尽量避免酚被氧化。酚氧化物的颜色随着氧化程度的加深而加深，由无色而呈粉红色、红色、深褐色。用强氧化剂（如重铬酸钾）处理酚能生成己二烯酮（醌）：

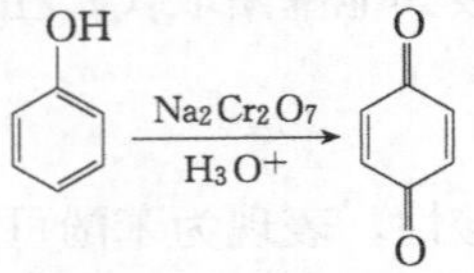

7.2.3.2 芳环上的亲电取代反应

苯酚中的羟基是较强的邻对位定位基，因此苯酚的亲电取代反应比苯容易，条件更温和，甚至要加以控制，而且往往发生多取代。

（1）卤化反应

苯酚在酸性条件下，或者在 CS_2 和 CCl_4 等非极性溶剂中进行氯化和溴化，一般得到一卤代产物。

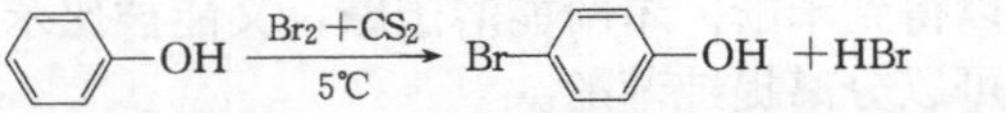

在碱性或者中性溶液中卤化，则得到三卤代苯酚。如苯酚水溶液与溴水反应立刻生成三溴苯酚白色沉淀，这一反应很灵敏，$10\mu g/g$ 的苯酚溶液也可以与溴水产生沉淀，环境检测中常用它来对苯酚定性或定量测定。

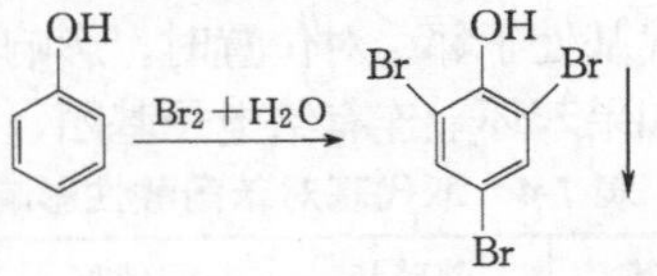

（2）硝化反应

苯酚比苯易于硝化，在室温下即可与稀硝酸反应，生成邻、对位硝基化合物的混合物。混合物中，邻硝基苯酚因形成分子内氢键，不易形成分子间氢键，其沸点比对硝基苯酚低，因此可以采用水蒸气蒸馏法将邻硝基苯酚从混合物中分离。

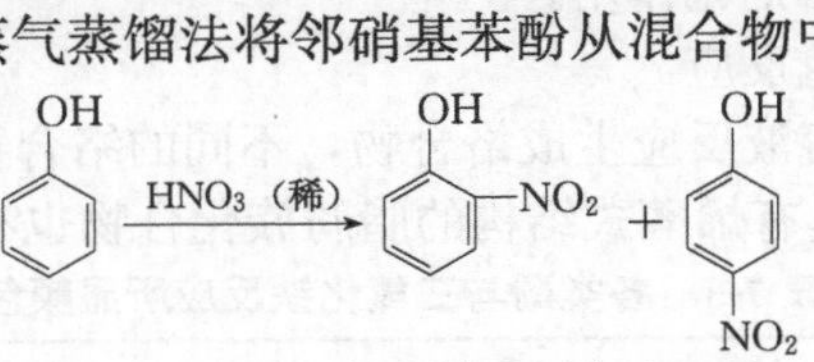

（3）磺化反应

浓硫酸可以使苯酚发生磺化反应，在室温下，主要产物是邻羟基苯磺酸，当反应在100℃进行时，主要产物是对羟基苯磺酸。将上述两种产品进一步磺化，都得到邻、对位二取代产物——4-羟基苯-1,3-二磺酸。

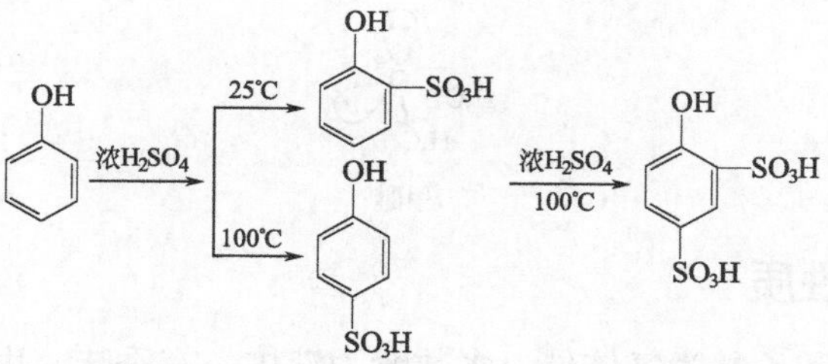

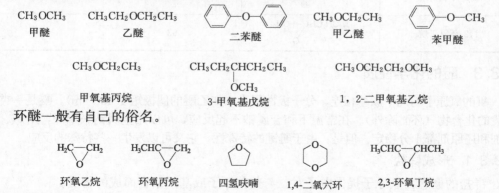

7.3 醚

醚可以看作是水分子中两个氢原子被烃基取代而生成的化合物。

7.3.1 醚的分类、命名和结构

醚类化合物都有醚键 C—O—C，通式是 R—O—R、Ar—O—R、Ar—O—Ar。

当与氧相连的是两个相同的烃基时，称为简单醚或者对称醚；烃基不相同时叫作混合醚或者不对称醚。根据两个烃基的类别，醚可以分为脂肪醚、芳香醚。烃基成环的醚称为环醚，其中环上有氧的醚称为环氧化合物。

R—O—R
对称醚

R—O—R′
不对称醚

R—O—R′
脂肪醚

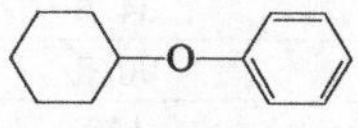

芳香醚

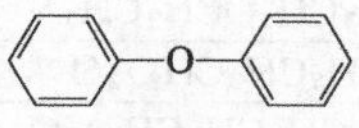

芳香醚

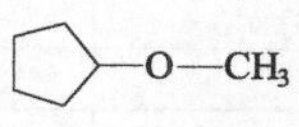

环醚

醚的命名多数用习惯命名法，通常是先写出两个烃基的名称，再加上"醚"字。混合醚中，结构较简单的醚，通常把较小的放在前面，芳烃放在烷烃前面。结构复杂的醚，将 RO—或 ArO—当作取代基，以烃基为母体命名。脂肪醚是以较长的碳链作为母体烃，将含碳数较少的烃基与氧连在一起，叫作烷氧基。

CH_3OCH_3
甲醚

$CH_3CH_2OCH_2CH_3$
乙醚

二苯醚

$CH_3OCH_2CH_3$
甲乙醚

苯甲醚

$CH_3OCH_2CH_3$
甲氧基丙烷

$CH_3CHCH_2CH_3$
|
OCH_3
3-甲氧基戊烷

$CH_3OCH_2CH_2OCH_3$
1，2-二甲氧基乙烷

环醚一般有自己的俗名。

H_2C—CH_2
环氧乙烷

H_3CHC—CH_2
环氧丙烷

四氢呋喃

1,4-二氧六环

H_3CHC—$CHCH_3$
2,3-环氧丁烷

脂肪醚的醚键中的氧是 sp^3 杂化状态，两对孤对电子分别占据两个 sp^3 杂化轨道，另外两个分别与两个羰基碳的 sp^3 杂化轨道形成 σ 键。最简单的醚是甲醚，甲醚分子中，C—O 键键长为 0.141nm，∠COC＝110.7°。

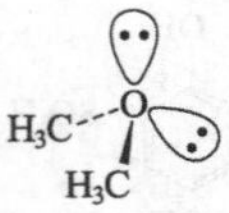

甲醚

7.3.2 醚的物理性质

常温下，除甲醚和乙醚为气体外，多数醚为液体，有香味。由于醚分子中氧原子的两边都是烃基，没有活泼氢原子，醚分子之间不能产生氢键而形成缔合分子，沸点和密度比相应的醇低，与分子量相当的烷烃相近。

大多数醚不溶于水。但四氢呋喃、1,4-二氧六环都可以和水混溶，主要是由于其分子结构中氧和碳架共同成环，氧原子突出在外，易于与水成氢键。

许多有机化合物都能溶于醚，而且醚在许多反应中反应活性很低，因此常用作溶剂，如乙醚是实验室常用的溶剂。乙醚还是外科手术中常用的麻醉剂，起作用的不是化学性质，而是其溶于神经组织中引起的生理变化，麻醉作用取决于醚在脂肪相和水相的分配系数。表7-6为部分醚的物理常数。

表7-6　部分醚的物理常数

化合物	分子式	沸点/℃	相对密度
甲醚	CH_3OCH_3	-24.9	0.661
甲乙醚	$CH_3OCH_2CH_3$	7.9	0.697
乙醚	$CH_3CH_2OCH_2CH_3$	34.6	0.697
正丙醚	$(CH_3CH_2CH_2)_2O$	90.5	0.736
正丁醚	$(CH_3CH_2CH_2CH_2)_2O$	143	0.769
四氢呋喃	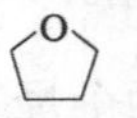	65.4	0.888
环氧乙烷	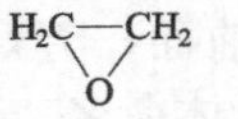	11	
1,2-环氧丙烷	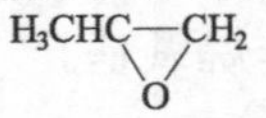	34	
1,2-环氧丁烷	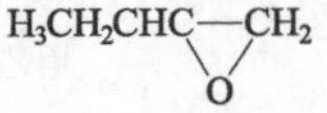	63	

7.3.3 醚的化学性质

醚的氧原子与两个羟基相连，分子极性很小（如乙醚的偶极矩 1.18C·m）。醚是一类不活泼的化合物（环醚除外）。在常温下和金属钠不起反应，可以用金属钠来干燥，对碱、氧化剂和还原剂都十分稳定。但是，由于醚键的特殊性，它又可以发生一些特殊的反应。

7.3.3.1 形成锌盐

锌盐的概念：氧原子提供电子对，与其他原子或基团结合而成的物质。

醚都可以溶于强酸中。由于醚键的氧原子上带有孤对电子，它是一个路易斯碱，常温下可以溶于浓硫酸、氯化氢、路易斯酸（如三氟化硼），形成锌盐。

由于醚的碱性较弱，生成的锌盐是一种弱碱强酸盐，不稳定，仅在浓酸中稳定，在水中则分解为醚，利用此性质可以将醚从烷烃或卤代烃混合物中分离出来。

$$R-\overset{\cdot\cdot}{\underset{\cdot\cdot}{O}}-R + HX \longrightarrow [R-\overset{H}{\overset{|}{\underset{\cdot\cdot}{O}}}-R]^+X^- \xrightarrow{H_2O} R-O-R + X^- + H_2O$$

锌盐

7.3.3.2 醚键断裂

在较高温度下，强酸能使醚键断裂生成卤代烷和醇，使醚键断裂最有效的试剂是浓氢卤酸（一般用 HI、HBr）。以醚和 HI 反应为例，反应中醚首先生成锌盐，碘离子作为强亲核试剂进攻锌盐，使原来的醚键断裂生成卤代烷和醇。醇可以进一步与过量的氢卤酸作用，形成卤代烷。

$$R-O-R' \xrightarrow[\triangle]{HI} RI + R'OH$$

$$R'OH \xrightarrow[\triangle]{HI} R'I + H_2O$$

式中，R 表示含碳原子少的烃基；R′ 表示含碳原子多的烃基。

这种 C—O 键断裂是典型的亲核取代反应，可以发生 S_N1 和 S_N2 历程，究竟经历哪种途径取决于醚的结构。只含有伯或仲烃基的醚按照 S_N2 途径进行反应，反应过程中具有亲核性的卤离子进攻质子化的醚，断裂发生在取代基较少的位置，醚中氧原子留在位阻较小的基团上。例如，HI 使乙基异丙基醚开裂，生成异丙醇和碘乙烷。

含有叔烷基的醚的酸性断裂按照 S_N1 机理进行，因为能生成稳定的碳正离子中间体。反应中，醚中的氧原子留在位阻较小的烃基上面，而卤原子连接在叔烷基上，这个断裂反应很快，往往在室温或低温下就能发生。

$$(CH_3)C-O-CH_3 + HI \xrightarrow{-I^-} (CH_3)_3C-\overset{+}{\underset{H}{O}}-CH_3 \xrightarrow{S_N1} (CH_3)C^+ + CH_3OH$$
$$\qquad\qquad\qquad\qquad\qquad\qquad\quad \downarrow I^- \qquad\qquad \downarrow HI$$
$$\qquad\qquad\qquad\qquad\qquad\qquad (CH_3)_3CI \qquad CH_3I + H_2O$$

芳香烷基醚与氢卤酸作用时，总是烷氧键断裂，生成酚和卤代烷。因为氧原子和芳环之间的键因 p-π 共轭结合和牢固，而烷基没有这种效应。

$$\langle\!\!\!\!\bigcirc\!\!\!\!\rangle\!\!-OCH_3 + HI \xrightarrow{\triangle} \langle\!\!\!\!\bigcirc\!\!\!\!\rangle\!\!-OH + CH_3I$$

7.3.4 环氧化合物

一般的醚是稳定的化合物，因此常用作溶剂，但 1,2-环氧化合物例外。由于其分子结构中的三元环结构使各原子的轨道不能正面重叠，只能以弯曲键相互连接。因此，分子中存在一种张力，极易与许多试剂反应，使环状结构打开。如环氧乙烷具有独特的化学活性，不仅可以和酸反应，而且反应温和、速度快。同时还可以同碱反应。

7.3.4.1 开环反应

在室温下，稀酸溶液能将环氧乙烷转化为 1,2-二醇（乙二醇）。

环氧乙烷　　　　乙二醇(1,2-二醇)

所用的试剂亲核能力较弱时，需要用酸性催化剂帮助环醚开环。酸的作用是使环氧化物的氧原子质子化，氧原子上带有正电荷，向相邻的环碳原子吸引电子，这样就削弱了 C—O 键，并使环碳原子带有部分正电荷，增加了与亲核试剂的结合能力，发生 S_N2 反应。

在酸性条件下，环氧化物与水、醇、氢卤酸和酚等含有活泼氢的化合物反应：

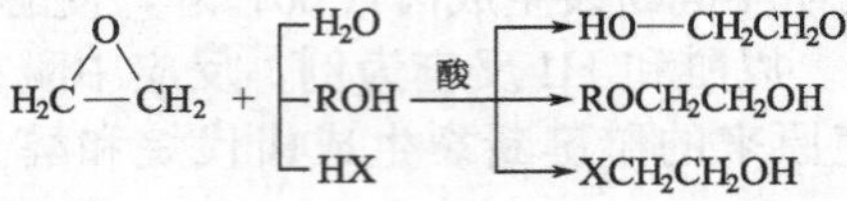

$$\text{H}_2\text{C—CH}_2 + \begin{cases} \text{H}_2\text{O} \\ \text{ROH} \\ \text{HX} \end{cases} \xrightarrow{\text{酸}} \begin{cases} \text{HO—CH}_2\text{CH}_2\text{OH} \\ \text{ROCH}_2\text{CH}_2\text{OH} \\ \text{XCH}_2\text{CH}_2\text{OH} \end{cases}$$

对于不对称环氧化合物，亲核试剂进攻与氧原子相连的哪个碳原子？哪个 C—O 键断裂？一般情况下，在酸性介质中，亲核试剂进攻取代基较多的环碳原子，该碳原子的C—O 键断裂，主要原因是取代基（一般是烷基）的给电子效应使正电荷分散而使结构稳定。

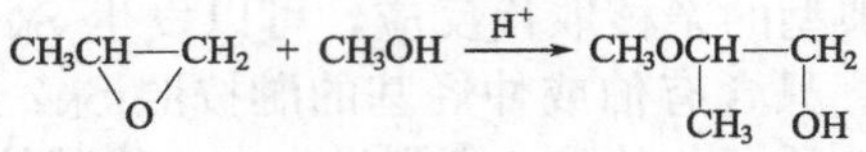

$$\text{CH}_3\text{CH—CH}_2 + \text{CH}_3\text{OH} \xrightarrow{\text{H}^+} \text{CH}_3\text{OCH—CH}_2$$

（图示：环氧基 O，产物为 CH₃OCH—CH₂，下方 CH₃ 和 OH）

碱性条件下，环氧乙烷也可以与醇等反应。C—O 键断裂与亲核试剂和环碳原子之间键的形成几乎同时进行，此时试剂选择进攻取代基较少的环碳原子，因为这个碳的空间位阻作用较小。

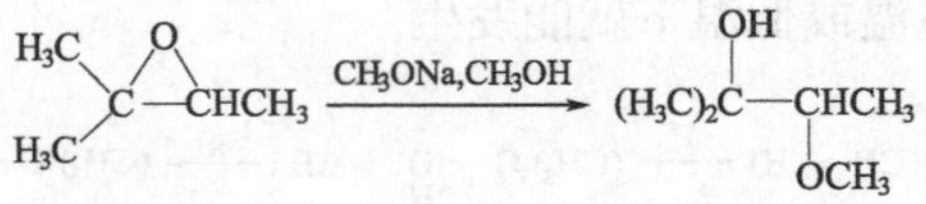

$$\begin{array}{c}\text{H}_3\text{C}\\ \text{H}_3\text{C}\end{array}\text{C——CHCH}_3 \xrightarrow{\text{CH}_3\text{ONa,CH}_3\text{OH}} (\text{H}_3\text{C})_2\text{C——CHCH}_3$$

（产物下方：OH 和 OCH₃）

7.3.4.2 与格氏试剂反应

在碱性介质中，环氧乙烷与格氏试剂反应的产物经水解，可以得到比格氏试剂的烷基多两个碳的伯醇，这是有机合成中碳链增长两个碳原子的有效方法。

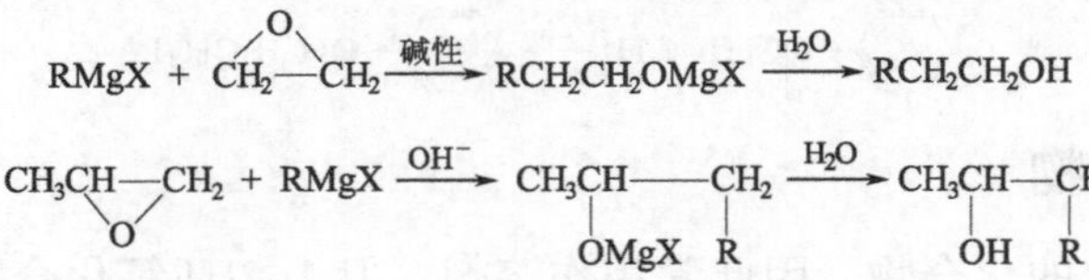

$$\text{RMgX} + \text{CH}_2\text{—CH}_2 \xrightarrow{\text{碱性}} \text{RCH}_2\text{CH}_2\text{OMgX} \xrightarrow{\text{H}_2\text{O}} \text{RCH}_2\text{CH}_2\text{OH}$$

$$\text{CH}_3\text{CH—CH}_2 + \text{RMgX} \xrightarrow{\text{OH}^-} \text{CH}_3\text{CH——CH}_2 \xrightarrow{\text{H}_2\text{O}} \text{CH}_3\text{CH—CH}_2$$

（中间产物下方：OMgX R；最终产物下方：OH R）

7.3.5 醚的制备方法

7.3.5.1 Williamson 合成法

Williamson（威廉逊）合成法是利用醇钠和卤代烷在无水条件下进行反应，该方法可以合成对称醚，也可以合成不对称醚。

$$\text{RONa} + \text{R}'\text{X} \longrightarrow \text{ROR}' + \text{NaX}$$

7.3.5.2 醇分子间脱水

浓硫酸下，控制反应温度（低于 150℃），发生两分子醇脱水反应，制备对称醚：

$$2\text{ROH} \xrightarrow{\text{浓 H}_2\text{SO}_4} \text{ROR} + \text{H}_2\text{O}$$

7.4 醇、酚、醚在矿冶行业中的应用

7.4.1 萃取剂

将丁醇、异戊醇溶于苯或者煤油中，与五氧化二磷作用，反应温度保持在 70℃ 以下，可以得到酸性一烷基或二烷基磷酸酯，这种酯可以用来萃取 Fe^{3+}、Ti^{4+}、Zr^{4+} 等阳离子。

醚的镁盐也能溶于有机溶剂，利用这一性质，醚类可以作为萃取剂，从酸中将酸或者某些金属离子形成的络合酸萃取。在不同条件下，可以萃取很多物质：

乙醚可以从盐酸中萃取 As、Au、Co、Cr、Fe、Ga、Ge、Ti、Mo、Nb、Ni、Pa、Po、Pt 等。

甲异丙醚可以从盐酸中萃取 V 和 Sb；

异丙醚可以从盐酸中萃取 V、Sb、Ga、Fe 等。

7.4.2 起泡剂

7.4.2.1 醇类起泡剂

低级醇如甲醇、乙醇、丙醇不具有起泡性质。$C_4 \sim C_{10}$ 脂肪醇部分溶于水，能明显降低水的表面张力，使气泡稳定，可以作起泡剂。十二碳以上醇在常温下是固体，在水中不易分散，不适合单独作起泡剂。目前常用的醇类起泡剂有很多种，如 $C_5 \sim C_6$、$C_6 \sim C_7$、$C_6 \sim C_8$ 脂肪族混合醇，如甲基异丁基甲醇、二甲基苄醇等。高级醇分子中有极性的羟基和疏水的烃基，在水表面能生成定向排列，故有起泡性，$C_6 \sim C_8$ 的醇是良好的起泡剂。

高级醇（含碳原子数 10~14）的酸性硫酸酯钠盐，如 $CH_3(CH_2)_{11}OSO_2ONa$，具有去污的性能，可以作为洗涤剂。其钙镁盐溶于水，可以在硬水中去污，起泡能力很强，是起泡剂，兼作捕收剂。

中南矿冶学院研究的起泡剂仲辛醇，不溶于水，可与轻柴油配合使用。在有色金属硫化矿浮选中作起泡剂的效果好于松醇油。甲基异丁基甲醇为无色液体，沸点为131.5℃，是一种优良起泡剂。

7.4.2.2 醚类起泡剂

醚分子中醚基氧原子与烃基的碳原子相连，氧原子上两对孤电子对与 H_2O 极性分子相吸引，所以醚基是亲水基团。作为选矿起泡剂是从 20 世纪 50 年代开始的，已经报道过的醚类起泡剂有三乙氧基烷（三乙氧基丁烷，四号油）、四烷氧基烷、聚乙二醇烷基醚、乙二烯醇烷基醚、丙二烯醇烷基醚、甘苄油（多缩乙二醇二苄基醚）。

7.4.2.3 醚醇类起泡剂

醚醇类化合物用作起泡剂是选矿药剂的发展之一，这类起泡剂的特点是分子中既有醚基又有醇基。醚基氧原子和醇基氧原子的孤对电子都可以和水分子结合而亲水，烃基疏水，而使气泡稳定，属于多功能起泡剂。例如，三丙二醇甲醚、三丙二醇丁醚可以用作铜矿浮选。

7.4.2.4 酚类起泡剂

低级酚用作浮选的起泡剂，称作甲酚酸，包括苯酚、甲酚、二甲酚。高级酚是苯酚的高级烷烃衍生物或者芳烃衍生物，分子量较大，在水中溶解度小。苯酚及其衍生物的分子结构中，羟基是亲水基团，苯环或者烷基疏水，有降低水的表面张力的能力，所以可以作起泡剂。由于苯环不溶于水，所以高级酚起泡能力不强。如果将高级酚用浓硫酸进行磺化，亲水基磺酸根连接在苯环上，增加高级酚在水中的溶解度，同时磺酸根对氧化矿具有捕收作用。因此，高级酚称为捕收剂兼作起泡剂。低级酚和高级酚都可以作为浮选铜、铅、锌硫化矿的起泡剂。

7.4.3 螯合剂

α-亚硝基-β-萘酚是一种具有双活性基团的螯合剂，最初在分析化学中作为钴试剂。由于在弱酸性介质中，它可以和 Fe^{3+}、Cu^{2+}、Zr^{4+} 等离子高选择性地生成不溶于水的螯合物，被用作铁矿物的捕收剂以及浮选辉钴铁矿和黑钨矿。它也可以与赤铁矿作用，以化学吸附及生成 N·O 型五元环表面螯合物的表面反应为主。

7.4.4 捕收剂

烷基丙基醚胺（$RO—CH_2CH_2CH_2NH_2$）在赤铁矿反浮选中可以作为捕收剂。在脂肪胺的烷基上引入一个醚基，能够降低熔点、提高溶解度，在矿浆中容易分散，使浮选效果得到改善。可浮选赤铁矿石、英岩矿石中的石英、氧化锌等。

我国曾用 $C_{10} \sim C_{13}$ 醚胺醋酸盐对司家营铁矿进行反浮选试验，当用量为 $450 \sim 600 g/t$ 时，所得铁精矿品位一般在 65% 以上，回收率达 $79\% \sim 80\%$。

习 题

1.写出下列结构的系统命名。

（1） 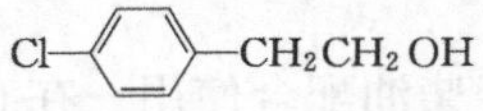 Cl—⟨苯环⟩—CH₂CH₂OH

（2） $C_2H_5OCH_2CH(CH_3)_2$

（3）

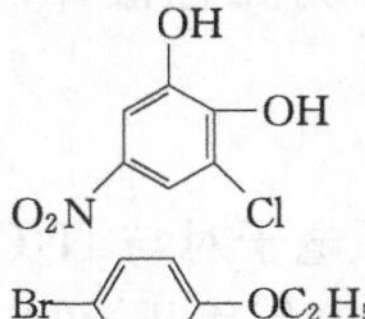

（4） 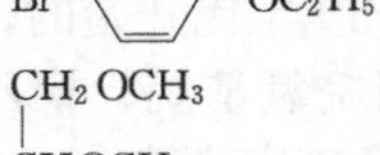 Br—⟨苯环⟩—OC_2H_5

（5）
$$\begin{array}{l} CH_2OCH_3 \\ CHOCH_3 \\ CH_2OCH_3 \end{array}$$

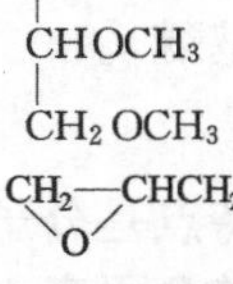

（6） 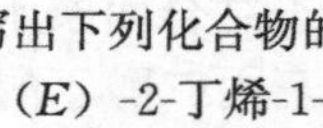 $\underset{O}{CH_2—CHCH_2CH_3}$

2.写出下列化合物的构造式。

（1）（E）-2-丁烯-1-醇　　　　（2）烯丙基正丁醚

（3）对硝基苄甲醚　　　　　　（4）2,3-二甲氧基丁烷

(5) α,β-二苯基乙醇 　　　　　　(6) 新戊醇

(7) 2,3-环氧戊烷

3. 写出下列各题中括弧中的构造式。

(1) （ 　 ）$+1\text{mol } HIO_4 \longrightarrow$ H$-$C$-$CH$_2$CH$_2$CH$_2-$CH$-$CH
$\qquad\qquad\qquad\qquad\qquad$ ‖$\qquad\qquad\qquad\qquad\quad$ | $\quad$ ‖
$\qquad\qquad\qquad\qquad\qquad$ O$\qquad\qquad\qquad\qquad\quad$ CH$_3$ O

(2) （ 　 ）$+2\text{mol } HIO_4 \longrightarrow CH_3CHO+CH_3COCH_3+HCOOH$

4. 选择适当的醛、酮和格氏试剂合成下列化合物。

(1) 1-环己基乙醇 　　　　　　(2) 2,4-二甲基-3-戊醇

5. 用简单的化学方法区别以下各组化合物。

(1) 1,2-丙二醇，正丁醇，甲丙醚，环己烷

(2) 丙醚，溴代正丁烷，烯丙基异丙基醚

6. 试用适当的化学方法结合必要的物理方法将下列混合物中的少量杂质除去。

(1) 乙醚中含有少量乙醇 　　　　　　(2) 乙醇中含有少量水

(3) 环己醇中含有少量苯酚

7. 分子式为 $C_6H_{10}O$ 的化合物 A，能与卢卡斯试剂反应，亦可被 $KMnO_4$ 氧化，并能吸收 1mol Br_2，A 经催化加氢得 B，将 B 氧化得 C（分子式为 $C_6H_{10}O$），将 B 在加热下与浓硫酸作用的产物还原可得到环己烷。试推测 A 可能的结构，写出各步骤的反应式。

8. 化合物 A 分子式为 $C_6H_{14}O$，能与 Na 作用，在酸催化下可脱水生成 B，以冷 $KMnO_4$ 溶液氧化 B 可得到 C，其分子式为 $C_6H_{14}O_2$，C 与 HIO_4 作用只得丙酮。试推 A、B、C 的构造式，并写出有关反应式。

9. 试判断下列反应历程是 E1 或 E2，还是 S_N1 或 S_N2? 并写出各反应的主要产物。

(1) $\quad$ CH$_3$CH$_2$CHCH$_3$ $+C_2H_5ONa \xrightarrow{\ C_2H_5OH\ }$
$\qquad\qquad$ |
$\qquad\qquad$ Br

(2) $CH_3CH_2CH_2CH_2OH+H_2SO_4 \xrightarrow{\ \triangle\ }$

10. 预测苯甲醇与 CrO_3 反应得到的产物。

11. 还原何种羰基化合物可以得到下面的化合物：

12. 预测叔丁基丙基醚与 HI 反应的产物。

13. 将下列化合物按照酸性强弱的顺序排列。

(1) 邻甲氧基苯酚 　　(2) 间甲氧基苯酚 　　(3) 间溴苯酚 　　(4) 对氰苯酚

14. 用简单化学方法鉴别下列化合物。

　对二甲苯　邻甲基苯酚　对甲基苯胺　硝基苯

第8章

醛和酮

醛和酮分子结构中都含有羰基（ —C— ，上方为O ）。羰基碳原子上至少连接一个氢原子的称为醛，因此也将 —C—H （上方为O）称为醛基，醛基总是位于碳链的一端，其中甲醛中的醛基与两个氢原子相连。酮分子中，羰基与两个烃基相连，其羰基又称为酮基，酮基总是位于碳链中间。酮分子中与羰基直接相连的基团（R 和 R'）可以相同也可以不同，相同的叫作单酮，不同的叫作混合酮。饱和一元酮的通式为 $C_nH_{2n}O$。

$$\underset{\text{醛}}{\overset{\displaystyle O}{\underset{R}{\overset{\|}{C}}}H} \qquad \underset{\text{酮}}{\overset{\displaystyle O}{\underset{R\quad R'}{\overset{\|}{C}}}}$$

8.1 一元醛和酮的结构、命名、物理性质

8.1.1 醛和酮的结构与命名

羰基是醛、酮的官能团。在羰基中，碳和氧以双键相连，其成键类型和乙烯的双键有些近似，也是由一个 σ 键和一个 π 键组成。羰基碳原子以三个 sp^2 杂化轨道与一个氧原子和两个其他原子形成三个 σ 键，这三个 σ 键处于一个平面，键角近似 $120°$。碳原子上还有一个 p 轨道，和氧原子的 p 轨道彼此从侧面重叠，形成一个 π 键，与三个 σ 键形成的平面垂直。因此羰基具有三角形平面结构。

以甲醛为例，甲醛分子中∠HCO 和丙酮分子中∠CCO 接近 $120°$，可以认为羰基碳原子为 sp^2 杂化，碳原子和氧原子上的 p 轨道在侧面相互重叠生成 π 键，氧原子上还有两个孤对电子。在 C=O 双键中，氧原子的电负性比碳原子大，π 电子云的分布偏向氧原子，因此羰基是极化的，氧原子上带部分负电荷，碳原子上带部分正电荷，如图 8-1 所示。

图 8-1　羰基的电子结构图

由偶极矩数据可知，甲醛的偶极矩为 7.57×10^{-30} C·m，乙醛的偶极矩为 9.07×10^{-30} C·m，丙酮的偶极矩为 9.50×10^{-30} C·m，C—O 单键的偶极矩为 4.0×10^{-30} C·m。可见羰基中的 π 键也是极化的。如假定 π

键完全极化，则偶极矩应该在 $20.0 \times 10^{-30} C \cdot m$ 左右。因此，π 键仅仅是部分极化。

醛和酮的命名与醇相似，选择包括羰基的最长的碳链为主链，支链为取代基，根据主链的碳原子数目称为某醛（酮），编号时尽量让羰基位置最小，并标出官能团羰基所在的碳原子位置，按照脂肪烃的命名原则来命名。

对于—CHO 连接在环上的复杂的醛，用后缀醛命名。

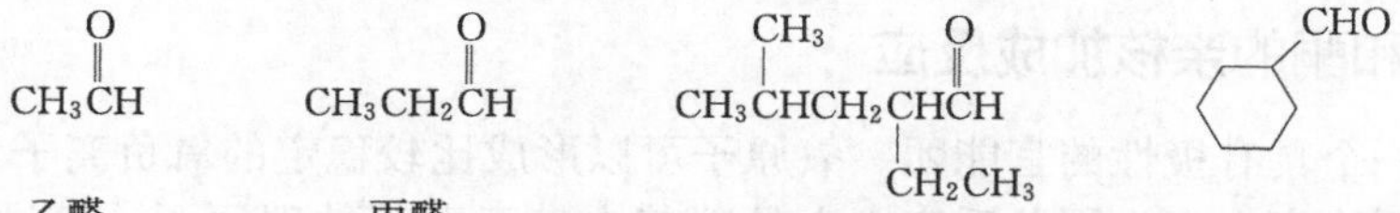

乙醛　　　丙醛　　　4-甲基-2-乙基戊醛　　　环己基甲醛

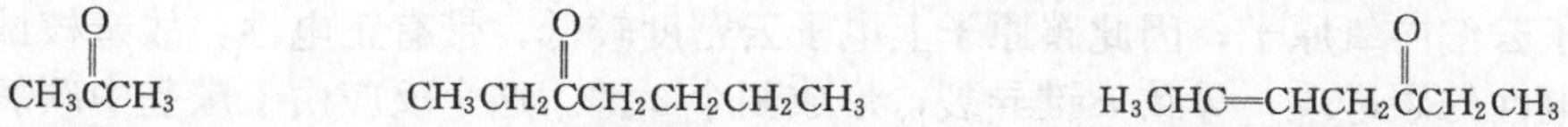

丙酮　　　3-庚酮　　　5-庚烯-3-酮

芳香醛、酮命名时，常把脂肪链作为主链，芳环作为取代基。

苯甲醛　　　苯乙酮

8.1.2　醛和酮的物理性质

室温下，除甲醛是气体外，十二碳原子以下的醛、酮都是液体，高级醛、酮是固体。低级醛带有刺鼻的气味，中级醛则有果香味，常用于香料工业。脂肪族醛、酮的密度小于 1，芳香族醛、酮的密度大于 1。

由于羰基的偶极矩增加了分子间的吸引力，因此醛、酮的沸点比相应的烷烃高，但由于醛、酮分子间不能形成氢键，使得其沸点比醇低。醛、酮可以与水形成氢键，因此低级醛、酮水溶性很好，如甲醛、乙醛、丙酮都能与水混溶，随分子量增加在水中溶解度降低。常见醛和酮的物理性质见表 8-1。

表 8-1　常见醛和酮的物理性质

化合物	熔点/℃	沸点/℃	溶解度/(g/100g H_2O)
甲醛	−92	−21	易溶
乙醛	−121	21	16
丙醛	−81	49	7
丁醛	−99	76	微溶
戊醛	−92	103	微溶
苯甲醛	−26	178	0.3
丙酮	−95	56	∞
丁酮	−86	80	26
2-戊酮	−78	102	6.3
3-戊酮	−40	102	5
环己酮	−45	155	2.4
苯乙酮	21	202	不溶
苯丙酮	21	218	不溶
二苯酮	48	306	不溶

8.2 醛和酮的化学性质

由于醛、酮中的羰基是极化的，使氧原子上带部分负电荷，碳原子上带部分正电荷。因此醛、酮的多数反应是与亲核试剂发生加成。

8.2.1 醛和酮的亲核加成反应

羰基是一个具有极性的官能团。氧原子可以形成比较稳定的氧负离子，它比带正电荷的碳原子要稳定得多，因此反应中心是羰基中带正电荷的碳原子。氧原子电负性大，双键电子云偏向氧原子，因此碳原子上电子云密度较低，带有正电性，故亲核试剂容易向带正电性的碳进攻，导致 π 键异裂，形成两个 σ 键。这个反应由于羰基中碳氧双键容易受亲核试剂的进攻而加成，这就是羰基的亲核加成反应。

羰基的加成反应在酸性和碱性介质中都可以进行，但是其反应机理不同。

在碱性介质中：

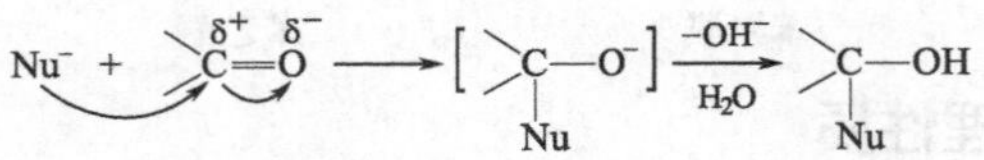

在酸性介质中：

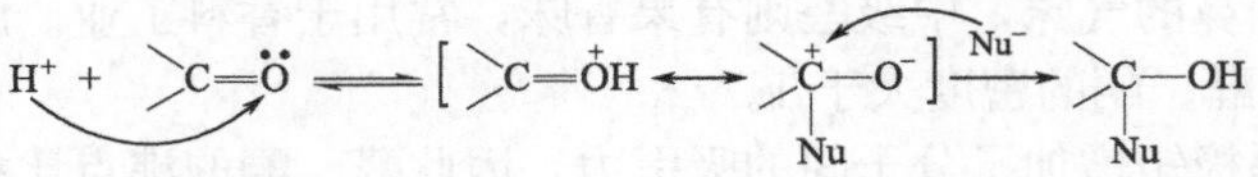

8.2.1.1 与氢氰酸加成

醛以及大多数酮能与氢氰酸发生加成反应，生成 α-羟腈。反应分为两步进行：第一步是氢氰酸的氰基负离子 CN^- 作为亲核试剂进攻羰基碳原子，结合生成碳碳键，π键上的一对电子转移到 O 上，形成 O^- 中间体；第二步是 O^- 负离子中间体质子化，即与 H^+ 结合形成 α-羟腈。其中，第一步是反应中最慢的一步，决定整个反应速率。反应机理示意图如下：

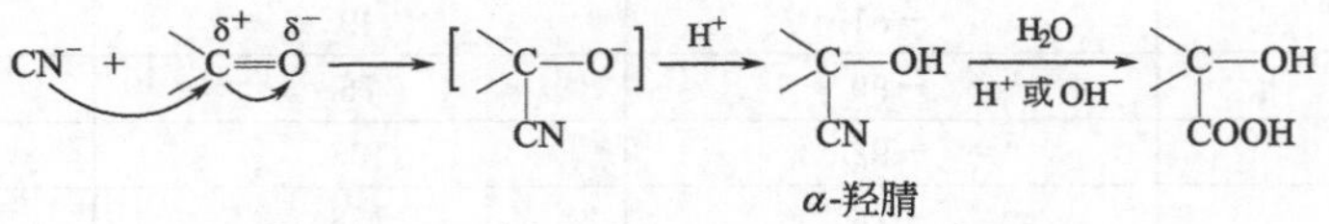

$$\alpha\text{-羟腈}$$

反应在碱性条件下进行是为了加速反应进行，使氢氰酸的解离平衡迅速建立，CN^- 浓度增加，反应速率大大加快。α-羟腈在酸性或碱性介质中，可以进一步水解为 α-羟基酸。

实验室中，为了避免无水氢氰酸的毒性，常将醛、酮与氰化钾的溶液混合，再加入无机酸：

$$(CH_3)_2CO \xrightarrow[10\sim20\text{℃}]{NaCN,\ H_2SO_4} (CH_3)_2\overset{\displaystyle CN}{\underset{\displaystyle}{C}}OH$$

8.2.1.2 与格氏试剂的加成

醛、酮能与格氏试剂发生亲核加成反应，加成产物水解生成醇。前面已经提过，格氏试剂 R—MgX 是高度极化的，因此其烃基（—R）可作为亲核试剂，进攻羰基上碳原子，加成产物为醇。

$$R{-}MgX + \overset{\delta^+}{\underset{}{C}}{=}\overset{\delta^-}{O} \longrightarrow \left[R{-}\overset{|}{\underset{|}{C}}{-}OMgX \right] \xrightarrow{H^+} R{-}\overset{|}{\underset{|}{C}}{-}OH$$

有机合成中，往往根据需要合成化合物的结构特点，选择适当的格氏试剂和羰基化合物来制备伯、仲、叔醇。例如，羰基与两个氢相连，也就是甲醛，与格氏试剂反应得到伯醇；除甲醛外的其他醛与格氏试剂反应得到仲醇；酮与格氏试剂反应得到叔醇。

$$R{-}MgX + \overset{H}{\underset{R'}{C}}{=}O \xrightarrow{无水醚} \left[R{-}\overset{H}{\underset{R'}{C}}{-}OMgX \right] \xrightarrow{H^+} R{-}\overset{H}{\underset{R'}{C}}{-}OH$$

$$R{-}MgX + \overset{R''}{\underset{R'}{C}}{=}O \xrightarrow{无水醚} \left[R{-}\overset{R''}{\underset{R'}{C}}{-}OMgX \right] \xrightarrow{H^+} R{-}\overset{R''}{\underset{R'}{C}}{-}OH$$

$$CH_3MgI + CH_3CH_2\overset{O}{\overset{\|}{C}}CH_2CH_2CH_3 \xrightarrow{无水醚} CH_3CH_2\underset{CH_3}{\overset{OH}{\underset{|}{C}}}CH_2CH_2CH_3$$

$$CH_3CH_2MgBr + CH_3\overset{O}{\overset{\|}{C}}CH_2CH_2CH_3 \xrightarrow{无水醚} CH_3CH_2\underset{CH_3}{\overset{OH}{\underset{|}{C}}}CH_2CH_2CH_3$$

但如果羰基两边的两个基团太大，则因为空间位阻效应，这类酮不能发生正常的亲核加成反应。

$$CH_3CH_2CH_2MgBr + (CH_3)_2CHC\overset{O}{\overset{\|}{}}CH(CH_3)_2 \xrightarrow{大约30\%} (CH_3)_2CHC\underset{CH_2CH_2CH_3}{\overset{OH}{\underset{|}{C}}}CH(CH_3)_2$$

8.2.1.3 与氨衍生物加成

醛、酮可以和氨的衍生物（如羟胺、肼等）发生加成反应。氨及其衍生物是含氮的亲核试剂，可以与羰基发生加成反应，但不易得到稳定的加成产物，加成产物分子内再失去一分子水形成碳氮双键。氨衍生物的亲核性没有碳负离子（如—CN、R—）强，所以反应需在醋酸的催化下进行。酸的作用是增加羰基的亲电性，由于羰基先和整个酸分子以氢键的方式结合，促进了它和游离的氨基衍生物进行亲核加成。

羰基与一级胺反应，加成产物的氮上还有氢，失去一分子水变成亚胺（西弗碱），反应式为：

$$\ce{>C=O + H_2\overset{\bullet\bullet}{N}-Y ->[H^+] [>\underset{OH}{\overset{+}{\overset{|}{C}}-\overset{+}{N}H_2-Y}] <=> >\underset{\overset{+}{O}H_2}{\overset{|}{C}}-NH-Y ->[-H_2O] >C=N-Y}$$

亚胺(西氟碱)

式中，H_2N-Y 为氨的衍生物；Y 为 H 或 R。

亚胺也不稳定，在稀酸中水解又得到原来的羰基化合物及胺，因此此反应也可以用来保护羰基。

氨的某些衍生物，如伯胺（H_2N-R）、羟胺（H_2N-OH）、肼（H_2N-NH_2）、苯肼（$H_2N-NHC_6H_5$）、2,4-二硝基苯肼（ $\ce{H_2N-NH-}$〔苯环 O_2N、NO_2〕 ）等都能和羰基发生加成反应。通常反应并不停止在加成这一步，而是继续由分子内失去水形成碳氮双键（ $\ce{>C=N-}$ ）。氨的衍生物的加成产物分别为醛或酮的腙（ $\ce{>C=N-NH_2}$ ）、肟（ $\ce{>C=N-OH}$ ）、苯腙（ $\ce{>C=N-\overset{H}{N}-}$〔苯环〕 ）、2,4-二硝基苯腙（ $\ce{>C=N-NH-}$〔苯环 O_2N、NO_2〕 ）等。

醛、酮的特征反应：苯腙可以用于醛、酮的鉴定，其中最常用 2,4-二硝基苯肼与醛、酮的反应作为醛、酮的特征反应。反应物 2,4-二硝基苯肼是橙色，产物 2,4-二硝基苯腙是红色沉淀，颜色现象明显，可用于醛、酮的鉴别。而且其产物在稀酸作用下又分解为原来的羰基化合物，此反应可用于分离和提纯羰基化合物。

$$\ce{>C=O + H_2N-NH-}\text{〔苯环 } O_2N, NO_2\text{〕} \ce{->} \ce{>C=N-NH-}\text{〔苯环 } O_2N, NO_2\text{〕}$$

2,4-二硝基苯肼(橙色)　　　　　　　　　　2,4-二硝基苯腙(红色沉淀)

8.2.1.4　与醇加成

醇也具有亲核性，在干燥强酸催化剂作用下，容易和醛发生亲核加成反应生成半缩醛。半缩醛不稳定，很难分离出来。它可以与另一分子醇进一步缩合生成缩醛，所以在过量的醇中得到的是缩醛。

$$\ce{\underset{H}{\overset{R}{C}}=O + R'OH <=>[无水HCl] \underset{OR'}{\overset{R}{\overset{|}{C}}\overset{OH}{|}H} <=>[无水HCl][R'OH] \underset{OR'}{\overset{R}{\overset{|}{C}}\overset{OR'}{|}H} + H_2O}$$

半缩醛　　　　　　缩醛

以上反应都是可逆反应。半缩醛在酸性或碱性溶液中都是不稳定的，而缩醛在酸性水溶液中不稳定，但对碱、氧化剂是稳定的，所以缩醛须在无水的酸性条件下形成。

反应过程如下：首先是羰基的质子化，即羰基和催化剂氢离子形成锌盐（ⅰ），增加羰基碳原子的亲电性，使它更容易受亲核试剂进攻。第二步，亲核性较弱的醇分子与质子化的羰基发生加成，然后失去一个质子生成不稳定的半缩醛（ⅱ）。整个反应中，亲核试剂进攻是反应的关键步骤。

$$\begin{array}{c} H \\ R \end{array} C=O + H^+ \rightleftharpoons \left[\begin{array}{c} H \\ R \end{array} C \overset{+}{-} OH \right] \xrightarrow{R'OH} \left[\begin{array}{c} H \\ R \end{array} \overset{OH}{\underset{\overset{+}{O}-R'}{\overset{|}{C}}} \right] \xrightarrow{-H^+} \begin{array}{c} H \\ R \end{array} \overset{OH}{\underset{O-R'}{\overset{|}{C}}}$$

(i)   (ii)

锌盐   半缩醛

半缩醛在酸性催化剂作用下,再与氢离子结合形成锌盐,然后再失水变成（ⅲ）。（ⅲ）再和另一分子醇作用,失去一个质子,最后得到稳定的缩醛（ⅳ）。

$$\begin{array}{c} H \\ R \end{array} \overset{OH}{\underset{O-R'}{\overset{|}{C}}} + H^+ \rightleftharpoons \left[\begin{array}{c} H \\ R \end{array} \overset{\overset{+}{O}H_2}{\underset{O-R'}{\overset{|}{C}}} \right] \xrightarrow{-H_2O} \left[\begin{array}{c} H \\ R \end{array} C \overset{+}{=} OR' \right] \text{(ⅲ)}$$

$$\xrightarrow{R'OH} \left[\begin{array}{c} H \\ R \end{array} \overset{OR'}{\underset{\overset{+}{O}-R'}{\overset{|}{C}}} \right] \xrightarrow{-H^+} \begin{array}{c} H \\ R \end{array} \overset{OR'}{\underset{OR'}{\overset{|}{C}}} \text{(ⅳ)}$$

半缩醛   缩醛

因此,缩醛的生成是先加成后取代,反应中脱水是最慢的一步。

$$CH_3CHO + 2C_2H_5OH \underset{25℃}{\overset{CaCl_2（无水）}{\rightleftharpoons}} CH_3CH(OC_2H_5)_2 + H_2O$$

在一定条件下,缩醛很稳定,不与格氏试剂、金属氢化物、碱反应;但是在酸性条件下,缩醛又可以水解为原来的羰基化合物,故有机合成中常用此法来保护羰基。例如,要想实现如下反应,$CH_2BrCH_2CHO \longrightarrow H_2C=CHCHO$,不能直接采用碱性脱溴化氢的方法,因为烯醛在碱性条件下发生聚合反应。所以,一般可以通过先生成缩醛,再碱性脱溴化氢,最后水解的方法得到。

$$CH_2BrCH_2CHO \xrightarrow{C_2H_5OH,\ H^+} CH_2BrCH_2CH(OC_2H_5)_2 \xrightarrow{OH^-}$$

$$H_2C=CHCH(OC_2H_5)_2 \xrightarrow{H^+,\ H_2O} H_2C=CHCHO$$

简单的酮与醛相似,可以发生半缩酮反应,但是不容易继续发生缩酮反应,酮与醇在发生缩酮反应时,反应平衡偏向于反应物方向。但是在特殊装置中进行,且不断把反应物产生的水除去,使平衡向右方移动,也可以制备缩酮。

8.2.2 醛和酮烃基上的反应

由于羰基的影响,醛、酮分子中的 α-H 变得活泼,具有酸性。下面讨论带有 α-H 的醛、酮具有的特殊性质。

8.2.2.1 卤仿反应

在碱性条件下,乙醛、甲基酮类化合物与卤素反应生成卤仿的反应称为卤仿反应。反应中,甲基上的三个氢原子都被卤素取代,生成的 α-三卤代物在溶液中强碱的作用下,C—C 键断裂,生成卤仿和醋酸盐。

$$H_3C\overset{\overset{O}{\|}}{C}CH_3 + X_2 \xrightarrow{NaOH} X_3C\overset{\overset{O}{\|}}{C}CH_3 \xrightarrow{OH^-} CHX_3 + CH_3COONa$$

卤素中，用 Cl_2 得到 $CHCl_3$（氯仿）；用 Br_2 得到 $CHBr_3$（溴仿）；用 I_2 得到 CHI_3（碘仿），该反应称为碘仿反应。

碘仿反应可用于结构测定。由于碘仿是不溶于水的黄色固体，有特殊气味，该反应现象明显，因此通常用碘仿反应来鉴别与羰基相连的是否为甲基。

需要注意的是，由于碘在氢氧化钠溶液中可以生成次碘酸钠（NaOI，一种氧化剂），具有氧化性，可将 α-甲基醇 $\left(\underset{CH_3\underset{|}{C}HR}{\overset{OH}{}}\right)$ 氧化成羰基化合物，继而发生碘仿反应。所以，具有 $CH_3\underset{|}{\overset{OH}{C}}HR$ 结构的醇也可以发生碘仿反应。

$$H_3C-\overset{O}{\overset{||}{C}}-OH +I_2 \xrightarrow{NaOH} CHI_3\downarrow +HCOOH+KI+H_2O$$

在这个反应中，碘有两种作用：先使乙醇脱氢形成乙醛；随后进行取代反应，使乙醛成为三碘乙醛。该化合物在氢氧化钾的作用下，生成碘仿和甲酸盐，甲酸盐与碘化氢反应转变为甲酸。

另外，从碘仿反应可以看出，该反应除得到碘仿外，还生成了比原来甲基酮少一个碳原子的羧酸。因此可以通过碘仿反应从甲基酮合成比原来醛、酮少一个碳原子的羧酸。

8.2.2.2 羟醛缩合作用

在碱的催化下，两个醛分子可以相互作用生成 β-羟基醛，即一个醛分子中的 α-氢加到另一个醛分子的羰基氧原子上，其余部分加到羰基碳原子上，生成 β-羟基醛，这种反应称为羟醛缩合，反应可逆。

反应分为两步进行，以乙醛为例。第一步，碱夺取一分子乙醛中 α-碳原子上的一个质子，形成烯醇负离子。第二步，烯醇负离子作为亲核试剂与另一分子乙醛发生亲核加成反应，生成烷氧负离子。由于烷氧负离子的碱性比 OH^- 强，可以从水中夺取一个质子，而生成羟基醛。得到的 β-羟基醛再失去一分子水，生成 α,β-不饱和醛，形成共轭体系，结构更加稳定。

$$CH_3\overset{O}{\overset{||}{C}}H +H-CH_2CHO \rightleftharpoons \overset{OH}{\underset{|}{CH_2CH}}-CH_2CHO$$
$$\beta\text{-羟基醛}$$

$$\overset{OH}{\underset{|}{CH_3CH}}-CH_2CHO \xrightarrow[OH^-\text{或}H^+]{\triangle} CH_3\overset{\beta}{C}H=\overset{\alpha}{C}HCHO$$
$$\beta\text{-羟基醛} \qquad\qquad 2\text{-丁烯醛}$$

羟醛缩合反应在分子中形成了新的碳碳键，也是有机合成反应中增长碳链的方法之一。

有 α-氢的酮也可以发生类似的缩合反应，但通常较困难。如丙酮在碱性催化下可以缩合生成双丙酮醇，但平衡向左，20℃下平衡混合物中只有5%的缩合产物。

$$(CH_3)_2C=O + CH_3COCH_3 \xrightarrow[Ba(OH)_2]{} (CH_3)_2\overset{OH}{\underset{|}{C}}CH_2COCH_3$$

8.2.3 醛和酮的氧化与还原反应

8.2.3.1 氧化反应

以上反应中,醛与酮的许多化学性质基本相同。但在氧化反应中它们却有较大的差别,这与醛酮在结构上的差异有关。醛不同于酮,它有一个氢原子直接连在羰基上,表现为醛对氧化剂特别敏感。因此,醛极易被氧化,即使是 Tollens 试剂(托伦试剂,硝酸银的氨溶液)、Fehling's 试剂(斐林试剂,以酒石酸盐作为络合剂的碱性氢氧化铜溶液)、氧化银等这些温和的氧化剂也能使它氧化成同碳数目的羧酸。

Tollens 试剂是银氨络离子,它与醛的反应可表示如下:

$$RCHO + Ag(NH_3)_2OH \xrightarrow{OH^-} \underset{银镜}{RCOO^- + Ag\downarrow} + NH_3 + H_2O$$

无色溶液

Fehling's 试剂与醛酮反应如下:

$$RCHO + Cu^{2+} + NaOH \xrightarrow{OH^-} \underset{红色}{RCOONa + Cu_2O\downarrow} + H^+$$

深蓝色溶液

葡萄糖是一类特殊的醛,患有糖尿病的人尿中含有大量的这种糖,在医院检查时,就是利用铜氨络离子方法检测的。

相同条件下,酮不发生上述反应,因此可以用此反应区别醛和酮。

氧化银是一种温和的氧化剂,可以使醛氧化成羧酸,而其他官能团不变,如:

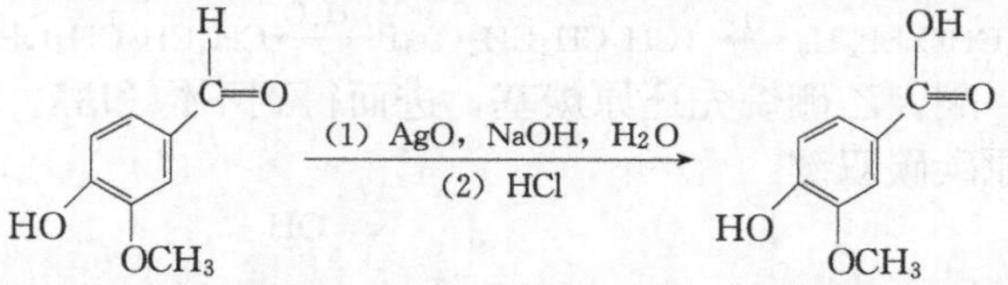

一般情况下,酮不易被氧化。若使用强氧化剂,如重铬酸钾和浓硫酸,则酮也可以被氧化,但是,往往伴随碳链断裂,生成多个碳原子数目比原来少的羧酸,产物复杂。

$$RCH_2COCH_2R' \xrightarrow{HNO_3} RCOOH + RCH_2COOH + R'CH_2COOH + R'COOH$$

8.2.3.2 还原反应

醛、酮都可以被还原,在不同条件下用不同试剂可以得到不同产物。

(1)催化氢化

醛或酮在金属催化剂(Ni、Cu、Pt、Pb 等)存在下,与氢气作用可以在羰基上加一分子氢,生成相应的伯醇或仲醇。

$$\underset{R(H)CR'}{\overset{O}{\|}} + H_2 \xrightarrow{Ni} \underset{R(H)CHR'}{\overset{OH}{|}}$$

对于不饱和醛、酮催化加氢分为两种情况。当碳碳双键与羰基不共轭时,基团的还原活性顺序为:$RCHO > \underset{\diagup}{\overset{\diagdown}{C}}=\underset{\diagdown}{\overset{\diagup}{C}} > R_2C=O$。当两者形成共轭体系时,通常是先还原碳碳双键,再还原羰基。例如:

$$CH_3CH=CHCHO \xrightarrow[H_2]{Ni} CH_3CH_2CH_2CH_2OH$$

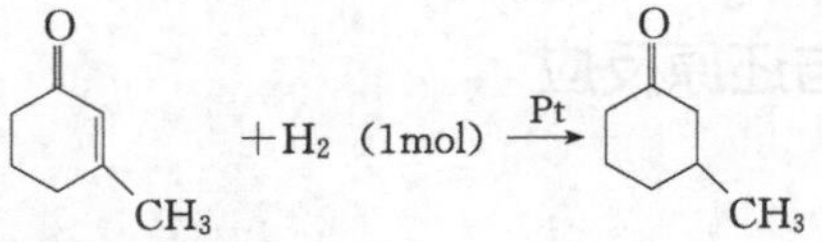

（2）用金属氢化物还原加氢

醛、酮还可以被许多还原剂还原，如金属氢化物也可以将醛、酮还原为相应的醇。实验室中常用的还原剂是硼氢化钠（$NaBH_4$）、氢化铝锂（$LiAlH_4$）等。由于氢化铝锂（$LiAlH_4$）在水中会分解，反应一般在醚中进行。氢化铝锂产生氢负离子，与羰基碳原子结合形成醇盐，经过水解得到醇。

$$C_6H_{13}CHO \xrightarrow{LiAlH_4\text{，乙醚}} C_6H_{13}CH_2OH$$

硼氢化钠还原机理与氢化铝锂相同，但它的反应活性比氢化铝锂差，通常只能还原酰卤、醛和酮，不能还原酯基及其他易还原的化合物，而且很多反应需要在质子溶液或者醇溶液中进行。用硼氢化钠（$NaBH_4$）可使醛、酮还原为醇，而不影响共存的碳碳双键。

$$CH_3CH{=}CHCHO \xrightarrow{NaBH_4} CH_3CH{=}CHCH_2OH$$

（3）乙硼烷（B_2H_6）还原

乙硼烷（B_2H_6）还原机理与乙硼烷与碳碳双键加成的机理相似，硼原子加到羰基氧上，负离子加到羰基碳上，生成硼酸酯，硼酸酯经水解得到醇。

$$CH_3CH_2CHO+B_2H_6 \longrightarrow (CH_3CH_2CH_2O)_3B \xrightarrow{H_2O} CH_3CH_2CH_2OH+H_2BO_3$$

对于不饱和醛、酮，乙硼烷先还原羰基，进而得到不饱和醇。不饱和醇与乙硼烷反应进一步进行，还原碳碳双键：

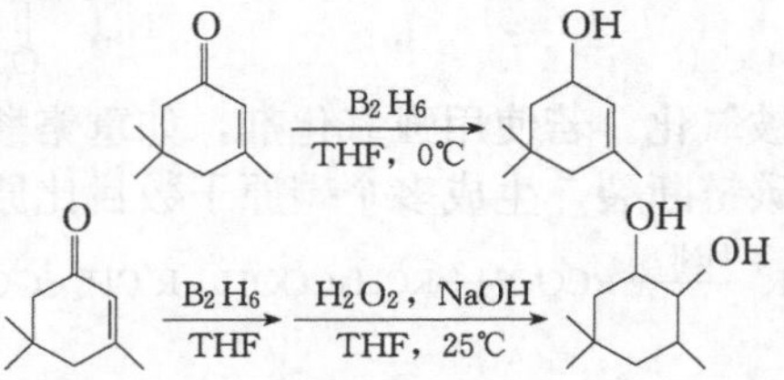

8.3 一元醛和酮的制备方法

8.3.1 醇的脱氢和氧化

伯醇和仲醇可以通过氧化和脱氢反应生成醛和酮，叔醇在相同条件下不能被氧化。实验室中常用的氧化剂是重铬酸钾加硫酸。

$$\underset{\text{2-辛醇}}{CH_3(CH_2)_5\overset{OH}{\overset{|}{C}}HCH_3} \xrightarrow[H_2O\text{，}100℃]{K_2Cr_2O_7+H_2SO_4} \underset{\text{2-辛酮}}{CH_3(CH_2)_5\overset{O}{\overset{\|}{C}}CH_3}$$

制备醛时，采用三氧化铬和吡啶的络合物为氧化剂，醛的产率较高。

$$\underset{\text{正辛醇}}{CH_3(CH_2)_6CH_2OH} \xrightarrow[CH_2Cl_2\text{，}25℃\text{，}1h]{CrO_3(C_5H_5N)_2} \underset{\text{正辛醛}}{CH_3(CH_2)_6CHO}$$

醇在适当催化剂存在下可以脱去一分子氢。将伯醇或仲醇蒸气加热到 250～300℃，通过催化剂（铜、银、镍等），使伯醇脱氢生成醛、仲醇脱氢生成酮，例如：

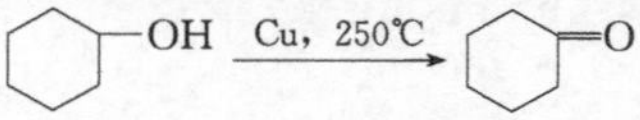

$$CH_3CH(OH)CH_2CH_3 \xrightarrow{Cu，Zn，400\sim500℃} CH_3COCH_2CH_3$$

由于芳醇和相应的芳醛、芳酮的挥发性都较小，因此一般氧化和脱氢方法不适用于制备芳香醛、酮。

8.3.2 Fiedel-Crafts 酰化反应

芳烃在无水氯化铝催化剂存在下，与酰卤或酸酐反应，芳环上氢原子可以被酰基取代生成芳酮，这个反应称为 Fiedel-Crafts 酰化反应。Fiedel-Crafts 酰化反应是制备芳酮的较好方法。

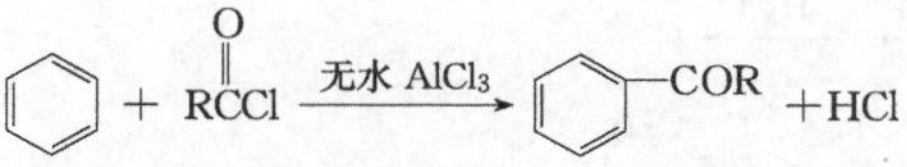

反应生成的芳酮不能继续酰化，反应停留在一酰化阶段，也不发生重排。

8.3.3 用烯烃和炔烃制备

烯烃直接或者间接加水得到醇，醇再氧化制备醛和酮。例如，将丙烯通入浓硫酸内，然后水解，首先得到异丙醇，再氧化得到丙酮。

炔烃直接或间接加水得到烯醇，烯醇异构化即可得到醛或者酮。例如：

$$CH_3C\equiv CH \xrightarrow[Hg^{2+}，H^+]{H_2O} CH_3C(OH)=CH_2 \longrightarrow CH_3C(=O)-CH_3$$

8.4 醛和酮化合物在矿冶领域中的应用

2-丁烯醛（俗称巴豆醛）：巴豆醛是一种 α,β-不饱和醛，其中碳碳双键与碳氧双键直接相连形成共轭体系，因此能发生 1,4-加成反应。最终产物是 1,1,3-三烷氧基丁烷，它具有良好的起泡性能，是一种有效的起泡剂，在矿业领域称为 4 号浮选油。

环已酮：环已酮是由环已醇氧化或者脱氢制得。环已酮的生产过程中产生的废液中，含有相当数量的环已醇和环已酮，可以作为起泡剂。

习 题

1. 用系统命名法命名下列各化合物。

(1) $(CH_3)_2CHCHO$

(2)

(3) $(CH_3)_2CHCOCH_2CH_3$

(4) 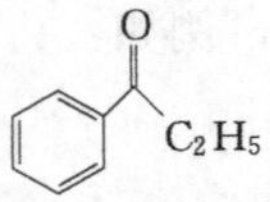

2. 写出下列有机物的构造式。

(1) 2-甲基丁醛　　(2) 环己基甲醛

(3) 4-戊烯-2-酮　　(4) 5-氯-3-甲基戊醛

(5) 3-乙基苯甲醛　　(6) 1-苯基-2-丁烯基-1-酮

3. 以沸点增高为序排列下列各化合物，并说明理由。

(1) ① $CH_2=CHCH_2CHO$　② $CH_2=CHOCH=CH_2$　③ $CH_2=CHCH_2CH_2OH$

(2) ① 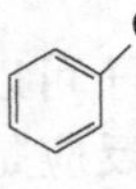　② 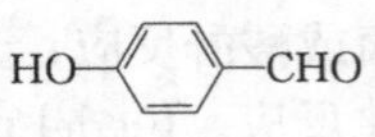　③ 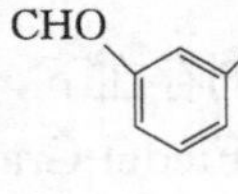　④ 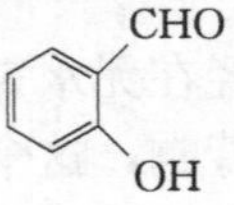

4. 完成下列反应方程式。

(1) 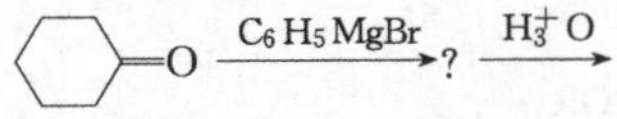

(2) 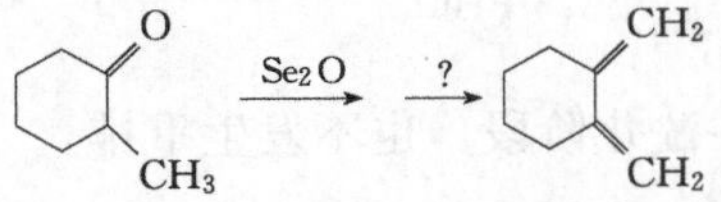

(3) 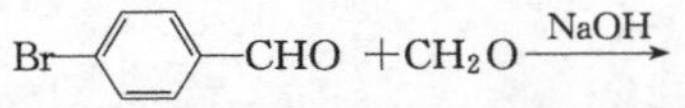

5. 试设计一个最简单的化学方法，帮助某化工厂分析其排出的废水中是否含有醛类，是否还有甲醛？并说明理由。

6. 由指定原料及必要的有机、无机试剂合成。

(1) 从乙醛合成 1,3-丁二烯；

(2) 从丙醛合成 $CH_3CH_2CH_2CH(CH_3)_2$。

7. 以苯、甲苯、四个碳或四个碳以下的简单原料合成下列化合物。

(1) $CH_3CH_2C(CH_3)=CH_2$　　(2) 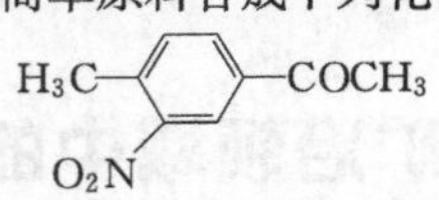

(3) $CH_3CH_2CH_2CH_2CH(CH_2OH)CH_2CH_2CH_3$

(4) $(CH_3)_2C(OH)CH_2CH_2C(OH)(CH_3)_2$

(5) 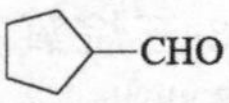　　(6) $CH_3COCH_2CH_2CH_2OH$

8. 用简单的化学方法区别下列各组化合物。

(1) 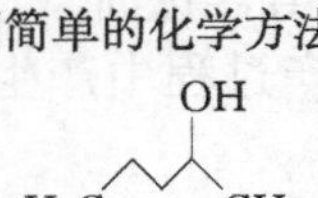，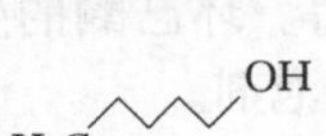，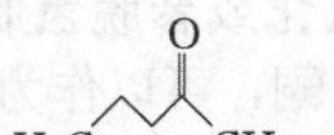，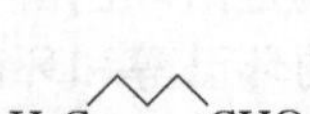

(2) 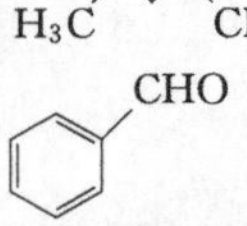，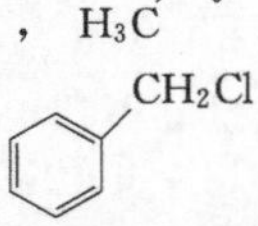，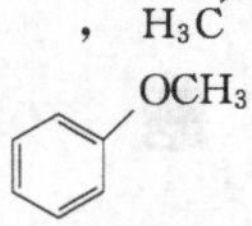，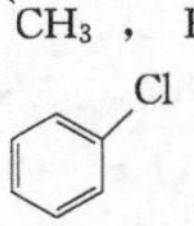

9. 怎样利用格氏试剂对酮的加成方法合成 2-苯基-2-丙醇？

10. 请用简单的方法鉴别下列化合物。

(1) CH_3CH_2CHO　(2) $CH_3\underset{\underset{O}{\|}}{C}CH_3$　(3) $CH_3\underset{\underset{OH}{|}}{C}HCH_3$　(4) $CH_3CH_2CH_2Cl$

11. 选择简单的方式将 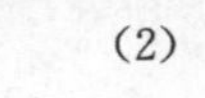 转化为：

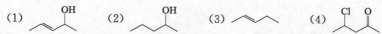

(1)   (2)   (3)   (4)

12.有机化合物 A、B 的分子式均为 $C_8H_{14}O$，A 能发生碘仿反应，B 不能。B 能发生银镜反应，A 不能。A、B 分别用高锰酸钾氧化后均得到 2-丁酮和化合物 C，C 既能发生碘仿反应又能发生银镜反应，请推测 A、B、C 的构造式，并说明推断依据。

第9章

羧酸及其衍生物

分子中具有羧基（—COOH）的有机化合物称为羧酸，羧基是羧酸的官能团。

9.1 羧酸

9.1.1 羧酸的分类与命名

羧酸的种类繁多，其分类方法也很多。按照与羧基相连的烃基结构不同，可以分为脂肪酸和芳香酸，脂肪酸还可以分为饱和脂肪酸和不饱和脂肪酸。

$$CH_3COOH \qquad H_2C\!=\!CHCOOH \qquad \text{〇}\!-\!COOH$$
饱和脂肪酸 　　　　不饱和脂肪酸 　　　　　　　　芳香酸

根据分子中所含羧基的数目，分为一元酸、二元酸或多元酸。

许多羧酸根据它们的来源命名。例如，甲酸是由蒸馏蚂蚁而得到的，也叫作蚁酸。乙酸来源于食醋，也称为醋酸。其他酸如草酸、琥珀酸、苹果酸、柠檬酸等都是由其来源得名的。

$$HCOOH \qquad CH_3COOH \qquad CH_3(CH_2)_{14}COOH \qquad CH_3(CH_2)_{16}COOH$$
蚁酸 　　　　 醋酸 　　　　　　 软脂酸 　　　　　　　　 硬脂酸

采用系统命名法时，脂肪酸的命名方法为选择分子中含有羧基的最长碳链作为主链，根据主链上碳原子数目称为某酸。表示支链和重键的方法与烃基相同，编号从羧基开始。芳香族羧酸，可以作为脂肪酸的芳基取代物来命名。

$$CH_3CH_2COOH \qquad H_2C\!=\!CHCOOH \qquad CH_3CHCH_2CHCOOH \qquad \text{〇}$$
丙酸 　　　　　　 丙烯酸 　　　　　　　 | 　　　 | 　　　　　　　　|
　　　　　　　　　　　　　　　　　　　　　　CH_3　　CH_3
　　　　　　　　　　　　　　　　　　　　 2,4-二甲基戊酸 　　　　　　 COOH
　　　　　　　　　　　　　　　　　　　　　　　　　　　　　　　　　　苯甲酸

$$CH_3CH_2CH_2COOH \qquad HOOC\!-\!COOH \qquad CH_3(CH_2)_7CH\!=\!CH(CH_2)_7COOH$$
丁酸 　　　　　　　 乙二酸 　　　　　 9-十八碳烯酸（油酸）

9.1.2 羧酸及羧酸盐的结构

羧酸分子中，羧基中的碳呈 sp^2 杂化，三个杂化轨道处于同一平面，键角约为120°。三个杂化轨道分别与羰基氧、羟基氧、氢或烃基碳形成三个 σ 键，羧基碳上还剩一个 p 轨道，与羰基氧上的 p 轨道通过侧面重叠形成 π 键，羧基的结构见图 9-1。

图 9-1　羧基的结构（R＝H 或烃基）

图 9-2　羧基负离子的结构

但是，羧基中的—OH 氧上有一对未共用电子，可以与 π 键形成 p-π 共轭体系，从而使 C＝O 基团失去了羰基的性质。X 射线衍射实验数据表明，甲酸的 C＝O 键键长为 0.124nm，比普通的 C＝O 键（0.122nm）略长一点；C—OH 键键长为 0.131nm，比醇中的碳氧键（0.143nm）短得多，由此说明羧酸中的羟基和羰基之间是相互影响的。

当羧酸解离形成羧基负离子后，X 射线衍射及电子衍射实验证明，两个碳氧键的键长相等，均为 0.127nm，没有常规的双键与单键的差别。说明氢原子以质子形式脱离羧基后，p-π 共轭作用更完全，键长发生平均化，使羧基负离子更为稳定，结构见图 9-2。由于氧带负电荷，更容易提供电子与原来羰基的 π 电子发生共轭作用，因此在羧基负离子中，两个氧原子和一个碳原子各提供一个 p 轨道，形成一个具有四电子三中心的离域 π 分子轨道。在这样的离域体系中，—COO⁻ 基团上的负电荷不再集中于一个氧原子上，而是平均分配在两个氧原子上。

9.1.3　羧酸的物理性质

低级脂肪酸是液体，可溶于水，具有刺鼻的气味；中级脂肪酸也是液体，部分溶于水，具有难闻的气味；高级脂肪酸是蜡状固体，无味，不溶于水。芳香酸是结晶固体，在水中溶解度不大。

羧酸的沸点比分子量相当的烷烃、卤代烃的沸点高，甚至比相近分子量的醇的沸点还高，这是因为羧基氧的电负性较强，使电子偏向氧，可以接近质子形成二缔合体，二缔合体有较高的稳定性。

$$R-C\overset{O--H-O}{\underset{O-H--O}{}}C-R$$

所有二元酸都是结晶化合物，低级的溶于水，随着分子量增加在水中的溶解度减小。在脂肪二元酸系列中有这样一个规律，单数碳原子的二元酸比少一个碳的双数碳原子的二元酸溶解度大、熔点低。

一些常见羧酸的物理常数见表 9-1。

表 9-1　一些常见羧酸的物理常数

化合物	分子式	普通命名法	熔点/℃	沸点/℃	溶解度/(g/100g H₂O)	pK_{a1}	pK_{a2}
甲酸	HCOOH	蚁酸	8.4	101	∞	3.77	
乙酸	CH₃COOH	醋酸	7	118	∞	4.74	
丙酸	CH₃CH₂COOH	初油酸	−22	141	∞	4.88	
丁酸	CH₃(CH₂)₂COOH	酪酸	−5	163	∞	4.82	

续表

化合物	分子式	普通命名法	熔点/℃	沸点/℃	溶解度/(g/100g H₂O)	pK_{a1}	pK_{a2}
戊酸	$CH_3(CH_2)_3COOH$	缬草酸	−35	187	3.7	4.85	
十六酸	$CH_3(CH_2)_{14}COOH$	软脂酸	62.9	269	不溶		
十八酸	$CH_3(CH_2)_{16}COOH$	硬脂酸	69.9	287	不溶		
苯甲酸	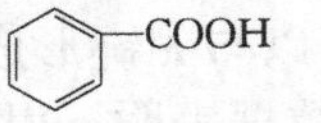	苯甲酸	122	249	0.34	4.20	
2-甲苯甲酸	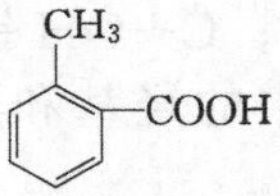	邻甲苯甲酸	106	259	0.12	3.91	
3-甲苯甲酸	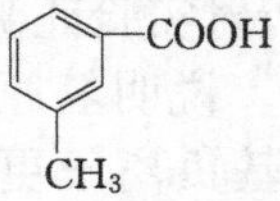	间甲苯甲酸	112	263	0.10	4.27	
4-甲苯甲酸	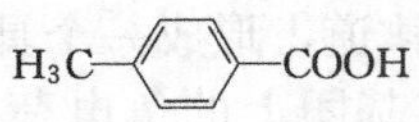 $H_3C-\!\!\!\bigcirc\!\!\!-COOH$	对甲苯甲酸	180	275	0.30	4.38	
乙二酸	HOOCCOOH	草酸	189		8.6	1.27	4.27
丙二酸	$HOOCCH_2COOH$	缩苹果酸	136		73.5	2.85	5.70
丁二酸	$HOOC(CH_2)_2COOH$	琥珀酸	185		5.8	4.21	5.64
戊二酸	$HOOC(CH_2)_3COOH$	胶酸	98		63.9	4.34	5.41
己二酸	$HOOC(CH_2)_4COOH$	肥酸	151		1.5	4.43	5.40
顺丁烯二酸	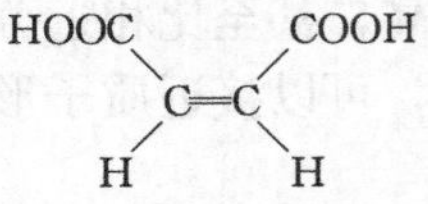	马来酸	131		79	1.90	6.50
反丁烯二酸	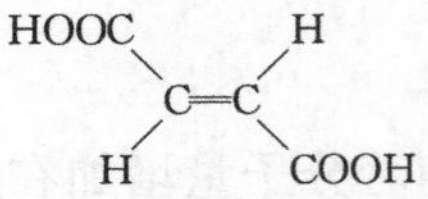	富马酸	302		0.7	3.00	4.20
1,2-苯二甲酸	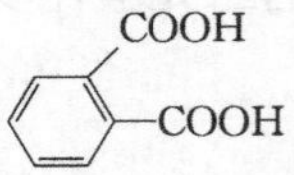	邻苯二甲酸	213		0.7	3.00	5.39
1,3-苯二甲酸	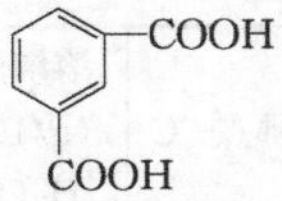	间苯二甲酸	349		0.01	3.28	4.60
1,4-苯二甲酸	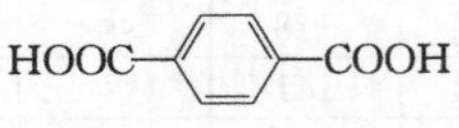 $HOOC-\!\!\!\bigcirc\!\!\!-COOH$	对苯二甲酸	300（升华）		0.002	3.82	4.45

9.1.4 羧酸的化学性质

9.1.4.1 酸性

羧酸都具有酸性。因为羟基氧原子上的孤电子对可以通过与碳氧双键的共轭体系，使氧原子上的电子云向碳氧双键转移。进而氢氧键之间的电子云进一步向氧原子转移，使氢更易离去。同时，使形成的羧酸根负离子因电荷分散而变得更加稳定。

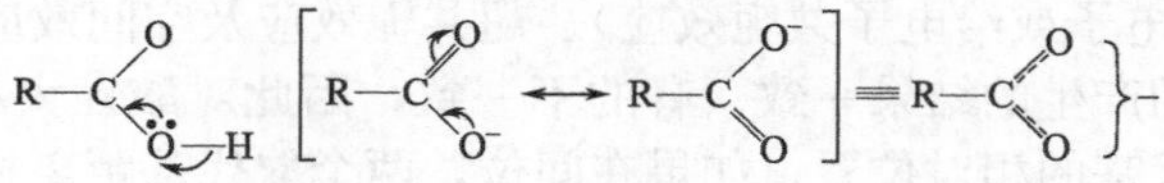

（1）酸性比较

与无机酸相比，大多数的羧酸都是弱酸，但羧酸的酸性比碳酸强，其 pK_a 一般在 3~5，因此大部分羧酸是以未解离的分子形式存在的。例如，乙酸在水中的解离常数 $pK_a = 4.74$，即 0.1mol/L 的乙酸仅有 1.3% 解离。羧酸和碱（如氢氧化钠、碳酸钠、碳酸氢钠等）的水溶液反应转化为羧酸盐。

羧酸盐用无机酸酸化后，又可转为原来的羧酸：

$$RCOOH \xrightleftharpoons[H^+]{OH^-} RCOO^-$$

羧酸的钾盐、钠盐和铵盐可溶于水，除低级羧酸盐外，一般均不溶于有机溶剂。因此常常利用这些特征，从混合物中分离提纯与鉴别羧酸盐。例如，欲将羧酸从其他不溶于碱溶液的有机混合物中分离出来。先将混合物与氢氧化钠水溶液混合，羧酸与氢氧化钠水溶液作用转化为易溶于水的盐，与不溶于氢氧化钠水溶液的有机化合物分离。然后再用无机酸将羧酸盐转化为原来的羧酸。如果此羧酸为固体，可用过滤法得到羧酸。如为液体，可用溶剂提取，再将溶剂蒸除即可得羧酸。

（2）羧酸的结构对其酸性的影响

取代基对羧酸酸性的影响可以从其电子效应产生的影响讨论。

① 烃基结构对酸性的影响

甲酸的酸性比其他一元羧酸要强得多。烃基的给电子效应，使羟基上氧原子电子云密度有所增大，氢原子更难离解，因此其酸性比甲酸弱。

	HCOOH	CH₃COOH	CH₃CH₂COOH	(CH₃)₂CH₂COOH
pK_a	3.75	4.76	4.87	4.86

② 卤素的影响

当羧酸烃基上的氢原子被氯原子取代形成卤代酸后，卤素原子的吸电子诱导效应使羟基上氧原子的电子云密度减小，则氢原子更易离解而酸性增强。如乙酸中甲基上的氢逐个被氯取代，则酸性逐渐增强，三氯乙酸是强酸。

	CH₃COOH	ClCH₂COOH	Cl₂CHCOOH	Cl₃CCOOH
pK_a	4.76	2.86	1.26	0.64

由于诱导效应是一种短程效应，随着取代基与羧基距离的增加而迅速下降。相对而言，在 α-C 上取代基的诱导作用很明显，β-C 上作用就明显下降，γ-C 上的作用已很小，一般来说第四个碳上的诱导效应几乎没有影响，从以下 pK_a 数据可以看出：

$$CH_3CH_2CHClCOOH \quad CH_3CHClCH_2COOH \quad ClCH_2CH_2CH_2COOH \quad CH_3CH_2CH_2COOH$$

pK_a　　2.82	4.41	4.70	4.82

③ 芳环上的取代基对酸性的影响

实验数据表明,苯甲酸比一般脂肪酸(甲酸除外)酸性强。由于苯环可以看作连续不断的共轭体系,分子一端所受到的作用可以沿着共轭体系交替地传递到另一端。所以芳环上的取代基对羧基的影响与饱和碳链中的电子效应的短程传递不同。

因此,芳环上的取代基对酸性的影响,需要将诱导效应(吸电子或给电子诱导效应)、共轭效应(吸电子或给电子共轭效应)、超共轭效应及空间效应的影响综合起来分析。这些效应中有的产生的结果一致,有的不一致,因此对酸性大小的影响比较复杂。还需要考虑两个取代基的相对位置,如果在间位,两个取代基距离相对较近,诱导效应起主导作用,而共轭效应受到阻碍,影响较小。例如,间苯甲酸比对苯甲酸酸性稍强。而邻位取代基,共轭效应和诱导效应都起作用,同时还要考虑空间效应,情况更复杂。

pK_a　　2.21	3.42	3.49

pK_a　　4.2	4.38	4.0	3.91	4.27

④ 二元羧酸的酸性

二元酸分子中两个羧基是分步解离的,有两个解离常数 K_{a1} 和 K_{a2},部分二元酸的解离常数见表 9-2。

$$COOHCH_2COOH \xrightarrow{K_{a1}} COOHCH_2COO^- + H^+$$

$$COOHCH_2COO^- \xrightarrow{K_{a2}} {}^-OOCCH_2COO^- + H^+$$

表 9-2 二元酸的 pK_{a1} 与 pK_{a2}

二元酸	pK_{a1}	pK_{a2}	二元酸	pK_{a1}	pK_{a2}
HOOCCOOH	1.27	4.27	HOOC(CH$_2$)$_2$COOH	4.21	5.64
HOOCCH$_2$COOH	2.85	5.70	HOOC(CH$_2$)$_3$COOH	4.34	5.41

显然 K_{a1} 比 K_{a2} 大得多。由于羧基是一个强的吸电子基团,能对另一个羧基的解离产生影响,特别是两个羧基越近影响越大。第一个羧基解离后,形成羧基负离子,该负离子有给电子诱导效应,使第二个羧基解离比较困难。但诱导效应随着两者距离增加而减弱,因此二元酸的酸性增强与酸性减弱效应均与羧基间的距离有关。

9.1.4.2　羧基中羟基的取代反应

羧基中的羟基可被酸根(RCOO—)、卤素、烷氧基(—OR)或氨基(—NH$_2$)取代生成羧酸衍生物。

(1)酸酐的生成

在脱水剂 P_2O_5 存在下或者加热时，两分子羧酸间脱去一分子水，生成酸酐。

$$R-\overset{O}{\underset{}{C}}-OH + R'-\overset{O}{\underset{}{C}}-OH \longrightarrow R-\overset{O}{\underset{}{C}}-O-\overset{O}{\underset{}{C}}-R' + H_2O$$

（2）酰卤的生成

羧酸中的羟基可以被卤素取代生成酰卤，常用的试剂有 $SOCl_2$（亚硫酰氯）、PCl_5、PCl_3。注意，羧酸无法与 HX 反应成酰卤。酰氯很活泼，容易水解，通常将产物用蒸馏法分离。

$$R-\overset{O}{\underset{}{C}}-OH + PCl_3 \longrightarrow R-\overset{O}{\underset{}{C}}-Cl + H_3PO_3$$

$$R-\overset{O}{\underset{}{C}}-OH + PCl_5 \longrightarrow R-\overset{O}{\underset{}{C}}-Cl + POCl_3 + HCl$$

$$R-\overset{O}{\underset{}{C}}-OH + SOCl_2 \longrightarrow R-\overset{O}{\underset{}{C}}-Cl + SO_2\uparrow + HCl\uparrow$$

（3）酯的生成

在强酸催化下羧酸与醇分子间脱去一分子水形成酯，叫作酯化反应。酯化反应的特点是可逆反应、需要酸催化。常用的催化剂是硫酸、氯化氢、苯磺酸等。由于反应的可逆性，通常需要采取一些措施使平衡向右进行提高产率。例如，增加反应物浓度，加入过量的酸或醇；去除产物，比如水，往往采用共沸等方法，随时把水蒸馏出来，使平衡不断向生成酯的方向移动。

$$R-\overset{O}{\underset{}{C}}-OH + R'OH \longrightarrow R-\overset{O}{\underset{}{C}}-OR' + H_2O$$

由于醇和酸分子结构中都存在羟基，所以反应脱水时的断键方式可能有两种：

$$R-\overset{O}{\underset{}{C}}-\boxed{OH + H}-OR' \longrightarrow R-\overset{O}{\underset{}{C}}-OR' + H_2O \quad (1)$$

$$R-\overset{O}{\underset{}{C}}-O\boxed{H + OH}-R' \longrightarrow R-\overset{O}{\underset{}{C}}-OR' + H_2O \quad (2)$$

按照方式（1）是酰氧基断键，方式（2）是醇的烷氧基断键。到底采取哪种方式进行反应呢？多种实验证明，方式（1）占大多数。例如采用含有 ^{18}O 的醇和酸反应，结果产物水分子中没有 ^{18}O，是普通的水，而产物酯分子中含有 ^{18}O。说明反应过程中是酰氧基断裂，醇分子的氧与酰基结合形成酯。

（4）酰胺的生成

羧酸与氨反应生成羧酸的铵盐，铵盐加热失去一分子水成酰胺。继续加热失水成腈，腈水解又得到羧酸。

$$R-\overset{O}{\underset{}{C}}-OH + NH_3 \xrightarrow[-H_2O]{\triangle} R-\overset{O}{\underset{}{C}}-ONH_2 \xrightarrow[-H_2O]{\triangle} R-C\equiv N$$

9.1.4.3 羧酸的还原反应

羧基不易被还原，需要强还原剂如氢化铝锂（$LiAlH_4$）或乙硼烷（B_2H_6）才能顺利地将羧酸还原成一级醇。

$$RCOOH \xrightarrow{LiAlH_4} \xrightarrow{H_2O} RCH_2OH$$

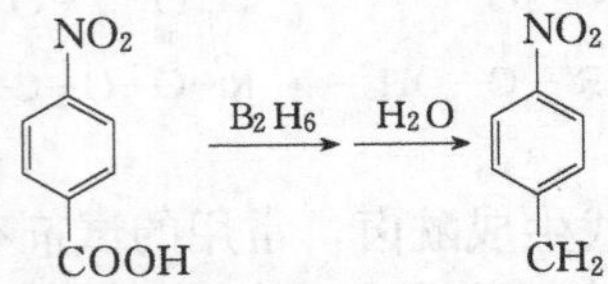

采用氢化铝锂或乙硼烷还原不饱和羧酸时，$LiAlH_4$ 具有选择性，即只还原羧基，不还原孤立的 $C=C$，即双键不受影响。但 B_2H_6 不具有选择性，同时可以还原孤立的 $C=C$，例如：

$$H_2C=CHCH_2COOH \xrightarrow{LiAlH_4} \xrightarrow{H_2O} H_2C=CHCH_2CH_2OH$$

$$H_2C=CHCH_2COOH \xrightarrow{B_2H_6} \xrightarrow{H_2O} CH_3CH_2CH_2CH_2OH$$

9.1.4.4 脱羧反应

羧酸及其盐脱去羧基（失去 CO_2）的反应称为脱羧反应。除甲酸外，其他羧酸不易直接脱羧，一般需要特定的条件。如羧酸在氢氧化钠和石灰的强热状态下进行：

$$R-CH_2COOH \xrightarrow[热熔]{NaOH, CaO} RCH_3 + CO_2 \uparrow$$

但是，当一元羧酸的 α-碳原子上连有 $-NO_2$、$-C\equiv N$、$-CO-$、$-Cl$ 等强吸电子基时，则脱羧反应容易进行。

$$Cl_3CCOOH \xrightarrow{\triangle} CHCl_3 + CO_2 \uparrow$$

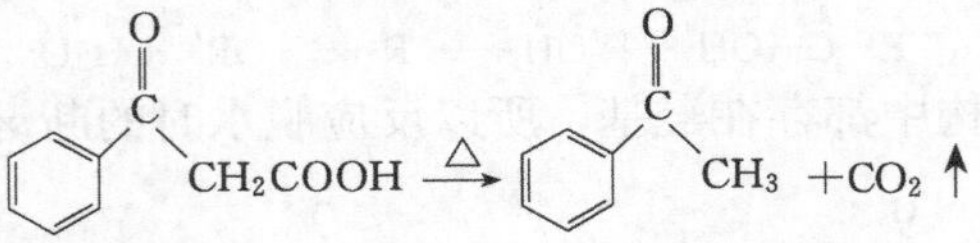

9.1.4.5 二元羧酸的受热反应

二元酸一般情况下可以发生羧酸具有的一切反应，但有些反应取决于两个羧基的距离。二元酸的受热反应就因两个羧基位置不同而发生不同的反应。例如，草酸和丙二酸受热后容易发生脱羧反应：

$$HOOCCOOH \xrightarrow{160\sim180℃} HCOOH + CO_2$$

$$HOOCCH_2COOH \xrightarrow{140\sim160℃} CH_3COOH + CO_2$$

丁二酸和戊二酸受热后不易发生脱羧反应，而是失去水分子，形成稳定的五元环或者六元环酸酐：

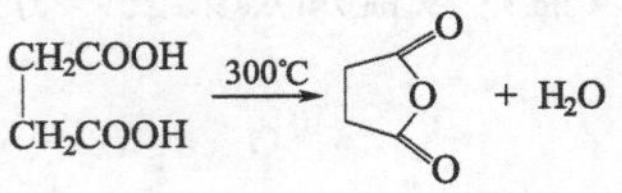

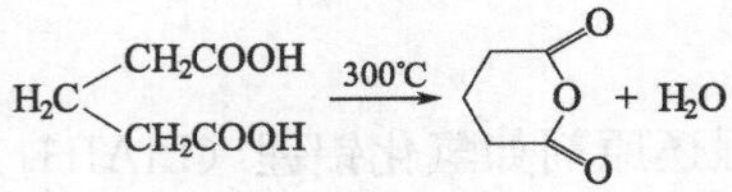

己二酸和庚二酸受热以后，同时发生失水和脱羧反应，生成比较稳定的五元环酮和

六元环酮：

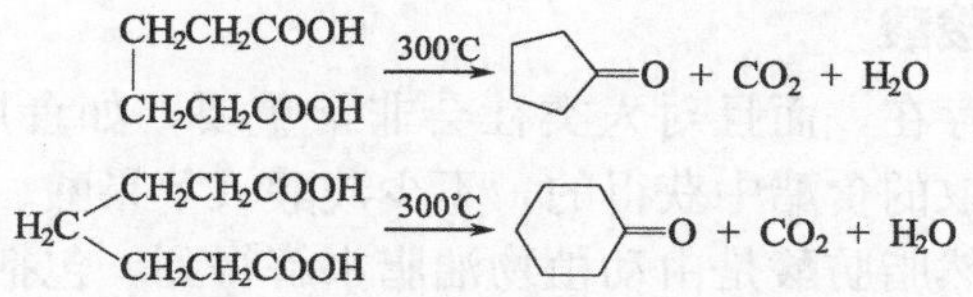

$$CH_2CH_2COOH \atop CH_2CH_2COOH \xrightarrow{300℃} \bigcirc\!\!=\!\!O + CO_2 + H_2O$$

$$H_2C{CH_2CH_2COOH \atop CH_2CH_2COOH} \xrightarrow{300℃} \bigcirc\!\!=\!\!O + CO_2 + H_2O$$

庚二酸以上的二元酸在高温时发生分子间的失水作用，一般形成五元或六元环。

9.1.5 羧酸的制备方法

9.1.5.1 氧化法

由醇、醛、芳烃、炔、烯、酮为原料进行氧化，可以得到羧酸，氧化剂一般为酸性高锰酸钾等。具体反应方程式见相关章节。

9.1.5.2 利用有机金属化合物的反应

通过格氏试剂和二氧化碳的反应，经酸化可以得到羧酸。

$$RX \xrightarrow[\text{无水乙醚}]{Mg} RMgX \xrightarrow{CO_2} RCOOMgX \xrightarrow{H_2O} RCOOH$$

9.1.5.3 水解法

羧酸的衍生物，酰氯、酸酐、酯和酰胺等都可以水解而产生羧酸。具体见本章 9.2 内容。

9.1.6 羧酸的重要代表物

9.1.6.1 甲酸 (HCOOH)

甲酸俗称蚁酸，具有强酸性（$pK_a = 3.7$），有杀菌力，可作消毒剂或防腐剂。甲酸可以用作橡胶的凝聚剂，也用作浮选的抑制剂。

甲酸结构特殊，分子结构中羧基和 H 相连，它既有羧基结构又有醛基结构，因此表现出与同系物不同的特性。由于甲酸有醛基，表现为可以与斐林试剂和托伦试剂作用，还能使高锰酸钾水溶液褪色。利用这些特殊的反应可以鉴定甲酸。

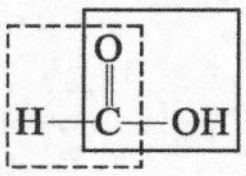

$$H\text{—}\underset{\underset{\displaystyle O}{\|}}{C}\text{—}OH$$

甲酸与浓硫酸共热，分解成一氧化碳和水，这是实验室制备一氧化碳的方法。

9.1.6.2 乙酸 (CH₃COOH)

乙酸俗名醋酸，无色有刺激性臭味的液体；易溶于水和其他许多有机物，常用作氧化反应的溶剂。纯乙酸是无色有刺激性臭味的液体，沸点 117.9℃，熔点 16.6℃，在 16℃以下能结成似冰状的固体，故无水乙酸叫冰醋酸。工业上采用乙醛在乙酸锰的催化下被氧气氧化的方法生成乙酸。

9.1.6.3 乙二酸 (HOOC—COOH)

乙二酸俗名草酸，无色晶体，含两个结晶水，是饱和二元羧酸中酸性最强的。具有一般羧酸的性质，还具有还原性，能还原高锰酸钾。

9.1.6.4 自然界中的羧酸

自然界中羧酸广泛存在，而且对人类社会非常重要，如食用的醋就是 2% 的醋酸。乙酸最早是从发酵法制取的食醋中获得的，不少羧酸（苹果酸、柠檬酸、酒石酸）目前仍使用发酵法制得。天然脂肪酸是由动植物油脂水解得到，包括饱和脂肪酸和不饱和脂肪酸。油脂中饱和脂肪酸是十六酸和十八酸，其次是十二酸、十四酸等。日常使用的肥皂就是高级脂肪酸的钠盐。不饱和脂肪酸，一般以含有 18 碳原子的油酸分布最广泛。

羧酸也是非常重要的工业原料，例如合成纤维（尼龙、涤纶）的重要原料之一就是羧酸。

9.2 羧酸衍生物

羧基中的羟基被其他原子或者基团（如 — X、—OCR（带双键O）、—OR、—NHR、—NR$_2$）置换后形成的有机物称为羧酸衍生物，主要包括酰卤、酸酐、酯、酰胺等。

9.2.1 羧酸衍生物的分类与命名

9.2.1.1 分类

酰胺是羧基中的羟基被氨基（—NH$_2$）或烃氨基（—NHR、—NR$_2$）取代后的产物，通式为

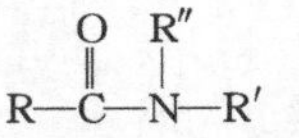

$$
\underset{\text{(R', R''可为 H、R—、其他取代基)}}{R-\overset{\overset{\textstyle O}{\|}}{C}-\underset{\underset{\textstyle R'}{|}}{\overset{\overset{\textstyle R''}{|}}{N}}}
$$

酯是羧酸和醇的脱水产物，通式表示如下：$R-\overset{\overset{\textstyle O}{\|}}{C}-OR'$。

酰氯是羧酸分子中的羟基被卤原子取代后的产物，通式为 $R-\overset{\overset{\textstyle O}{\|}}{C}-X$。

酸酐是两个羧酸分子之间脱水后的生成物，称为羧酸酐，简称为酸酐。通式为 $R-\overset{\overset{\textstyle O}{\|}}{C}-O-\overset{\overset{\textstyle O}{\|}}{C}-R'$。

9.2.1.2 命名

（1）酰卤是根据分子中所含酰基命名的。把相应的酰基名称放在前面，卤素的名称放在后面，合起来命名。酰胺的命名与酰卤相似，最后加"胺"字。

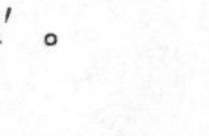

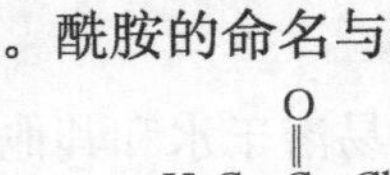

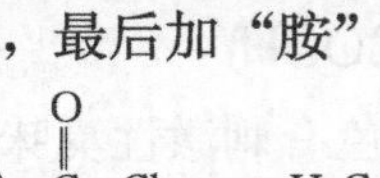

（2）酯的命名是把羧酸名称放在前面，羟基名称放在后面，再加"酯"字。

$$\underset{\substack{\|\\ \text{乙酸乙酯}}}{H_3C-\overset{\displaystyle O}{C}-OC_2H_5} \qquad \underset{\substack{\|\\ \text{乙酸乙烯酯}}}{H_3C-\overset{\displaystyle O}{C}-OCH=CH_2}$$

（3）酸酐的命名是相应的羧酸名称后面加"酐"字。酸酐中含有两个相同或者不同的酰基分别称为单酐和混合酐，混合酐的命名与混合醚相似。

$$\underset{\text{乙酸酐}}{H_3C-\overset{\displaystyle O}{C}-O-\overset{\displaystyle O}{C}-CH_3} \qquad \underset{\text{乙丁酸酐}}{H_3C-\overset{\displaystyle O}{C}-O-\overset{\displaystyle O}{C}-C_3H_7} \qquad \underset{\text{苯甲酸酐}}{}$$

9.2.2 羧酸衍生物的物理性质

羧酸衍生物在结构上的共同特点是都含有酰基（ $R-\overset{\displaystyle O}{C}-$ ），因此它们都是极性化合物。低级酰氯与酸酐是有刺鼻气味的液体，高级的为白色固体。低级酯具有芳香的气味，存在于水果中，可用作香料。酰胺除甲酰胺外，均是固体，这是因为分子中形成氢键，如果氮上的氢逐个被取代，则氢键缔合减少，因此脂肪族的 *N*-取代酰胺常为液体。酰氯和酯的沸点因分子中没有缔合而比分子量相近的羧酸低，酸酐与酰胺的沸点比相应的羧酸高，酯的沸点比相应的酸和醇都低，与含相同碳原子数的醛和酮差不多。

酰氯与酸酐不溶于水，低级的遇水分解；酯在水中溶解度很小；低级的酰胺可溶于水，*N*,*N*-二甲基甲酰胺、*N*,*N*-二甲基乙酰胺能与水、大多数有机溶剂以及无机溶剂混溶，是合成纤维的优良溶剂。这些羧酸衍生物大都可溶于有机溶剂，乙酸乙酯是很好的有机溶剂，大量用于油漆工业。

9.2.3 羧酸衍生物的化学性质

羧酸衍生物和羧酸一样含有羰基，所以羧酸衍生物一般都能和亲核试剂发生反应。羧酸衍生物往往可以由一种衍生物转变成另一种衍生物，或者水解转变为原来的酸。因此，羧酸衍生物的反应有很多共同之处，其反应机理也大致相同，但在反应活性上有所差别。

9.2.3.1 酰基碳上的亲核取代反应

羧酸衍生物的反应，大多数是通过亲核取代历程进行的在酸性条件和碱性条件都可以进行，但机理不同。

碱催化下羧酸衍生物的亲核取代反应分为两步，首先酰基碳发生亲核加成，形成一个带负电荷的中间体。然后中间体消除一个负离子，形成另一个羧酸衍生物。反应的结果是酰基碳上的一个基团被亲核试剂所取代，因此这类反应称之为酰基碳上的亲核取代反应。总的反应式可表达如下：

$$R-\overset{\displaystyle O}{C}-W + :Nu \underset{}{\overset{\text{催化剂}}{\rightleftharpoons}} R-\overset{\displaystyle O}{C}-Nu + {}^-W:$$

反应进行的难易程度取决于亲核试剂的亲核能力和离去基团的离去能力。在羧酸衍生物中，基团离去能力的次序是：

$$—I{>}—Br{>}—Cl{>}—OCOOR{>}—OR{>}—OH{>}—NH_2$$

不论是在酸催化还是碱催化条件下，羧酸衍生物亲核取代的反应活性顺序是：

$$\underset{R \quad Cl}{\overset{O}{\parallel}} \approx \underset{R \quad Br}{\overset{O}{\parallel}} > \underset{R \quad O \quad R}{\overset{O \quad O}{\parallel \quad \parallel}} > \underset{R \quad OR'}{\overset{O}{\parallel}} \approx \underset{R \quad OH}{\overset{O}{\parallel}} > \underset{R \quad NH_2}{\overset{O}{\parallel}}$$

羧酸衍生物亲核取代反应主要介绍其水解、醇解、氨（胺）解等反应。

（1）羧酸衍生物的水解

酰氯、酸酐、酯和酰胺都可以与水生成相应的羧酸，它们的反应可用下面各式表达：

酰氯
$$\underset{CH_3 \quad Cl}{\overset{O}{\parallel}} + H_2O \longrightarrow \underset{CH_3 \quad OH}{\overset{O}{\parallel}} + HCl$$

酸酐
$$\underset{CH_3 \quad O \quad CH_3}{\overset{O \quad O}{\parallel \quad \parallel}} + H_2O \longrightarrow \underset{CH_3 \quad OH}{\overset{O}{\parallel}} + \underset{CH_3 \quad OH}{\overset{O}{\parallel}}$$

酯
$$\underset{CH_3 \quad OC_2H_5}{\overset{O}{\parallel}} + H_2O \longrightarrow \underset{CH_3 \quad OH}{\overset{O}{\parallel}} + C_2H_5OH$$

酰胺
$$\underset{CH_3 \quad NH_2(\text{或}R)}{\overset{O}{\parallel}} + H_2O \longrightarrow \underset{CH_3 \quad OH}{\overset{O}{\parallel}} + NH_3 \text{（或}R)$$

在羧酸衍生物中，酰卤水解速率很快，而且低分子酰卤水解很猛烈。乙酰氯与水激烈水解，乙酰氯的蒸气与空气接触时，被其中所含的水蒸气水解而产生烟雾。随着分子量增大，水解速率减慢。芳香族酰氯水解很慢，加热或者加碱才能使水解迅速进行。

酸酐在没有酸或者碱存在下即能水解，但比酰氯慢。酸酐不溶于水，在室温水解很慢，如果选择一种合适的溶剂，或加热使其成均相，则不用酸碱催化水解也能进行。

酯水解产生一分子羧酸和一分子醇，这是酯化反应的逆反应，如乙酸乙酯酸性水解生成乙酸和乙醇。在酸催化下，由于形成了质子化的酯，羰基碳的正电性增强，使其亲电能力增强，因此与水的亲核加成反应比未质子化的酯快。在碱性溶液中水解时，碱与生成的羧酸作用成为盐而从平衡中去除，使水解反应进行到底。由于酯的碱性水解是不可逆的，速率又较快，因此一直采用油脂的碱性水解生产肥皂，酯的碱性水解也常称为皂化反应。

酰胺不容易水解，尤其是 N-烃基取代酰胺和 N,N-二烃基取代酰胺更难水解。一般要在酸或碱催化下可以水解为酸和氨（或胺），反应条件比其他羧酸衍生物的强烈，需要强酸或强碱以及比较长时间的加热回流。

（2）羧酸衍生物的醇解

酰卤、酸酐、酯以及酰胺与醇作用生成酯。

酰卤
$$\underset{R \quad Cl}{\overset{O}{\parallel}} + R'OH \longrightarrow \underset{R \quad OR'}{\overset{O}{\parallel}} + HCl$$

酸酐
$$\underset{CH_3 \quad O \quad CH_3}{\overset{O \quad O}{\parallel \quad \parallel}} + R'OH \longrightarrow \underset{CH_3 \quad OR'}{\overset{O}{\parallel}} + \underset{CH_3 \quad OH}{\overset{O}{\parallel}}$$

酯 $$RCOOCH_3 + C_2H_5OH \xrightleftharpoons[]{H^+ \text{或} -OR''} RCOOC_2H_5 + CH_3OH$$

酰胺

$$\underset{NH_2}{\overset{O}{\|}} \xrightarrow[H^+]{C_2H_5OH} \underset{OC_2H_5}{\overset{O}{\|}}$$

酰氯和酸酐可以直接和醇作用生成相应的酯和酸。其中酰氯性质比较活泼，一般方法难以制备的酯和酰胺，可以通过酰氯来合成。反应中一般会加入碱性物质，一方面除去产生的 HCl，另一方面可以加速醇解反应速率。酸酐的反应较温和，在酸性和碱性介质中都可以加快其醇解反应速率。

酯与醇在盐酸或醇钠的催化下，可以生成另一个醇和另一个酯，称为酯交换反应或者酯基转移。酯交换反应可用于难以合成或者不能直接酯化合成的酯，如酚酯和烯醇酯的合成，可以利用此反应从价廉易得的低级醇制备得到高级醇。由于酯交换反应可逆，可以选择蒸出易挥发的产物，将反应进行到底。

酰胺与醇在酸性催化剂作用下加热到较高温度才可以转化为酯，但合成价值不大。

（3）羧酸衍生物的氨（胺）解

羧酸衍生物的氨（胺）解是制备酰胺的常用方法。

酰卤

$$\underset{R}{\overset{O}{\|}}\underset{Cl}{} + NH_3 \longrightarrow \underset{R}{\overset{O}{\|}}\underset{NH_2}{} + HCl$$

酸酐

$$\underset{CH_3}{\overset{O}{\|}}\underset{O}{\overset{O}{\|}}\underset{CH_3}{} + NH_3 \longrightarrow \underset{CH_3}{\overset{O}{\|}}\underset{NH_2}{} + \underset{CH_3}{\overset{O}{\|}}\underset{OH}{}$$

酸酐

$$(CH_3CO)_2O + NH_2CH_2COOH \xrightarrow{H_2O} CH_3CONHCH_2COOH + CH_3COOH$$

酯

$$\underset{CH_3}{\overset{O}{\|}}\underset{OC_2H_5}{} + NH_3 \longrightarrow \underset{CH_3}{\overset{O}{\|}}\underset{NH_2}{} + C_2H_5OH$$

酰氯很容易与氨、一级胺或二级胺反应形成酰胺和氯化氢，因为氨的亲核性比水强，例如酰氯遇冷的氨水即可进行反应。为了提高产率要加入过量的氨。

酸酐的反应活性低于酰氯，酸酐可以代替酰氯用来制备酰氯与氨（胺）反应过于剧烈的反应。

酯可以与氨或胺反应形成酰胺，反应比酸酐温和。这些氨或胺本身作为亲核试剂进攻酯羰基碳，常在碱性催化剂存在下进行。肼和羟氨等胺的衍生物亦能与酯发生反应。

酰胺的酰化能力很低。

9.3 羧酸类有机物在矿冶领域中的应用

9.3.1 萃取剂

9.3.1.1 环烷酸

环烷酸是石油工业中精制柴油的副产品，用碱洗涤柴油得到碱渣，将后者酸化析出环烷酸。它的组成极其复杂，因产地不同而异，一般是环戊酸和环己烷的衍生物。

环戊酸除了用于萃取分离铜和镍外，还应用于制备高纯氧化钇的萃取。环烷酸还可以作为油酸的代用品，用来浮选氧化矿或非金属矿。

9.3.1.2 乙二酸（草酸）

草酸与稀土元素形成盐，难溶于水及稀无机酸中。当把草酸加到含有稀土元素盐类和游离无机酸的溶液中，沉淀出稀土元素的草酸盐，使稀土元素与其他金属元素分离。因此草酸被大量应用于提取稀土元素方面。

9.3.2 抑制剂

单宁酸水解可以得到没食子酸，可以将单宁酸看作是由两个没食子酸以酯的形式结合而成的。单宁酸和没食子酸在浮选中用作抑制剂。

甲酸可以用作橡胶的凝聚剂，也用作浮选的抑制剂。

9.3.3 捕收剂

9.3.3.1 脂肪酸

脂肪酸是金属氧化矿及非金属矿的捕收剂，如浮选赤铁矿、白钨矿、萤石、磷灰石时，油脂等脂肪酸仍然是良好的捕收剂。油酸，学名是十八烯酸，其结构式为：

$$CH_3(CH_2)_7CH=CH(CH_2)_7COOH$$

分子结构中，羧基是极性基团，而烯基是非极性基团。在浮选过程中，羧基借助吸附、键合或者产生络合物而固着在氧化矿表面，而非极性一端向外，使矿粒表面疏水而被捕收。相同原子数的脂肪酸中熔点高的，浮选效果不如熔点低的脂肪酸。

9.3.3.2 达尔油

将达尔皂酸化可以得到松脂酸和脂肪酸混合物，称达尔油。达尔油或达尔皂均可以代替油酸作为氧化矿捕收剂。浮选白钨矿时比油酸效果好。浮选重晶石时与油酸有相同效果。

9.3.3.3 油酸分子中引入硫酸根

油酸分子中引入硫酸根，比脂肪酸分子中具有双键、羟基等都有较好的浮选效果。因为硫酸根也是捕收基团，所以硫酸根引入油酸分子后，便成为多基团捕收剂，羧基和硫酸根两个基团均可以吸附于矿粒表面，增加了矿粒的疏水性，显著提高了浮选效果，减少了药剂用量。而且由于硫酸根的引入，药剂还可以在硬水中使用。

$$\underset{\overset{|}{SO_4Na}}{CH_3(CH_2)_7CHCH_2(CH_2)_7COOH}$$

9.3.3.4 油酸分子中引入羟基

不饱和脂肪酸，如油酸，置于空气中能吸收空气中的氧，发生聚合或者自动氧化为低级的羧酸或者醛，同时也能自动氧化为羟基酸。用羟基酸浮选贫赤铁矿能提高浮选效果。或者用油酸、硫酸加成，再用苛性钠溶液水解，得到 9-羟基十八碳酸，或其同分异构体 10-羟基十八碳酸。结构式为：

$$CH_3(CH_2)_7\underset{\underset{OH}{|}}{C}HCH_2(CH_2)_7COOH$$

羟基引入脂肪酸中，增加了亲水官能团，这一点似乎对浮选不利。由于羟基的引入，脂肪酸分子可以借羟基形成氢键，增加分子间引力，故熔点升高，不利于浮选效果。但是另一方面，由于羟基连接在长长的烃链上，具有起泡作用，提高浮选效果。但是总体来说，羟基的引入对于提高浮选效果，效果仍然是显著的。

9.3.3.5 烷基磺酸钠和烷基硫酸钠

烷基磺酸钠主要用于浮选氧化铁矿、锡石、萤石等，包括烷基磺酸钠和烷基芳基磺酸钠。它们的通式如下：

$$R-SO_3Na \qquad R-Ar-SO_3Na \qquad RO-SO_3Na$$
烷基磺酸钠 　　　　烷基芳基磺酸钠 　　　　烷基硫酸钠

习 题

1.命名下列化合物或写出结构式。

(1) $CH_3\underset{\underset{CH_3}{|}}{C}HCH_2COOH$

(2) 对位取代苯环: $Cl-C_6H_4-\underset{\underset{CH_3}{|}}{C}HCH_2COOH$

(3) 间二取代苯: 苯环带两个 COOH (间位)

(4) $CH_3(CH_2)_4CH\!=\!CHCH_2CH\!=\!CH(CH_2)_7COOH$

2.试以反应式表示乙酸与下列试剂的反应。

(1) 乙醇　　　(2) 三氯化磷　　　(3) 五氯化磷　　　(4) 氨　　　(5) 碱石灰热熔

3.区别下列各组化合物。

(1) 甲酸、乙酸和乙醛　　　　(2) 乙醇、乙醚和乙酸

(3) 乙酸、草酸、丙二酸　　　(4) 丙二酸、丁二酸、乙二酸

(5) 苯甲酸、苯甲醚、苯酚　　(6) 苯甲醇、苯甲醛、苯甲酸

(7) 丁酸、环己酮、苯酚、丁醚

4.指出下列反应的主要产物。

(1) $C_6H_5CH_2Cl \xrightarrow[\text{乙醚}]{Mg} ? \xrightarrow[(2)\ H_2O]{(1)\ CO_2} ? \xrightarrow{SOCl_2}$

(2) $\underset{\underset{CH_2Cl}{|}}{\overset{\overset{CH_2Cl}{|}}{C}}\!=\!O \xrightarrow{HCN} ? \xrightarrow{\text{水解}} ? \xrightarrow{NaCN} ? \xrightarrow{\text{水解}} ?$

5.完成下列转变。

(1) $CH_2\!=\!CH_2 \longrightarrow CH_3CH_2COOH$

(2) 正丙醇 $\longrightarrow$ 2-甲基丙酸

(3) 丙酸 $\longrightarrow$ 丙酐

(4) 环己基=CH_2 $\longrightarrow$ 环己基—CH_3COOH

(5) $CH_3CH_2CH_2COOH \longrightarrow CH_3CH_2COOH$

(6) $CH_3CH_2COOH \longrightarrow CH_3CH_2CH_2COOH$

6. 化合物甲、乙、丙的分子式都是 $C_3H_6O_2$，甲与碳酸钠作用放出二氧化碳，乙和丙不能，但在氢氧化钠溶液中加热后可水解，乙的水解液蒸馏出的液体有碘仿反应，试推测甲、乙、丙的结构。

7. 分子式为 $C_6H_{12}O$ 的化合物 A，氧化后得 B（$C_6H_{10}O_4$）。B 能溶于碱，若与乙酐（脱水剂）一起蒸馏则得化合物 C。C 能与苯肼作用，用锌汞齐及盐酸处理得化合物 D，后者的分子式为 C_5H_{10}。写出 A、B、C、D 的构造式。

第10章

含氮有机化合物

含氮有机化合物的种类很多，如前面讲过的腈、酰胺、肼等。本章主要介绍硝基化合物和胺，并简单介绍重氮和偶氮化合物。

10.1 硝基化合物

10.1.1 硝基化合物的分类、结构和命名

分类：硝基化合物从结构上可看作是烃的一个或多个氢原子被硝基取代后生成的衍生物，一元硝基化合物的通式为 R—NO_2（或 Ar—NO_2）。

根据硝基数目，硝基化合物可以分为一硝基化合物和多硝基化合物；根据硝基相连的碳原子的不同，可以分为伯、仲、叔硝基化合物（$1°$、$2°$、$3°$硝基化合物）。

命名：与卤代烃的命名相似，硝基化合物通常是以相应烃为母体，硝基为取代基。例如：

CH_3NO_2			
硝基甲烷	2-甲基-2-硝基丙烷	对硝基甲苯	2，4，6-硝基甲苯

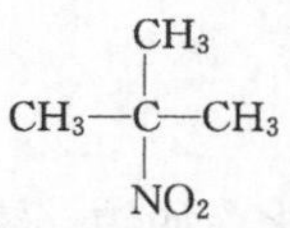

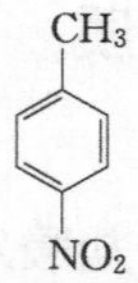

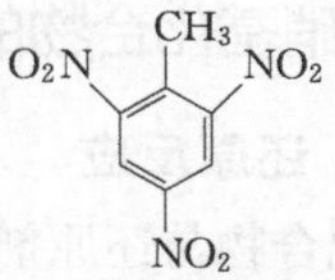

结构：从价键理论的观点看，氮原子以 sp^2 杂化轨道形成三个共平面的 σ 键，未参加杂化的、含一对电子的 p 轨道与每个氧原子的 p 轨道形成共轭体系，发生了 π 电子离域，使硝基的负电荷平均分配在两个氧原子上。同时，$C=O$ 与 $C-O$ 两个键的键长平均化，因此，硝基化合物的分子结构可以表示如下：

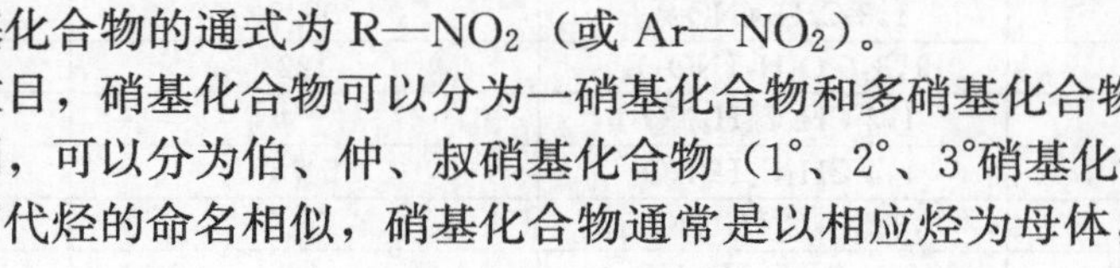

硝基化合物的结构也可以用共振结构表示：

$$R-\overset{+}{N}\overset{O^-}{\underset{O}{}} \longleftrightarrow R-\overset{+}{N}\overset{O}{\underset{O^-}{}}$$

10.1.2 硝基化合物的物理性质

脂肪族硝基化合物多呈淡黄色。具有较高的极性，分子间吸引力大，沸点比相应的卤代烃高，因此常温下为高沸点的液体或结晶固体。一般不溶于水，易溶于有机溶剂，液体的硝基化合物是大多数有机化合物的良好溶剂，但硝基化合物蒸气有毒，故生产上应尽可能不用它作溶剂。多硝基化合物具有爆炸性，有的具有强烈的香味。

芳香族硝基化合物为无色或者淡黄色的高沸点液体或者低熔点固体，常常可以随着水蒸气蒸馏出来。芳香族硝基化合物不溶于水，常有剧毒。多硝基化合物为固体，有爆炸性。三硝基甲苯是非常有名的炸药，在实验室应该保存在水中。

表 10-1 为一些硝基化合物的物理常数。

表 10-1 一些硝基化合物的物理常数

名称	结构式	熔点/℃	沸点/℃
硝基甲烷	CH_3NO_2	-28.5	100.8
硝基乙烷	$CH_3CH_2NO_2$	-50	115
1-硝基丙烷	$CH_3CH_2CH_2NO_2$	-108	131.5
2-硝基丙烷	$(CH_3)_2CHNO_2$	-93	120
硝基苯	$C_6H_5NO_2$	5.7	210
间二硝基苯	$1,3-C_6H_4(NO_2)_2$	98.8	303
1,3,5-三硝基苯	$1,3,5-C_6H_3(NO_2)_3$	122	315
邻硝基甲苯	$1,2-CH_3C_6H_4NO_2$	-4	222.3
对硝基甲苯	$1,4-CH_3C_6H_4NO_2$	54.5	238.3
2,4-二硝基甲苯	$2,3-CH_3C_6H_3(NO_2)_2$	71	300
2,4,6-三硝基甲苯	$2,4,6-CH_3C_6H_2(NO_2)_3$	82	分解

10.1.3 硝基化合物的化学性质

10.1.3.1 还原反应

硝基化合物与还原剂（如铁与盐酸）或者催化（如铂、镍）氢化作用都可以还原得到胺类化合物。

$$R-NO_2+3H_2 \xrightarrow{Ni} RNH_2+2H_2O$$

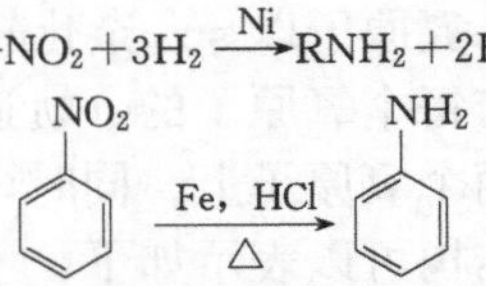

芳香族硝基化合物还原为芳香胺在有机合成上具有重要作用，芳香胺可以转变为多种有机化合物。

选用适当的还原试剂，可以使硝基苯生成各种不同的还原产物。

在酸性或中性介质中：

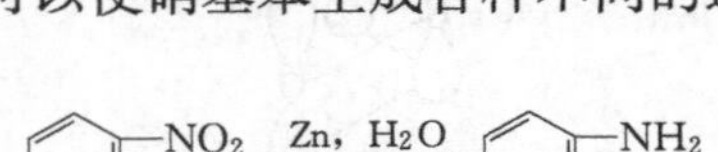

苯胺

$$\underset{}{\text{C}_6\text{H}_5\text{—NO}_2} \xrightarrow{\text{Zn, NH}_4\text{Cl}} \underset{N\text{-羟基苯胺}}{\text{C}_6\text{H}_5\text{—NHOH}}$$

在碱性介质中：

$$\text{C}_6\text{H}_5\text{—NO}_2 \xrightarrow{\text{Fe,NaOH}} \underset{偶氮苯}{\text{C}_6\text{H}_5\text{—N}=\text{N—C}_6\text{H}_5}$$

$$\text{C}_6\text{H}_5\text{—NO}_2 \xrightarrow{\text{Zn,NaOH}} \underset{氢化偶氮苯}{\text{C}_6\text{H}_5\text{—NHNH—C}_6\text{H}_5} \xrightarrow{\text{Zn,NaOH}} \underset{偶氮苯}{\text{C}_6\text{H}_5\text{—N}=\text{N—C}_6\text{H}_5}$$

以上这些产物在 Fe（或 Sn）和盐酸的作用下均可被还原为苯胺。

10. 1. 3. 2 酸性

脂肪族硝基化合物中，含 α-H 的伯或仲硝基化合物能逐渐溶解于氢氧化钠溶液而生成盐。由于硝基为吸电子基团，脂肪族硝基化合物中的 α-氢原子很活泼，可与碱作用生成盐而溶于碱中，因此酸性是这类硝基烷最重要的化学性质。例如硝基甲烷、硝基乙烷和 2-硝基丙烷的 pK_a 值分别为 10.2、8.5、7.8，原因是 α-氢原子受到硝基的影响，产生相应的共轭碱，能生成稳定的负离子：

$$\underset{\text{(I)假酸式}}{\text{CH}_3\text{—N}^+\!\!<\!\!\underset{\text{O}^-}{\overset{\text{O}}{}}} \longrightarrow \text{H}^+ + \left[:\text{CH}_2\text{—N}^+\!\!<\!\!\underset{\text{O}^-}{\overset{\text{O}}{}} \longleftrightarrow :\bar{\text{C}}\text{H}_2\text{—N}^+\!\!<\!\!\underset{\text{O}^-}{\overset{\text{O}}{}} \longleftrightarrow \underset{\text{(II)酸式}}{\text{CH}_2\!=\!\text{N}^+\!\!<\!\!\underset{\text{O}^-}{\overset{\text{O}^-}{}}} \right]$$

（Ⅰ）式虽然看不出显酸性，但异构化后可形成酸式（Ⅱ），所以（Ⅰ）称为假酸式，其能跟氢氧化钠（钾）作用生成盐。

$$\left[\text{R—CH=N}\!\!<\!\!\overset{\text{O}}{\underset{\text{O}}{}} \right]^- \text{Na}^+$$

硝基化合物主要以硝基式存在。遇到碱性溶液时，碱与酸式作用而生成盐，破坏了酸式和硝基式之间的平衡，使硝基式不断转变为酸式，最终全部与碱作用而生成酸式盐。有 α-氢原子的伯或仲硝基化合物存在上述互变异构现象，因此呈酸性。

10. 1. 3. 3 和亚硝酸的反应

一级硝基烷与亚硝酸作用，生成硝肟酸，呈蓝色。它可以溶于氢氧化钠生成红色的硝肟酸盐溶液。

$$\text{RCH}_2\text{NO}_2 + \text{HONO} \longrightarrow \underset{蓝色结晶}{\text{RC}\!\!<\!\!\overset{\text{NOH}}{\underset{\text{NO}_2}{}}} \xrightarrow{\text{NaOH}} \underset{红色溶液}{\left[\text{R—C}\!\!<\!\!\overset{\text{NO}}{\underset{\text{NO}_2}{}} \right]^- \text{Na}^+}$$

二级硝基烷与亚硝酸作用，生成蓝色结晶假硝醇，溶于氢氧化钠溶液呈蓝色。

$$\text{R}_2\text{CHNO}_2 + \text{HONO} \longrightarrow \underset{蓝色}{\text{R}_2\text{C}\!\!<\!\!\overset{\text{NO}}{\underset{\text{NO}_2}{}}} + \text{H}_2\text{O}$$

三级硝基烷 R_3CNO_2 由于缺乏 α-H，不与亚硝酸反应。因此，可以利用硝基烷与亚硝酸反应来鉴别三种硝基烷。

10.1.4 硝基对芳香族硝基化合物取代基的影响

由于没有 α-H，芳香族硝基化合物的性质与脂肪族硝基化合物有许多不同之处。硝基取代苯分子中的氢原子后，由于硝基是吸电子基团，使苯环上的电子云密度降低，钝化了苯环，不利于亲电试剂的进攻。同时，硝基对苯环上的其他取代基也产生了极大的影响。

10.1.4.1 对卤素原子的活泼性的影响

氯苯分子中的氯原子并不活泼，将氯苯与氢氧化钾溶液煮沸数天也没有发现有苯酚生成。但是，如果氯苯的邻、对位上有硝基时，氯原子就可以发生亲核取代反应。这种影响是由于硝基具有极强的吸电子作用，使苯环中与氯相连的碳电子云密度降低，使这个碳很容易受到亲核试剂 OH^- 的进攻而发生亲核取代反应。芳香族硝基化合物与 OH^- 反应中，硝基对卤素活泼性影响见表 10-2。

表 10-2 硝基对卤素活泼性影响

结构式	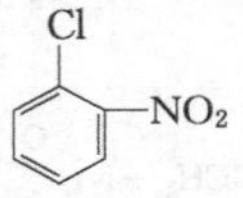	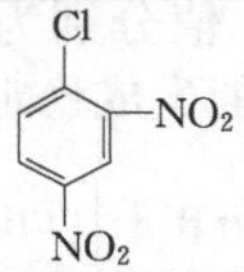	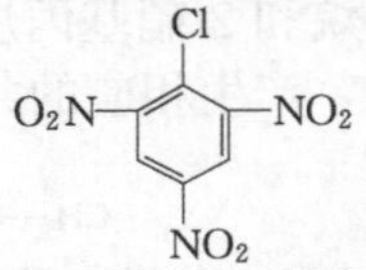
反应温度/℃	130	100	35

从表中数据可以看出，发生反应所需要的温度随硝基数目增多而下降，即邻、对位上硝基数目越多，氯原子越活泼。三个吸电子的硝基使 2,4,6-三硝基氯苯在较低的温度下就可发生亲核取代反应。

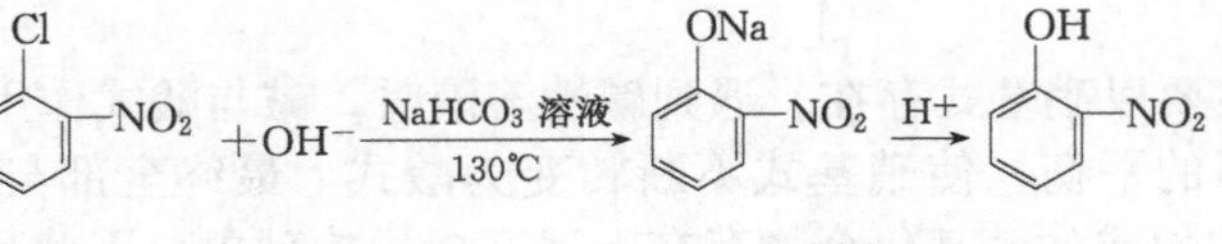

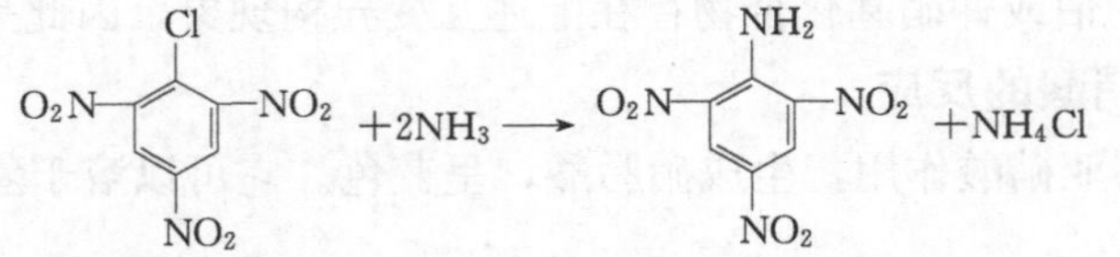

2,4,6-三硝基氯苯　　　　　　　　2,4,6-三硝基苯胺

10.1.4.2 对苯酚的酸性影响

前面章节知道，苯酚是弱酸、在苯环上引入硝基后，酚的酸性增强。由于硝基是吸电子基团，通过共轭效应的传递，增加了羟基中的氢解离能力，尤其是当邻位和对位都引入硝基，酚的酸性增强幅度很大；间位引入硝基也有影响但较弱。主要由于邻对位硝基苯酚可以生成负电荷更分散、更稳定的硝基苯氧负离子，所以其酸性强。如 2,4,6-三硝基苯酚，它的酸性（$pK_a = 0.38$）已接近无机酸，它可以与氢氧化钠、碳酸钠以及碳酸氢钠作用。

	OH	OH	OH
化合物	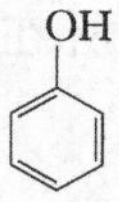	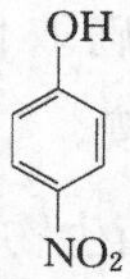	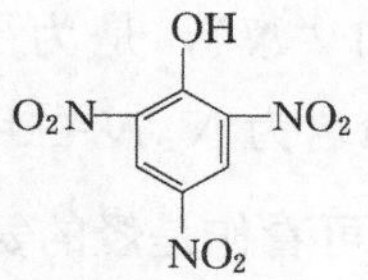
pK_a	9.89	7.15	0.38

10.2 胺

胺类化合物可以看作是氨分子中的氢被烃基取代的衍生物。

10.2.1 胺的分类、命名和结构

10.2.1.1 分类

胺是氨分子中的氢原子被烃基取代而生成的化合物，因此根据胺分子中烃基数目，分别称为一级胺（伯胺）、二级胺（仲胺）和三级胺（叔胺）。铵盐或氢氧化铵是的四个氢原子被四个烃基取代而生成的化合物，称为季铵盐或季铵碱。例如：

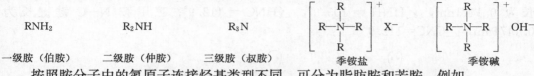

RNH$_2$	R$_2$NH	R$_3$N	季铵盐	季铵碱
一级胺（伯胺）	二级胺（仲胺）	三级胺（叔胺）		

按照胺分子中的氮原子连接烃基类型不同，可分为脂肪胺和芳胺。例如：

$$CH_3CH_2NH_2$$

脂肪胺（乙胺）

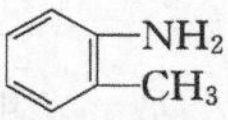

芳香胺（邻甲基苯胺）

按照胺分子中含氨基（—NH$_2$）数目的多少，可分别称为二元胺、三元胺等。

10.2.1.2 命名

简单胺的命名，先写出与氮原子相连的烃基的名称和数目，再以"胺"字作词尾。例如：

$$CH_3NH_2$$

甲胺　　　　二甲胺 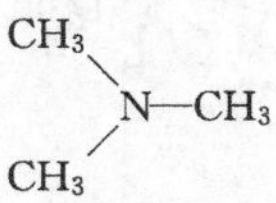　　　　三甲胺 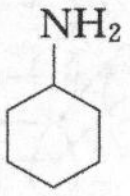　　　　环己胺

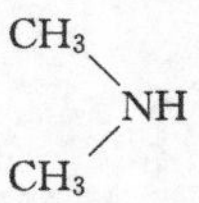

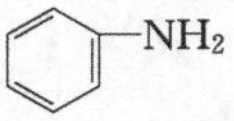

苯胺 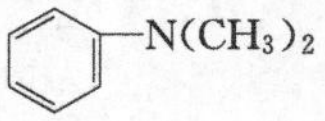　　　　N,N-二甲苯胺 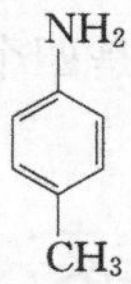　　　　对甲苯胺

$$H_2N{-}CH_2CH_2{-}NH_2 \qquad H_2N(CH_2)_6NH_2$$

乙二胺　　　　己二胺　　　　1,2,5-苯三胺

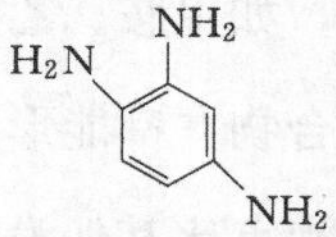

在取代基前面加"N"，是为了明确取代基所在位置，即在 N 原子上。例如，

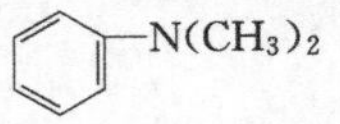

C_6H_5—N(CH₃)₂ 通常命名为 N,N-二甲苯胺。

比较复杂的胺，可看作是烃的氨基衍生物来命名。例如：

$$CH_3-CH-CH_2-CH-CH_2-CH_3$$

2-甲基-4-氨基己烷

$$H_2NCH_2CH_2OH$$

2-氨基乙醇

季铵化合物可以作为铵的衍生物来命名。例如：

$$(C_2H_5)_4N^+Br^-$$

溴化四乙铵

$$(CH_3)_3N^+(C_{16}H_{33})OH^-$$

三甲基十六烷基氢氧化铵（季铵碱）

10.2.1.3 结构

氮原子最外层有三个未共用电子占据着三个 p 轨道，若氮用 p 轨道与氢或碳形成单键时，键角应该是 90°。然而，实验证明氨和胺分子具有棱锥形结构，键角约 109°，表明氮在氨和胺分子中是 sp³ 杂化的。其中有三个未共用电子分别占据三个 sp³ 轨道，每一个轨道与一个氢原子的 s 轨道重叠，或与碳的杂化轨道重叠生成氨或胺，第四个 sp³ 轨道含有一对孤电子，在棱锥体的顶点。甲胺的 N—H 键键长为 0.101nm，N—C 键键长为 0.1471nm，∠HNH = 105.9°，∠HNC = 112.9°；三甲胺 N—C 键键长为 0.1471nm，∠CNC=112.9°。

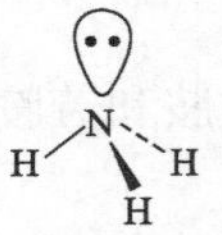

氨的结构 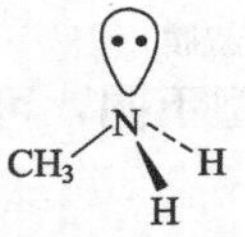　　　　甲胺的结构 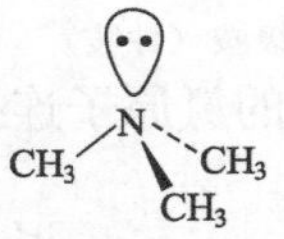　　　　三甲胺的结构

苯胺分子结构中，N—H 键键长 0.100nm，N—C 键键长 0.140nm。苯胺中—NH₂ 基仍然是棱锥形的结构，但是 H—N—H 键角较大，为 113.9°，H—N—H 平面与苯环平面交叉的角度为 38°，如下：

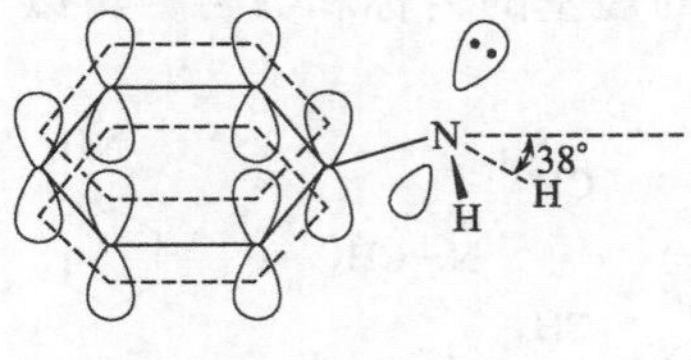

苯胺的结构 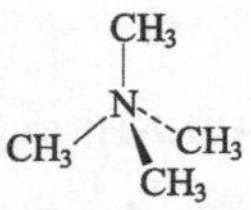　　　　　　　　　　四级铵盐的结构

季铵盐是四面体，是四个烃基以共价键与氮原子相连，氮的四个 sp³ 轨道全部用来成键。

10.2.2 胺的物理性质

低级脂肪胺，如甲胺、乙胺、二甲胺和三甲胺，在常温下为气体，其他低级胺为液体。胺是极性化合物，都能形成分子间氢键—N—H---N—（除了三级胺外）。

沸点：胺的沸点比其他没有极性的、分子量相同的有机化合物高。碳原子数相同的脂肪族胺的异构体的沸点高低，主要取决于它们分子间是否能形成氢键以及形成氢键能

力的大小。一级胺的沸点最高，二级胺次之，三级胺由于没有 N—H 键，不能形成 N—H—N 氢键，沸点最低。例如：

化合物	沸点/℃
CH$_3$CH$_2$CH$_2$NH$_2$	47.8
CH$_3$CH$_2$NHCH$_3$	36～37
(CH$_3$)$_3$N	2.87

芳胺是无色的高沸点液体或低熔点固体，具有特殊的气味，毒性较大，因此应注意避免芳胺接触皮肤或吸入体内而中毒。

溶解性：由于三类胺都能与水形成分子间氢键，—N:--H—O—H，因此含有 6～7 个碳原子的低级胺能溶于水，其溶解度略大于相应的醇。但随着分子量的增加，其溶解度迅速降低，与烷烃相似。芳香胺在水中的溶解度比相应的酚略低。

一些胺的物理常数列于表 10-3 中。

表 10-3　一些胺的物理常数

名称	沸点/℃	熔点/℃	相对密度	折射率
甲胺	−6.3	−93.5	0.699	
二甲胺	7.4	−93	0.6804	1.350
三甲胺	2.87	−117.2	0.6356	1.3631
乙胺	16.6	−81	0.6329	1.3663
二乙胺	56.3	−48		1.3864
三乙胺	89.3	−114.7	0.7275	1.4010
正丙胺	47.8	−83.0	0.7173	1.3870
异丙胺	32.4	−95.2	0.8889	1.3742
二正丙胺	109.4	−39.6	0.7400	1.4050
正丁胺	77.8	−49.1	0.7414	1.4031
正戊胺	104.4	55	0.7547	1.4118
乙二胺	116.5	8.5	0.8995	1.4568
己二胺	204～205	41～42		
丙二胺	135.5		0.884	1.4600
丁二胺	158～159	27～28	0.877	1.4569
苯胺	184.13	−6.3	1.0217	1.5863
N-甲基苯胺	196.25	−57	0.9891	1.5684
N,N-二甲基苯胺	194.15	2.45	0.9557	1.5582

10.2.3　胺的化学性质

10.2.3.1　碱性

由于胺分子中氮原子有未共用电子对，易与质子结合，因此显示出碱性，胺与大多数酸作用生成盐。

$$\underset{\overset{|}{H}}{\overset{\overset{\displaystyle H}{|}}{R—N:}} + HCl \longrightarrow \underset{\overset{|}{H}}{\overset{\overset{\displaystyle H}{|}}{R—N^+}}—HCl^-$$

$$R-\overset{\underset{\displaystyle |}{H}}{\underset{\displaystyle |}{N}}: + HOSO_2OH \longrightarrow R-\overset{\underset{\displaystyle |}{H}}{\underset{\displaystyle |}{N^+}}-HOSO_2OH^-$$

胺的碱性强弱可用其解离常数 K_b 或解离常数的负对数 pK_b 表示：

$$R\overset{\cdot\cdot}{N}H_2 + H_2O \underset{}{\overset{K_b}{\rightleftharpoons}} R\overset{+}{N}H_3 + OH^-$$

$$K_b = \frac{[R\overset{+}{N}H_3][OH^-]}{[RNH_2]}$$

$$pK_b = -\lg K_b$$

碱性越强，K_b 越大，pK_b 越小。一些胺的 pK_b 值列于表 10-4 中。

表 10-4　一些胺的 pK_b 值（在水溶液中）

名称	pK_b	名称	pK_b	名称	pK_b
CH_3NH_2	3.38	$(CH_3)_2NH$	3.27	$(CH_3)_3N$	4.21
$C_2H_5NH_2$	3.37	$(C_2H_5)_2NH$	3.06	$(C_2H_5)_3N$	3.25
$C_6H_5NH_2$	9.38	$C_6H_5NHCH_3$	9.15	$C_6H_5N(CH_3)_2$	8.94
对硝基苯胺	约 13	间硝基苯胺	11.55	NH_3	4.76
对氯苯胺	10.19	间氯苯胺	10.68	邻氯苯胺	11.36
对甲苯胺	8.93	间甲苯胺	9.33	邻甲苯胺	9.62

　　胺的碱性较弱，它的盐与氢氧化钠或氢氧化钾溶液作用时，释放出游离的胺。这是因为氮原子上连有氢原子，加碱后立即发生质子转移而生成水。季铵盐的氮原子上没有氢原子，因此与 NaOH 或 KOH 作用不能释放出游离胺。

$$R_2\overset{+}{N}H_2Cl^- + NaOH \longrightarrow R_2NH + NaCl + H_2O$$

　　一般可以用酸分离、精制与鉴别胺。例如，将混合物与酸混合，胺与酸形成盐溶于酸中，分离出胺，再用强碱从盐溶液中置换出胺。

　　脂肪胺的碱性强弱受到与其相连的基团影响。由于烷基是给电子基团，可以增加氮原子的电子云密度，即增加它对质子的吸引力，所以胺的碱性比氨强。同理，二级胺的碱性应较一级胺强，三级胺较二级胺更强。这一结论在气体状态时是正确的，即：

$$(CH_3)_3N > (CH_3)_2NH > CH_3NH_2 > NH_3$$

　　但是，在溶液中情况有所不同，由于受溶剂化效应、体积效应、溶剂以及空间效应等共同影响，其碱性强弱的次序发生变化，表现为如下的顺序：

	$(CH_3)_2NH$	CH_3NH_2	$(CH_3)_3N$	NH_3
pK_b	3.27	3.38	4.21	4.76

　　在胺分子中引入吸电子基团后，其吸电子诱导效应使其碱性减弱。如三氟化氮几乎没有碱性。

$$\overset{\displaystyle F}{\underset{\displaystyle F}{\overset{\displaystyle \nearrow}{F}}}N$$

　　芳胺的碱性比脂肪胺弱得多。由于苯胺分子中氮原子上未共用电子与苯环 π 电子形成共轭体系，氮原子上的未共用电子对部分离域到苯环上，结果使氮原子的电子云密度减小，接受质子的能力亦随着降低，因此苯胺的碱性比氨弱得多。从表 10-4 中可以看出，取代芳胺的碱性强弱取决于取代基的性质。若取代基是给电子的基团时，则碱性略增，如对甲苯胺；若取代基是吸电子基团时，则碱性降低，如对硝基苯胺。

在芳胺中，以一级胺的碱性最强，二级胺次之，三级胺最弱，接近于中性，与硫酸不能生成盐，但是可以和过氯酸生成盐。

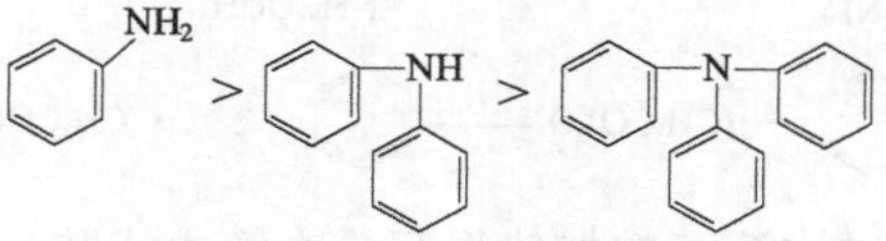

10.2.3.2 氧化反应

胺极易氧化，可分两种方式进行，一种是"加入氧"，另一种是"脱氢"。例如，用过氧化氢即可使脂肪伯胺及仲胺氧化，分别得到肟或羟胺。叔胺氧化得氧化胺。

$$RCH_2NH_2 \xrightarrow{H_2O_2} RCH{=}N{-}OH$$

$$R_2NH \xrightarrow{H_2O_2} R_2NOH + H_2O$$

$$(CH_3)_3N \xrightarrow{H_2O_2} (CH_3)_3N{-}O$$

10.2.3.3 烷基化

胺作为亲核试剂与卤代烃发生亲核取代反应，氨基上的氢被烷基取代，称为烷基化。反应生成二级、三级胺和季铵盐。当一级、二级、三级胺的盐分别用碱处理时，又生成游离胺。季铵盐与碱作用产生四级铵碱（季铵碱）。

$$CH_3\ddot{N}H_2 + R{-}Br \longrightarrow CH_3\overset{+}{N}H_2R + Br^-$$

$$CH_3\overset{+}{N}H_2R \xrightarrow{OH^-} CH_3NHR + H_2O$$

$$CH_3\ddot{N}HR + R{-}Br \longrightarrow CH_3\overset{+}{N}HR_2 + Br^-$$

$$CH_3\overset{+}{N}HR_2 \xrightarrow{OH^-} CH_3NR_2 + H_2O$$

$$CH_3\ddot{N}R_2 + R{-}Br \longrightarrow CH_3\overset{+}{N}R_3Br^-$$

$$CH_3\overset{+}{N}R_3Br^- \xrightarrow{OH^-} CH_3\overset{+}{N}R_3OH^- + Br^-$$

因此，氨或胺的烷基化实际上往往得到一级、二级、三级胺和季铵盐的混合物。

10.2.3.4 酰化反应

胺可以用酰氯、酸酐酰代。氨基上的氢被酰基取代而生成 N-烷基酰胺或者 N,N-二烷基酰胺。由于三级胺氮原子上没有氢原子，所以不能发生酰化反应。

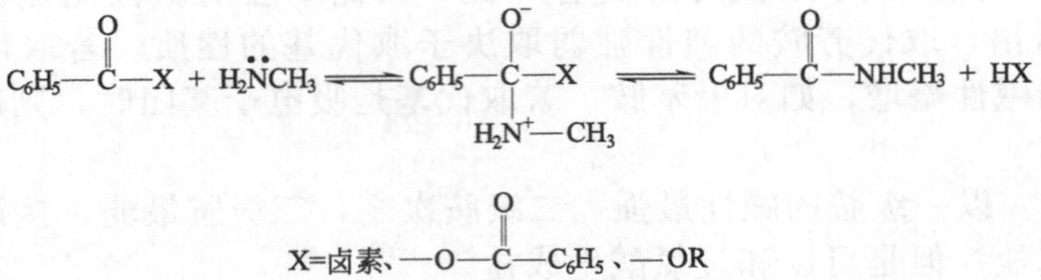

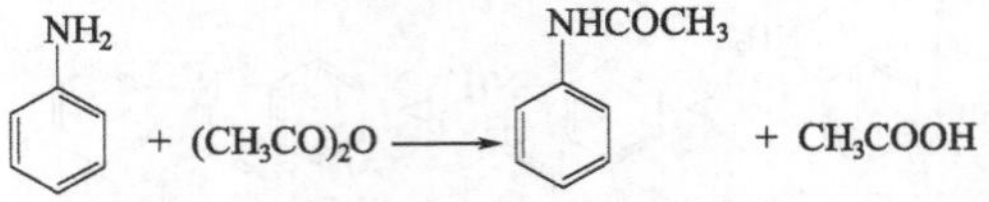

$$X=卤素、—O—\overset{\displaystyle O}{\overset{\|}{C}}—C_6H_5、—OR$$

由于酰胺在强酸或强碱水溶液中加热很容易水解生成胺，因此在有机合成上，往往用此方法保护活泼的氨基。即先将氨基酰化后再进行其他反应，然后用水解法除去酰基，避免发生不必要的副反应。例如，在苯胺的硝化反应中，用酰基将氨基保护，既可以避免苯胺被硝酸氧化，又可以适当降低苯环的反应活性，用来制备一硝化产物。

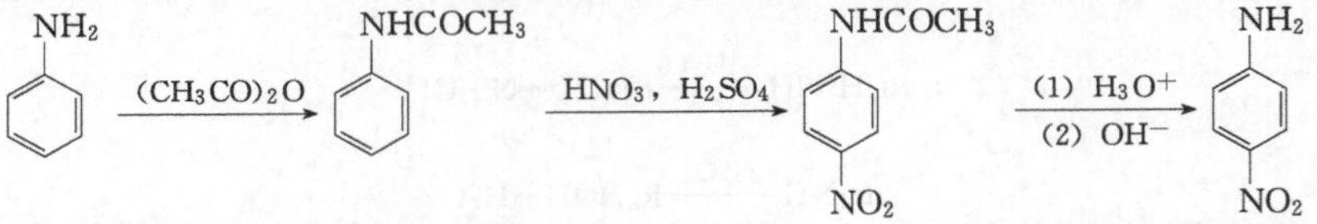

胺的酰基化衍生物多为结晶固体，具有一定熔点，根据熔点可以判断出原化合物是哪种胺，故可以鉴定伯胺和仲胺。

10.2.3.5 磺酰化反应

一级、二级胺在碱存在下，也能跟磺酰化试剂作用，如苯磺酰氯或对甲苯磺酰氯。氨基的氢原子被磺酰基取代，生成苯磺酰胺。三级胺氨基上没有氢原子，与苯磺酰氯不反应。

磺酰化反应需要在氢氧化钠或者氢氧化钾溶液中进行。一级胺生成的苯磺酰胺，因氨基上的氢原子受磺酰基的影响呈弱酸性，所以能溶于碱变为盐。由二级胺生成的苯磺酰胺的氨基上没有氢原子，不能与碱生成盐。三级胺与苯磺酰氯不能发生磺酰化反应，也不溶于碱。所以在碱性溶液中，常利用苯磺酰氯（或对甲苯磺酰氯）来分离鉴别伯、仲、叔三种胺，称为兴森堡（Hinsberg O）反应。

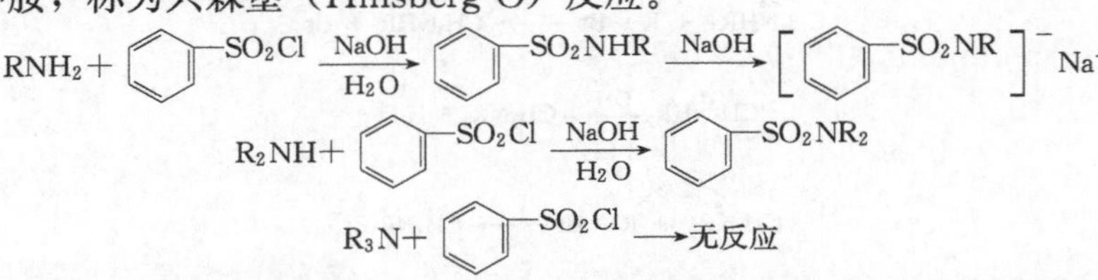

该反应中与苯磺酰氯不起作用的三级胺，首先通过蒸馏方法蒸出。将剩下的溶液过滤，使不溶于碱性溶液而以固体析出的二级胺产物苯磺酰胺滤出。滤液经酸化后沉淀出一级胺的苯磺酰胺。将伯胺和仲胺的苯磺酰胺与强酸共沸进行水解，分别得到原来的胺，这样就可以分离三级胺。

10.2.3.6 与亚硝酸作用

各类胺与亚硝酸反应时产生不同产物。由于亚硝酸不稳定，一般用亚硝酸钠和盐酸或者硫酸代替亚硝酸。

脂肪族一级胺与亚硝酸作用，生成不稳定的脂肪族重氮盐，这个反应叫作重氮化反应。不稳定重氮盐甚至在低温下都会自动地分解释放出氮气。因为它生成复杂的混合产物，所以该重氮化反应在合成上意义不大。但它能定量地放出氮气，所以根据放出氮气的量可定量地测定一级胺。

$$CH_3CH_2CH_2NH_2+NaNO_2+HX \longrightarrow [CH_3CH_2CH_2-\overset{+}{N}\equiv N]\,X^-$$
$$\longrightarrow CH_3CH_2\overset{+}{C}H_2+X^-+N_2\uparrow$$

芳香族一级胺在低温下、强酸性溶液中与亚硝酸作用，生成芳基重氮盐。芳香族重氮盐虽然也不稳定，但是在低温下不分解，在有机合成上非常有用。

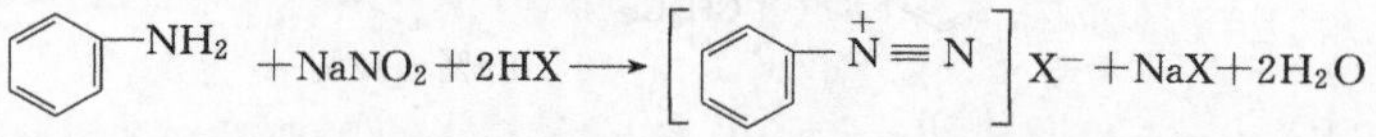

$$\langle\ \rangle\text{-NH}_2 +NaNO_2+2HX \longrightarrow [\langle\ \rangle-\overset{+}{N}\equiv N]\,X^-+NaX+2H_2O$$

脂肪族二级胺与亚硝酸作用，生成黄色油状或固体的 N-亚硝基二级胺。此反应可以用来鉴别二级胺。例如：

$$R_2NH+HNO_2 \longrightarrow R_2N-N=O+H_2O$$

芳香族二级胺如二苯胺或 N-甲基苯胺与亚硝酸作用，生成亚硝基胺。

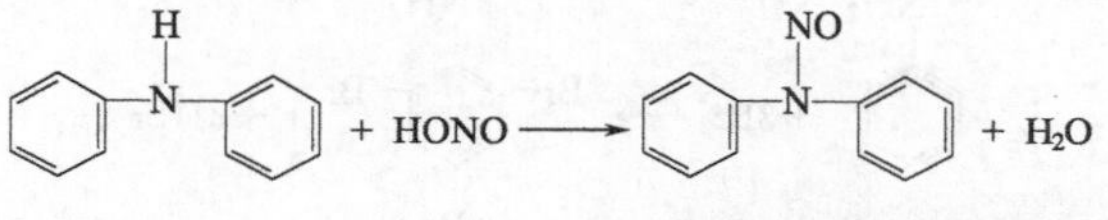

N-亚硝基二苯胺(黄色固体)

在同样条件下，脂肪三级胺与亚硝酸不发生类似反应。芳香族三级胺，若对位没有取代基，在同样的条件下，与亚硝酸反应主要发生在环上，生成对亚硝基胺。例如：

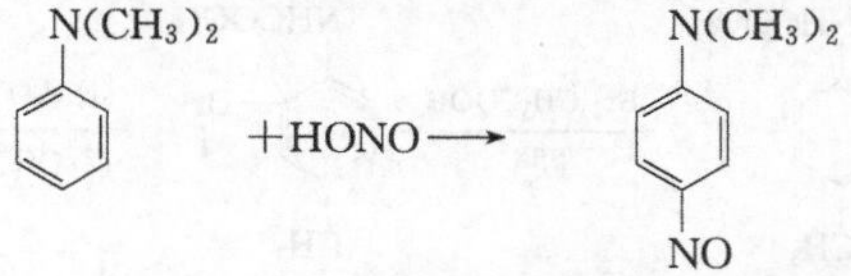

对亚硝基-N,N-二甲苯胺
(绿色叶片状)

利用三类胺与亚硝酸作用生成的产物不同这一反应，也可以区别各级胺，但现象没有磺酰化反应明显。

10.2.4 芳香胺的特殊反应

芳香胺分子中氨基直接连在芳环上，氨基和芳环的相互影响使芳香胺表现出一些特殊反应。

10.2.4.1 氧化反应

芳香胺很容易被氧化，在贮藏中就逐渐被空气中的氧所氧化，致使颜色变深。例如，新的纯苯胺是无颜色的，但曝露在空气中很快就变成黄色，然后变成红棕色。N上有氢的芳香胺极易氧化，氧化剂种类及反应条件不同，氧化产物也不同。例如，用二氧化锰和硫酸氧化苯胺，反应主要产物是对苯醌。

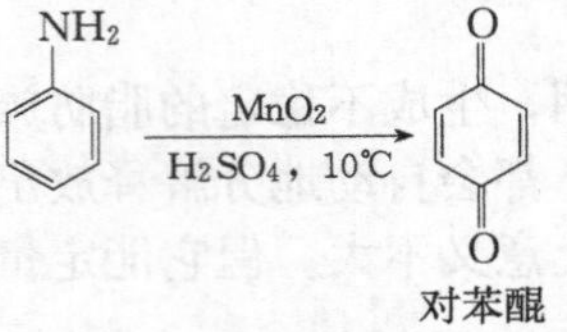

如果环上有吸电子基如卤素、硝基、氰基等，用三氟过氧乙酸氧化，则可生成硝基化合物。例如：

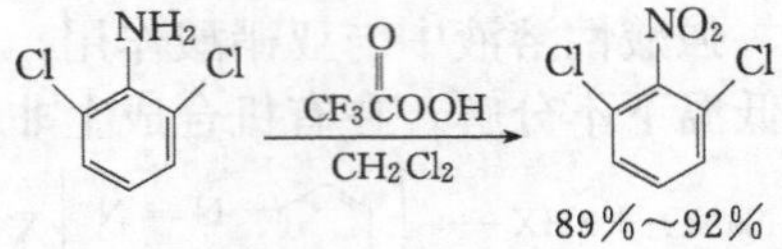

10.2.4.2 苯环上的亲电取代反应

（1）卤代反应

氨基是强活化基团，苯胺很容易发生亲电取代反应。苯胺与溴的水溶液作用，立即生成 2,4,6-三溴苯胺沉淀，反应很难停留在一元取代的阶段。

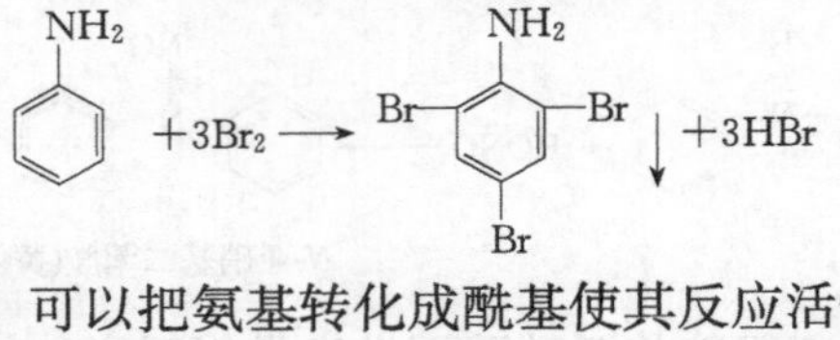

要想得到一元取代物，可以把氨基转化成酰基使其反应活性降低，则可以得到一卤化物，例如：

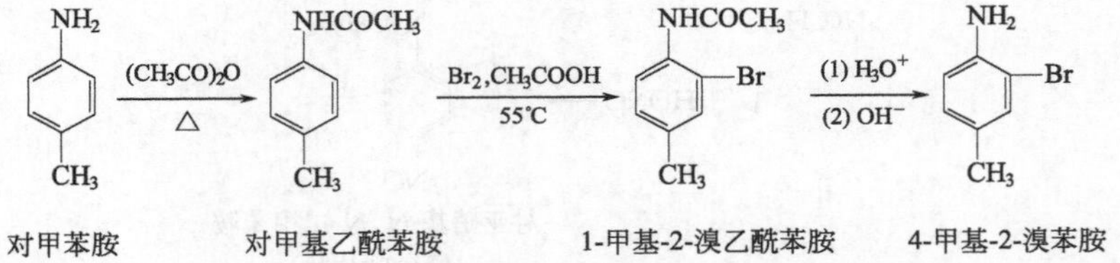

对甲苯胺　　　对甲基乙酰苯胺　　　1-甲基-2-溴乙酰苯胺　　　4-甲基-2-溴苯胺

苯胺与活性小的碘反应时，能得到一碘化物：

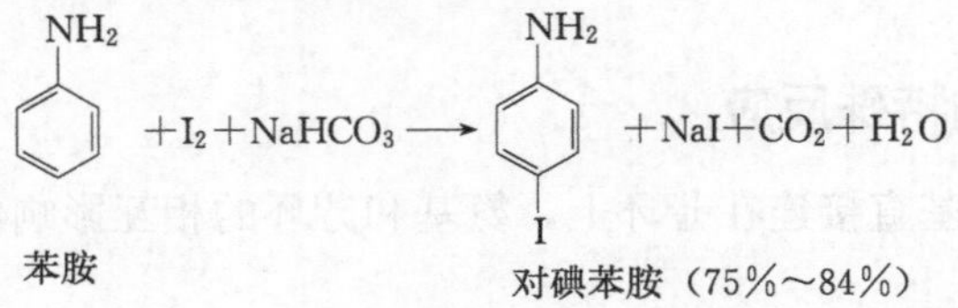

苯胺　　　　　对碘苯胺（75%～84%）

（2）磺化反应

苯胺在室温下，用发烟硫酸磺化时生成邻位、间位和对位氨基苯磺酸的混合物。若苯胺在 180～190℃与浓硫酸共热，则生成对氨基苯磺酸。

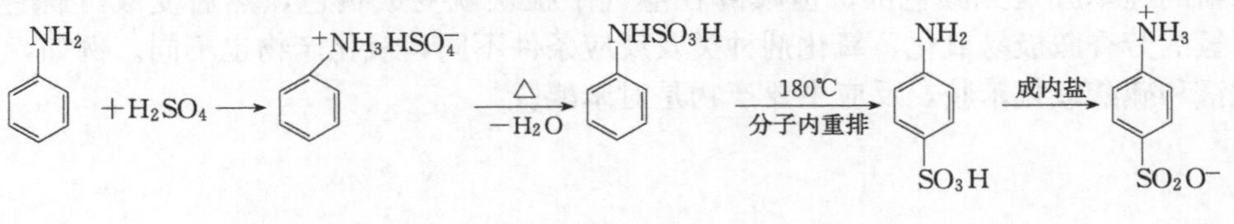

对氨基苯磺酸分子中含有酸性和碱性两种基团，在分子内可形成内盐。

（3）硝化反应

由于氨基对氧化剂十分敏感，苯胺直接硝化时，产率往往很低。所以必须先把氨基保护起来，如先乙酰化或成盐，然后再进行硝化。

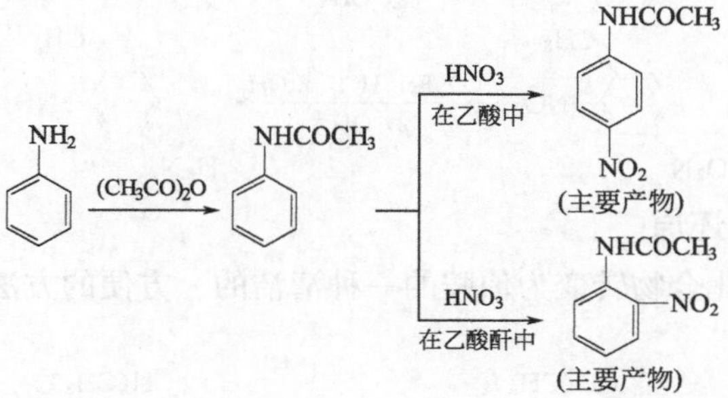

叔胺可以直接用混酸硝化：

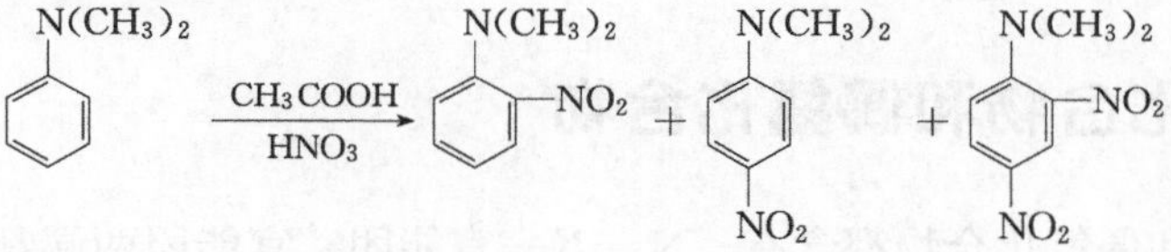

10.2.5 胺的制备方法

制取胺的方法主要有两种，一是用氨作为亲核试剂进行亲核取代反应，二是含氮化合物的还原反应。

10.2.5.1 氨的烷基化

在一定压力下，将卤代烃与氨溶液共热，发生亲核取代反应，通常反应的最终产物是一级、二级和三级胺的混合物，甚至有季铵盐生成。卤素直接连在苯环上很难被氨基取代，若芳环上卤素的邻、对位有硝基等强吸电子基团存在时，则没有催化剂的条件下亦发生亲核取代反应。例如：

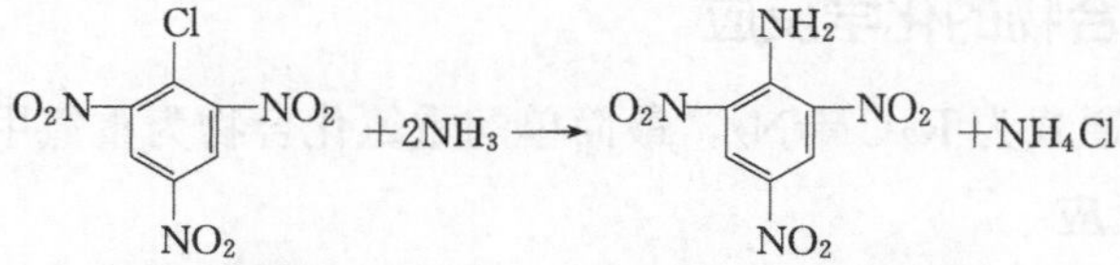

2,4,6-三硝基氯苯　　　　2,4,6-三硝基苯胺

10.2.5.2 含 C—N 键化合物的还原

腈、肟、酰胺均含有 C—N 键，都可以被还原为胺。酰胺与次卤酸钠共热，可以得到比原来的酰胺少一个碳原子的伯胺。

$$RCONH_2+NaOX+NaOH \longrightarrow RNH_2+NaCO_3+NaX+H_2O$$

腈在乙醇中与金属钠作用还原成一级胺：

$$RC \equiv N+4C_2H_5OH+4Na \longrightarrow RCH_2NH_2+4C_2H_5ONa$$

氢化铝锂作为还原剂也可以将酰胺还原为胺：

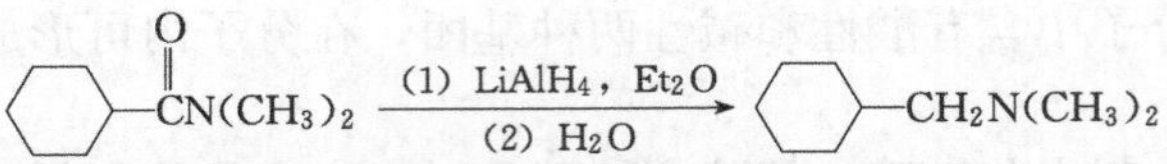

$$\text{环己基—C(=O)—CH(CH}_3)_2 \xrightarrow[\text{(2) H}_2\text{O}]{\text{(1) LiAlH}_4,\ \text{Et}_2\text{O}} \text{环己基—CH}_2\text{N(CH}_3)_2$$

硝基化合物常用锡、铁等金属和盐酸还原，乙醇作溶剂：

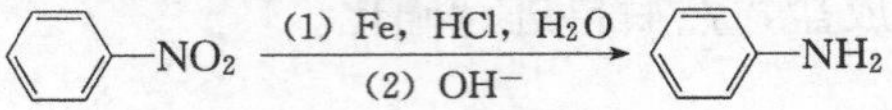

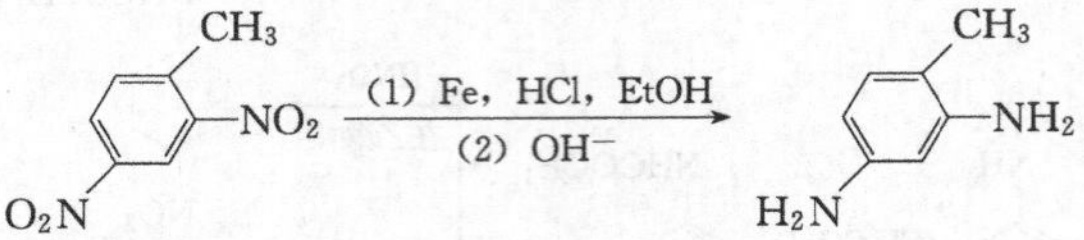

$$\text{苯—NO}_2 \xrightarrow[\text{(2) OH}^-]{\text{(1) Fe, HCl, H}_2\text{O}} \text{苯—NH}_2$$

$$\xrightarrow[\text{(2) OH}^-]{\text{(1) Fe, HCl, EtOH}}$$

10.2.5.3 催化氢化还原

催化氢化是硝基化合物转变为伯胺的一种清洁的、方便的方法，镍、铂和钯都可以用作催化剂：

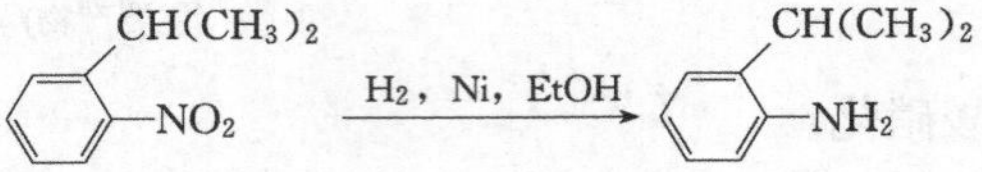

$$\xrightarrow{\text{H}_2,\ \text{Ni, EtOH}}$$

10.3 重氮化合物和偶氮化合物

重氮化合物和偶氮化合物都含有—N═N—官能团。官能团两端都分别与烃基相连的化合物，称为偶氮化合物。官能团的一端与烃基相连，另一端与其他非碳原子（CN⁻例外）或者原子团相连的化合物，称为重氮化合物。

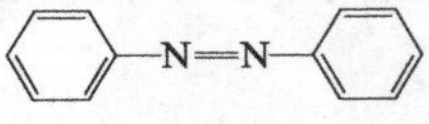

偶氮苯 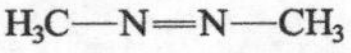　　　　　　偶氮甲烷 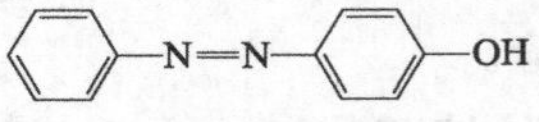　　　　　对羟基偶氮苯

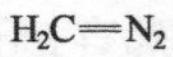

重氮甲烷 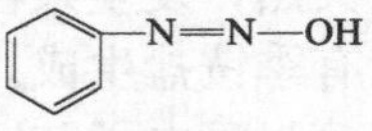　　　　氢氧化重氮苯 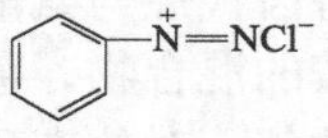　　　　氯化重氮苯

10.3.1 重氮化合物的化学反应

重氮化合物的通式为 $R_2C═N_2$，最简单的重氮化合物为重氮甲烷。

10.3.1.1 取代反应

重氮基可以被羟基、卤素、氰基、氢原子等取代生成不同化合物。

被羟基取代：重氮盐和盐酸共热时发生水解生成酚，并放出氮气。利用这个反应，可以在苯环上指定位置引入一个羟基。

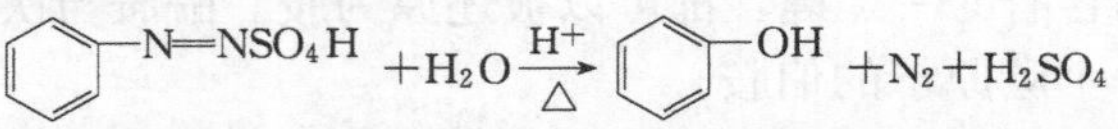

$$\text{苯—N═NSO}_4\text{H} + \text{H}_2\text{O} \xrightarrow[\triangle]{\text{H}^+} \text{苯—OH} + \text{N}_2 + \text{H}_2\text{SO}_4$$

被卤素取代：在氯化重氮盐水溶液中加入碘化钾，生成碘苯并放出氮气，这是将碘原子引入苯环的方法。

$$\text{苯—N═NCl} + \text{KI} \xrightarrow{\triangle} \text{苯—I} + \text{N}_2 + \text{KCl}$$

被氢原子取代：在还原剂次磷酸溶液中，重氮基可以被氢原子取代。

$$\text{C}_6\text{H}_5\text{—N}\!=\!\text{NCl} + H_3PO_2 + H_2O \longrightarrow \text{C}_6\text{H}_6 + N_2 + H_3PO_3 + HCl$$

10.3.1.2 还原反应

重氮盐可以被氯化亚锡、锡和盐酸、锌和乙酸等还原，生成苯肼盐酸盐，再通过碱处理得到苯肼。

$$\text{Ph—N}\!=\!\text{NCl} + Sn + 4HCl \longrightarrow \text{Ph—NHNH}_2 \cdot HCl + SnCl_4$$
$$\xrightarrow{NaOH} \text{Ph—NH—NH}_2$$

10.3.2 偶氮化合物

许多偶氮化合物都作为染料广泛应用于纺织行业。染料是一种可以牢固附着在纤维上的有耐光和耐洗性的有色物质。染料的种类很多，在已知的染料中偶氮染料可以占到一半以上。

芳香族偶氮化合物具有高度的热稳定性，有颜色，常用于指示剂或者染料。偶氮化合物分子中氮原子有孤对电子，但是它们的碱性很弱，在强碱中才能接受质子：

$$\text{Ph—}\ddot{N}\!=\!\ddot{N}\text{—Ph} + H_3O^+ \Longleftrightarrow \text{Ph—}\overset{H}{N}\!=\!\ddot{N}\text{—Ph} + H_2O$$

甲基橙是实验室常用的指示剂，在中性或碱性溶液中呈现黄色，它是以磺酸钠盐的形式存在的。在酸性溶液中转化为磺酸，这样酸性的磺酸基就与分子内的碱性二甲氨基形成对二甲氨基苯基偶氮苯磺酸的内盐形式（成对醌结构），成为一个含有对位醌式结构的共轭体系，显示橙色。所以颜色随之改变。

$$\text{NaO}_3S\text{—}\langle\rangle\text{—N}\!=\!\text{N—}\langle\rangle\text{—N(CH}_3)_2 \xrightarrow{H^+}$$

黄色

$$\text{HO}_3S\text{—}\langle\rangle\text{—N}\!=\!\text{N—}\langle\rangle\text{—N(CH}_3)_2 \Longleftrightarrow {}^-O_3S\text{—}\langle\rangle\text{—NH—N}\!=\!\langle\rangle\!=\!\overset{+}{N}H(CH_3)_2$$

红色

脂肪族偶氮化合物在加热时分解，生成氮气和自由基，有的可以作自由基反应的引发剂：

$$(CH_3)_2\underset{CN}{C}\text{—N}\!=\!\text{N—}\underset{CN}{C}(CH_3)_2 \xrightarrow{\triangle} 2(CH_3)_2\underset{CN}{C}\cdot + N_2$$

10.4 含氮化合物在矿冶领域中的应用

10.4.1 重要的胺类萃取剂

N$_{235}$ 是一种叔胺萃取剂，平均分子量为 387。25℃时相对密度为 0.815，在水中的溶解度小于 0.01g/L。市售叔胺的成分为 *N*-庚基二辛胺、三庚胺、三辛胺、*N*-辛基二壬胺和三壬胺等。

N$_{263}$ 是一种季铵萃取剂，由 N$_{235}$ 与氯甲烷作用得到。N$_{263}$ 的结构复杂，通常写成 R$_3$CH$_3$NCl 或者 （R$_3$NCH$_3$）$^+$Cl$^-$。

胺的结构对萃取性能的影响：实验证明，胺类化合物的结构是否具有位阻效应是决定它们萃取性能的主要因素，而氮原子的电荷密度对萃取效力的影响是次要的。

伯胺与仲胺的烷基结构对萃取性能有很大影响。作为萃取剂，若油溶性很差，则不能作为萃取剂。因此，伯胺与仲胺的烷基一般都要多支链或者胺基在烷基链的中部，它们都是油溶性较好的工业萃取剂。

叔胺与季铵盐的 R 通常为 C$_7$～C$_9$ 的直连烷基，其油溶性很好。具有较多支链的伯胺和仲胺，特别是邻近氮原子带支链的仲胺，其萃取性能与叔胺相似，这是因为位阻效应的影响，阻碍了这类仲胺分子间的氢键缔合。

10.4.2 用于浮选工艺的脂肪胺

胺类在矿物加工行业中最重要的用途是作为浮选捕收剂，跨越较宽的 pH 范围；作为脂肪酸的乳化剂提高其浮选性能；作为制备一些阴离子捕收剂的原料；还可以作为抑制剂。

脂肪胺在浮选中作为阳离子捕收剂，浮选氧化锌、氧化锡及其他的氧化矿。主要品种有正十二胺、正十六胺、二甲基正十八胺等。由于高级脂肪酸不溶于水，在使用时，将它们制成草酸盐或者盐酸盐。这些盐在水中解离为正负离子，一个是酸根，另一个是带正电的胺离子。这一正离子的氮原子带正电，烷基则不呈电性。

季铵盐［C$_{12}$H$_{25}$N$^+$（CH$_3$）$_3$Cl$^-$］作为阳离子捕收剂，在水中的溶解度较高，一般为无色或淡黄色的固体或液体，选择性强。在碱性条件下，以季铵盐为捕收剂可实现一水硬铝石与硅酸盐矿物的反浮选分离。季铵盐主要靠静电作用吸附在一水硬铝石、高岭石、叶蜡石及伊利石表面。

10.4.3 醚胺

在脂肪胺上面引入一个醚基，形成醚胺。醚胺在水中的溶解度好于脂肪胺，在矿浆中容易分散，浮选效果得到改善。醚胺的捕收性能与脂肪胺相似，可以浮选铁矿石、英岩矿石中的石英、氧化锌矿物等。

10.4.4 含肟基的捕收剂

包括烷基氧肟酸、水杨醛肟、N-羟基邻苯二甲酰亚胺等。烷基氧肟酸可以浮选蔷薇辉石、硅孔雀石、萤石、黑钨矿、方解石、氧化铅锌矿等，是选择性良好的捕收剂。另外还可以与丁基黄药混合使用，提高浮选效果。

10.4.5 N-烷基氨基羧酸、 N-烷酰基氨基羧酸的捕收剂

N-烷基氨基羧酸和 N-烷酰基氨基羧酸是两性捕收剂。两性捕收剂分子中既具有带负电的官能团，又具有带有正电的官能团，故称为两性捕收剂。这类氨基羧酸可以在矿物表面形成稳定的络合物，烃基向外，使矿物疏水性增强而起到捕收作用。

习 题

1. 按其碱性的强弱排列下列各化合物，并说明理由。

(1)

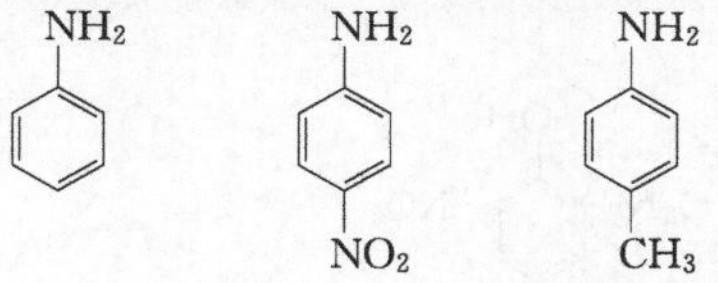

(2) $CH_3\overset{O}{\overset{\|}{C}}NH_2$ 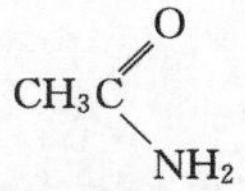 CH_3NH_2 NH_3

2. 比较正丙醇、正丙胺、甲乙胺、三甲胺和正丁烷的沸点高低，并说明理由。

3. 如何完成下列的转变?

(1) CH_2=$CHCH_2Br$ ——→ CH_2=$CHCH_2CH_2NH_2$

(2)

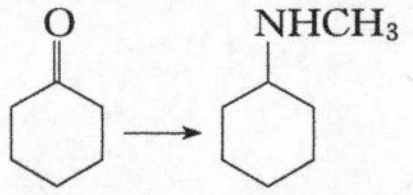

(3) 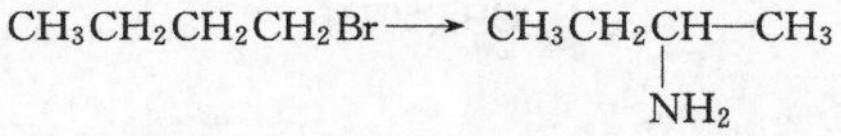 $CH_3CH_2CH_2CH_2Br$ ——→ $CH_3CH_2\underset{NH_2}{\overset{|}{C}H}$—$CH_3$

4. 完成下列反应。

(1)

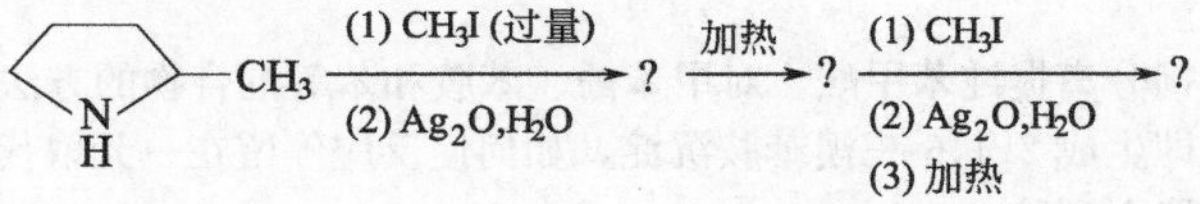

(2)

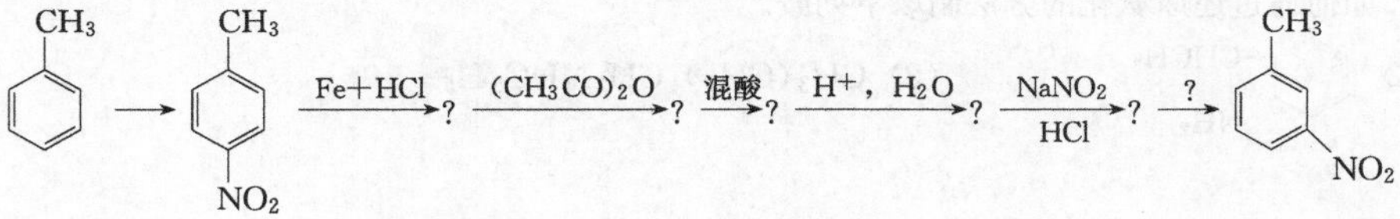

(3) 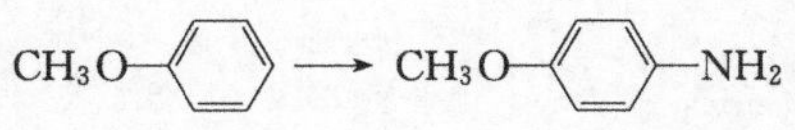 CH_3O—⟨⟩ ——→ CH_3O—⟨⟩—NH_2

(4) 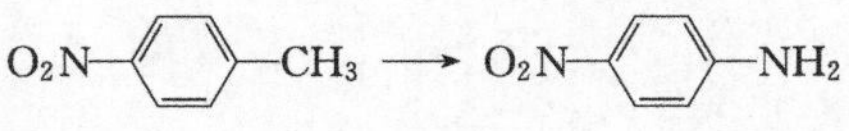 O_2N—⟨⟩—CH_3 ——→ O_2N—⟨⟩—NH_2

(5) 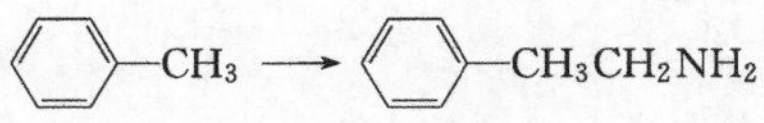 ⟨⟩—CH_3 ——→ ⟨⟩—$CH_3CH_2NH_2$

(6)

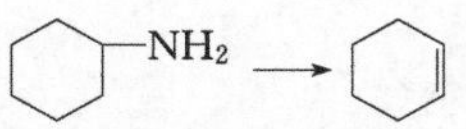

(7)

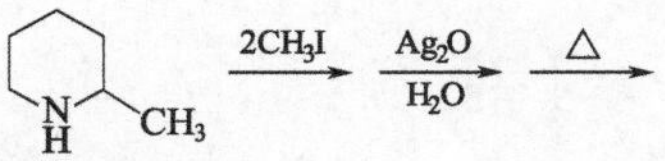

5. 从指定原料合成。

(1) 从环戊酮和 HCN 制备环己酮;

(2) 从 1,3-丁二烯制备合成尼龙-66 的两个单体己二酸和己二胺;

（3）由乙醇、甲苯及其他无机试剂合成普鲁卡因 $NH_2-\langle\ \rangle-COOCH_2CH_2NEt_2$ 。

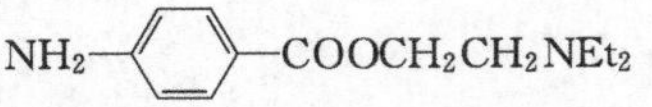

6.试分离 $C_6H_5NH_2$、$C_6H_5NHCH_3$ 和 $C_6H_5N(CH_3)_2$。

7.某化合物 $C_8H_9NO_2$（A）在 NaOH 中被 Zn 还原生成 B，在强酸性下 B 重排生成芳香胺 C，C 用 HNO_2 处理，再与 H_3PO_2 反应生成 3,3-二乙基联苯（D）。试写出 A、B、C 和 D 的结构式。

8.用化学方法区别下列各组化合物。

（1）$\langle\ \rangle-NO_2$ 和 $CH_3CH_2NO_2$ （2）$\langle\ \rangle-OH$ 和 三硝基苯酚

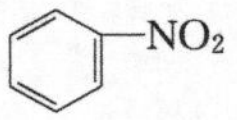

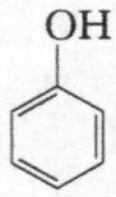

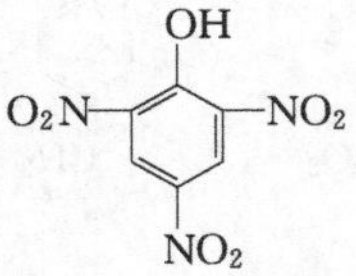

（3）$(CH_3)_2NH$ 和 $(CH_3)_3N$

9.将下列化合物命名。

（1） 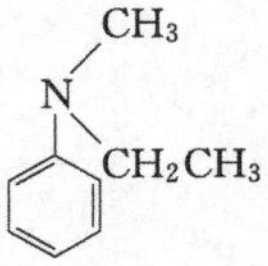 （2） 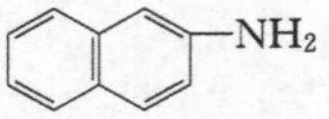 （3）

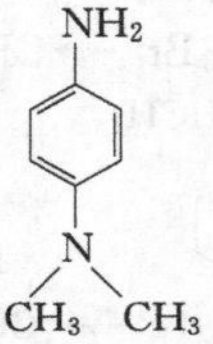

（4）$\langle\ \rangle-N(CH_3)_2$ （5）$CH_2=CHCH_2NH_2$ （6）$CH_2=CH-\overset{+}{N}(CH_3)_3\overset{-}{Br}$

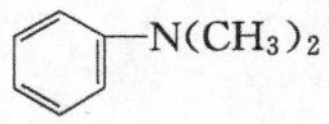

10.简要写出用酸、碱和有机溶剂分离提纯苯甲酸、对甲苯酚、苯胺和苯等混合物的方法。

11.苯胺与溴的水溶液作用，立即生成 2,4,6-三溴苯胺沉淀，如何使反应停留在一元取代的阶段？

12.如何通过还原氨化的方法制取下列胺。

（1） 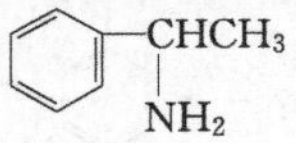 （2）$CH_3(CH_2)_4CH_2NHC_6H_5$

第11章

含硫和含磷有机化合物

前面我们讨论了两大类官能团：即含氧官能团和含氮官能团，氧和氮元素都属于第二周期。本章将讨论含第三周期元素硫和磷的有机化合物，硫与氧是第Ⅵ主族元素，磷与氮是第Ⅴ主族元素。由于硫、磷与氧、氮所处的周期不同，所以它们的化合物既有相类似的一面，又存在着明显差别。

11.1　硫、磷原子的成键特征

硫和磷的价电子层构型分别与氧和氮相类似。不同的是氧、氮原子的价电子处在第二能层，而硫、磷原子的价电子则在第三能层。由于价电子层构型相类似，所以，硫、磷原子可以形成与氧、氮相类似的共价键化合物。例如：

$$R—\overset{..}{\underset{..}{O}}H\ 醇\qquad R_3N:\ 胺$$

$$R—\overset{..}{\underset{..}{S}}H\ 硫醇\qquad R_3P:\ 膦$$

但是，与氧、氮相比，硫、磷原子的体积较大，电负性却较小，价电子层离核较远，受到核的束缚力较小，所以形成的共价化合物虽然在形式上相似，化学性质上却存在着明显的差别（见表 11-1）。

表 11-1　氧、氮与硫、磷原子成键情况对比

原子	原子体积	电负性	受核的束缚	和 C 成键
O,N	较小	较大	较大	2p-2pπ
S,P	较大	较小	较小	2p-3pπ,3d,3d

硫、磷原子除了利用 3s、3p 电子成键外，还可利用能量上相接近的空 3d 轨道参与成键。即价电子层扩大，可以形成最高氧化态为 6 或 5 的化合物。

在含硫和含磷有机化合物中，硫、磷原子为 sp^3 杂化，与胺类相似，具有四面体构型。硫、磷原子上的未成键电子对对于立体化学具有重要的影响，见图 11-1。

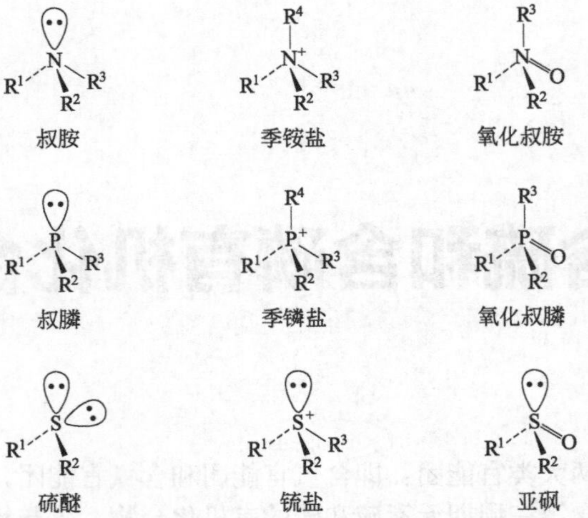

图 11-1 一些硫、磷化合物的立体构型（与胺类相比较）

11.2 含硫有机化合物

11.2.1 含硫有机化合物的结构与命名

11.2.1.1 含硫有机化合物的结构

含硫化合物可以看作含氧化合物中的氧原子被硫原子置换而成。一般按其分子结构进行分类，如硫醇、硫酚及硫醚等。

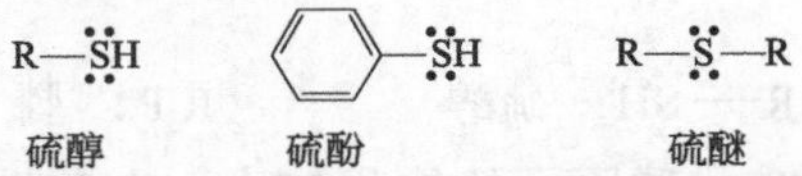

在硫醇和硫酚的分子结构中均含有 SH，称为氢硫基或巯基。硫醚则是硫醇分子巯基中的氢原子被烃基取代的衍生物。主要的含硫有机化合物的类型见表 11-2。

表 11-2 主要含硫有机化合物的类型

R—S̈—H 硫醇	R—S̈—R 硫醚	$\left[\begin{array}{c}R\\R—S̈—R\end{array}\right]^+ X^-$ 锍盐
R—S—S—R 二硫化物	R—S—R（O）亚砜	R—S—R（O，O）砜
R—S̈—OH 次磺酸	R—S—OH（O）亚磺酸	R—S—OH（O，O）磺酸

续表

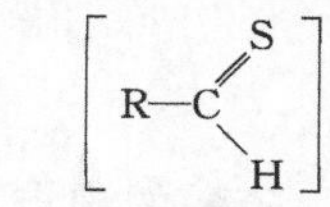 R—C(=S)H 硫醛	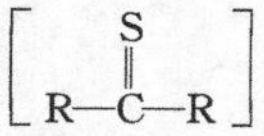 R—C(=S)R 硫酮	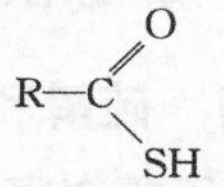 R—C(=O)SH 硫代羧酸
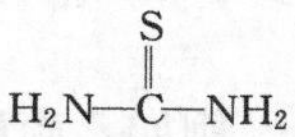 H₂N—C(=S)—NH₂ 硫脲	R—N=C=S 异硫氰酸酯	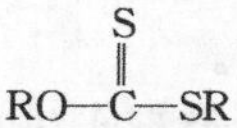 RO—C(=S)—SR 黄原酸酯

11.2.1.2 含硫有机化合物的命名

（1）低级含硫化合物

硫醇、硫酚、硫醚等含硫化合物的命名很简单，只需在相应的含氧衍生物类名前加上"硫"字即可。例如：

CH_3SH 甲硫醇	$(CH_3)_2CHSH$ 2-丙硫醇（异丙硫醇）	$HOCH_2CH_2SH$ 巯基乙醇
CH_3SCH_3 二甲硫醚	$CH_3SCH_2CH(CH_3)_2$ 甲基异丁基硫醚	$ClCH_2CH_2SCH_2CH_2Cl$ 2,2'-二氯二乙硫醚

间甲硫酚　　　　苯甲硫醚（茴香硫醚）

对于结构复杂的含硫化合物，可以把—SH作为取代基命名，称为巯基，与其他官能团的命名原则相同。例如：

$HS—CH_2—COOH$
巯基乙酸

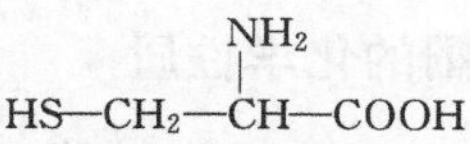

$HS—CH_2—\overset{NH_2}{\underset{}{CH}}—COOH$
2-氨基-3-巯基丙酸

（2）高价含硫化合物

亚砜、砜、磺酸及其衍生物的命名，只需在类名前加上相应的烃基名称即可，例如：

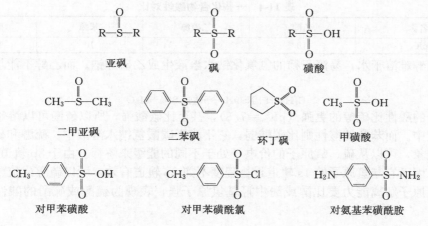

二甲亚砜　　　　二苯砜　　　　环丁砜　　　　甲磺酸

对甲苯磺酸　　　　对甲苯磺酰氯　　　　对氨基苯磺酰胺

11.2.2 硫醇和硫酚

11.2.2.1 硫醇和硫酚的物理性质

除甲硫醇在室温下为气体外，其他硫醇和硫酚为液体或者固体。硫醇的沸点比相近分子量的烷烃高，比相近分子量的醇低，与分子量相近的硫醚差不多。硫酚的沸点比相应的酚低。

由于硫难于生成氢键，硫醇和硫酚的溶解度比相应的醇小很多，例如乙硫醇在常温下 100mL 水中的溶解度为 1.5g。

分子量较低的硫醇有毒，具有极其难闻的臭味。乙硫醇在空气中的浓度达到 10^{-11}g/L 时即能为人所感觉。黄鼠狼散发出来的防护剂中就含有丁硫醇，环境污染中硫醇为恶臭的主要来源。随着硫醇分子量增大，臭味逐渐变弱。

表 11-3 为硫醇和硫酚相关键能数据。

表 11-3 硫醇和硫酚相关键能数据

名称	O—H	S—H	O—O	S—S
键能/(kJ/mol)	462.8	347.3	154.8	305.4

硫醇可由卤代烃与硫氢化钠在乙醇溶液中共热而得。

$$RX+NaSH \xrightarrow[\triangle]{\text{乙醇}} RSH+NaX$$

在反应过程中，生成的硫醇可能会进一步被烷基化而生成硫醚。

硫酚通常用高价含硫化合物还原制得。例如，在硫酸介质中，苯磺酰氯和锌反应，被还原为硫酚。

$$\langle \rangle\text{—SO}_2\text{Cl} \xrightarrow[\triangle]{\text{Zn, H}_2\text{SO}_4} \langle \rangle\text{—SH}$$

11.2.2.2 硫醇和硫酚的化学性质

（1）酸性

硫醇的酸性大于乙醇，硫酚的酸性大于苯酚。硫醇在水中解离，一些含硫化合物的 pK_a 数据见表 11-4。

$$RSH+H_2O \Longleftrightarrow RS^-+H_3O^+$$

表 11-4 一些化合物酸性对比

名称	乙醇	乙硫醇	苯酚	硫酚
pK_a	18	10.5	10	7.8

乙硫醇难溶于水，易溶于稀的氢氧化钠水溶液生成乙硫醇钠。而乙醇不能与碱水溶液反应。

$$C_2H_5SH+NaOH \longrightarrow C_2H_5SNa+H_2O$$

硫酚的酸性比硫醇的更强（$pK_a=7.8$），甚至比碳酸强，所以硫酚可以溶于碳酸氢钠水溶液中。而苯酚的酸性则比碳酸弱，它不溶于碳酸氢钠水溶液中。硫醇和硫酚的酸性增强现象，可以从硫、氧原子的价电子处于不同的能级来解释。由于 3p 轨道比 2p 轨道扩散，因而它与氢原子的 1s 轨道重叠程度不如 2p 轨道有效。所以硫醇或硫酚分子中巯基的氢原子解离能力要比醇或酚中羟基氢原子强，表现为硫醇或硫酚的酸性比醇或酚强。

（2）氧化反应

硫醇可以被氧化，其氧化方式与醇类完全不同。醇类的氧化反应发生在与羟基相连的碳原子上，氧化产物为醛或酮。而硫醇的氧化反应则发生在硫原子上，产物为二硫化物。

$$2R-S-H \xrightarrow{[O]} R-S-S-R$$

例如，在 I_2、稀 H_2O_2 溶液中，甚至在空气中氧的作用下（以铜、铁作催化剂），硫醇进行温和的氧化反应，生成二硫化物：

$$2CH_3CH_2SH + I_2 + 2NaOH \xrightarrow{稀 H_2O_2} 2CH_3CH_2SSCH_2CH_3 + NaI + 2H_2O$$

乙硫醇   二乙基二硫

二硫化物在还原剂的作用下（如亚硫酸氢钠、锌和醋酸）可被还原为硫醇。

$$R-S-S-R \xrightarrow[\text{[O]}]{\text{[H]}} 2R-SH$$

硫醇和硫酚在高锰酸钾、硝酸等强氧化剂作用下，则发生较强烈的氧化反应，生成磺酸。例如：

$$5C_2H_5SH + 6MnO_4^- + 18H^+ \longrightarrow 5C_2H_5SO_3H + 6Mn^{2+} + 9H_2O$$

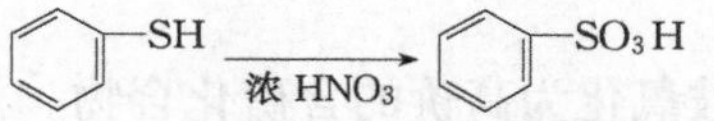

乙磺酸

苯磺酸

（3）亲核反应

RS^- 的亲核性要比 RO^- 强得多。RS^- 与 RX 发生亲核取代反应生成硫醚。

RS^- 亲核性比 RO^- 强是由硫原子的电子结构决定的。由于硫的价电子离核较远，受核的束缚力小，其极化度较大；硫原子周围空间大，空间阻碍小以及溶剂化程度减小等因素，导致 RS^- 的给电子性增强，亲核性较强。RS^- 强的亲核性和相对弱的碱性，是亲核试剂的亲核性和碱性相对强弱未必一致的又一个例证。

RS^- 很容易与卤代烷发生 S_N2 反应，是制备硫醚的常见方法。由于 RS^- 具有强亲核性和较弱的碱性，取代反应速率快。相对而言消去反应几乎不发生或者反应速率极慢，因此硫醚的产率一般较高。例如：

$$CH_3CH_2SH + (CH_3)_2CHCH_2Br \xrightarrow[OH^-]{H_2O} (CH_3)_2CHCH_2SCH_2CH_3$$

95%

除了与卤代烃反应外，硫醇还可以与羰基化合物发生亲核加成反应，与羧酸衍生物发生加成-消去反应。例如硫醇与酰卤、酸酐反应，生成硫代羧酸酯；与醛、酮反应（酸催化剂存在下）生成硫代缩醛或缩酮。硫醇比醇类更容易发生这类反应。

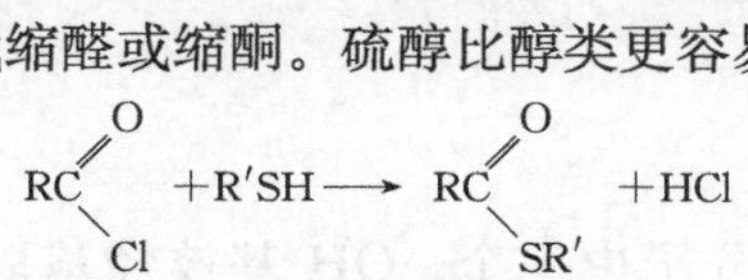

硫代羧酸酯

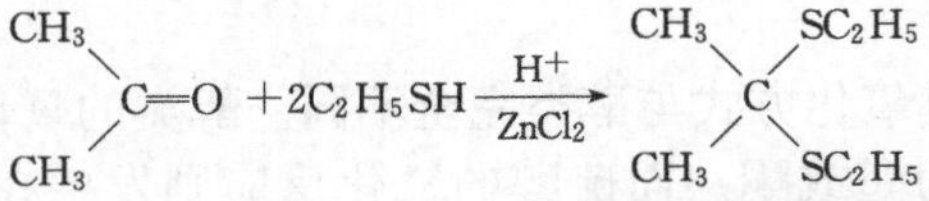
CH3
C=O
CH3
+2C2H5SH
H+
ZnCl2
CH3
SC2H5
C
CH3
SC2H5
丙酮缩二乙硫醇

11.2.3 硫醚

11.2.3.1 硫醚的物理性质

硫醚结构与含氧化合物中的醚相似。硫醚为无色液体，不溶于水，可溶于醇和醚中。它的沸点比相应的醚高。

11.2.3.2 硫醚的化学性质

（1）亲核反应

硫醚的亲核性大于醚。如硫醚可以与 $HgCl_2$、$PtCl_4$ 等金属盐形成不溶性的络合物，而乙醚需要强的路易斯酸如 BF_3、RMgX 才能形成络合物。硫醚与三级胺相似，可以与卤代烷形成稳定的盐，称为锍盐（$R_3S^+X^-$），例如：

$$(CH_3)_2S+CH_3I \longrightarrow \underset{\text{碘化三甲锍}}{(CH_3)_3S^+I^-}$$

（2）氧化反应

硫醚和硫醇一样，可以被氧化为高价的含硫化合物。例如，硫醚在过氧化氢作用下被氧化为亚砜，进一步氧化为砜，例如：

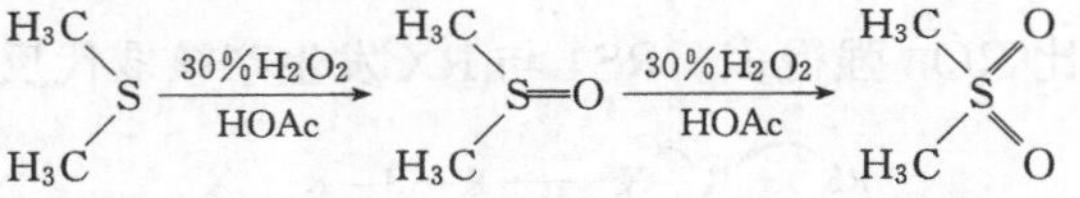
H3C
S
H3C
30%H2O2
HOAc
H3C
S=O
H3C
30%H2O2
HOAc
H3C
O
S
H3C
O
亚砜　　砜

用高碘酸作氧化剂可以把硫醚的氧化反应停留在生成亚砜阶段。

二甲基亚砜是优良的强极性非质子溶剂，与水可以以任意比例互溶，不仅可以溶解大多数有机物，还可以溶解许多无机盐，使有机物和无机物在均相中进行反应，因此在实验室中广泛使用。亚砜可以被氧化为砜，又容易被还原剂如 HI、RSH、$LiAlH_4$ 等还原为硫醚。因此二甲基亚砜作为温和的氧化剂在有机合成上获得一定的应用。

（3）还原反应

硫醚催化加氢生成烷烃：

$$RSR'+2H_2 \xrightarrow{Ni} RH+R'H+H_2S$$

11.2.4 磺酸及其衍生物

11.2.4.1 磺酸

（1）磺酸的结构与命名

磺酸可以看成为硫酸分子中一个—OH 基被烃基取代后的衍生物，其通式为 R—SO_3H，磺酸分子中硫原子直接与烃基相连。

$$R \overset{O}{\underset{O}{\overset{\|}{\underset{\|}{S}}}} OH \qquad HO \overset{O}{\underset{O}{\overset{\|}{\underset{\|}{S}}}} OH \qquad R \overset{O}{\underset{O}{\overset{\|}{\underset{\|}{S}}}} OH$$

磺酸   硫酸   硫酸氢酯

磺酸的命名只需要在磺酸前加上相应的烃基名称就可以了。如：

$$C_2H_5SO_3H \qquad \underset{苯磺酸}{\bigcirc}-SO_3H \qquad CH_3-\bigcirc-SO_3H$$
乙磺酸   苯磺酸   对甲苯磺酸

脂肪族磺酸可通过硫醇的氧化来制备。

$$ClCH_2CH_2\underset{CH_3}{\overset{CH_3}{\overset{|}{\underset{|}{C}}}}-SH \; +3H_2O_2 \xrightarrow{HOAc} ClCH_2CH_2\underset{CH_3}{\overset{CH_3}{\overset{|}{\underset{|}{C}}}}-SO_3H \; +3H_2O$$

92%

（2）磺酸的物理性质

磺酸是一种强酸，其酸性与无机强酸相当。在有机物分子结构中引入磺酸基可以提高其水溶性。

磺酸易溶于水，且易潮解，不容易结晶析出。工业上通常是以其钠盐（或钙盐）的形式分离纯化的。由于苯磺酸是强酸，它在饱和食盐水中存在下列平衡：

$$\bigcirc-SO_3H \; +NaCl \Longrightarrow \bigcirc-SO_3Na+HCl$$

生成的苯磺酸钠在饱和食盐水中溶解度很低，会沉淀析出（盐析）。

（3）磺酸的化学性质

因为硫的亲核性大于氧，所以磺酸的烷基化反应发生在硫原子上，而不是发生在氧上。例如：

$$(CH_3)_2CHCH_2CH_2Br+ \; HO-\overset{O}{\overset{\|}{S}}-ONa^+ \xrightarrow{H_3O^+} (CH_3)_2CHCH_2CH_2SO_3H$$

96%

磺酸盐与五氯化磷反应，生成磺酰氯：

$$CH_3CH_2SO_3Na+PCl_5 \longrightarrow CH_3CH_2\overset{O}{\overset{\|}{\underset{\|}{S}}}Cl \; +Na^+Cl^-+POCl_3$$

在苯环上引入磺酸基形成苯磺酸。它在酸性溶液中，在加压情况下加热水解失去磺酸基而转变为苯。

$$\underset{}{\bigcirc}-SO_3H \; +H_2O \xrightarrow[稀\,H_2SO_4]{150\sim160℃} \bigcirc +H_2SO_4$$

在有机合成上可以利用此反应来除去化合物中的磺酸基，或者先让磺酸基占据苯环上的某些位置，待其他反应完成后，再经水解将磺酸基除去。

例如，由苯酚直接溴化不易制得邻溴苯酚，但可通过下列反应来制得。

43%

11.2.4.2 磺酸的衍生物

磺酸分子中的羟基可被—X、—NH$_2$、—OR′等基团取代，生成相应的磺酰卤（R—SO$_2$X）、磺酰胺（R—SO$_2$NH$_2$）及磺酸酯（R—SO$_2$OR′）等。

（1）磺酰氯

苯磺酰氯为油状液体，凝固点 14.4℃，沸点 251.5℃，具有刺激性气味，不溶于水。它与醇、胺、水等亲核试剂反应时没有羧酸酰氯活泼。磺酰氯相当容易被还原，例如，在锌的作用下可被还原为亚磺酸，在剧烈的条件下甚至可被还原为硫酚（或硫醇）。

$$CH_3\text{—}\boxed{}\text{—}SO_2Cl \xrightarrow[H_2O]{Zn} CH_3\text{—}\boxed{}\text{—}\overset{O}{\underset{\cdot\cdot}{S}}\text{—}OH \xrightarrow[H_2SO_4]{Zn} CH_3\text{—}\boxed{}\text{—}SH$$
亚磺酸

（2）磺酸酯

磺酸酯大多为固体，而且磺酸根（RSO$_2$O$^-$）又是一个很好的离去基团，易被多种亲核试剂取代。例如，对甲苯磺酸根（ $CH_3\text{—}\boxed{}\text{—}SO_3^-$ ）是一个很弱的碱（对甲苯磺酸是强酸），它的离去能力比—OH强得多，它甚至可被 X$^-$、ROH 这样的弱亲核试剂所取代。因此实验室里常常先将醇转变为对甲苯磺酸酯，随后再与亲核试剂反应，合成各种取代产物。

$$R\text{—}OH \xrightarrow[\text{吡啶}]{ClO_2S\text{—}\boxed{}\text{—}CH_3} R\text{—}O\text{—}SO_2\text{—}\boxed{}\text{—}CH_3 \begin{cases} \xrightarrow{X^-} R\text{—}X \\ \xrightarrow[\text{或}R'O^-]{R'\text{—}OH} R\text{—}O\text{—}R' \\ \xrightarrow[\text{或}RS^-]{R'\text{—}SH} R\text{—}S\text{—}R' \\ \xrightarrow{CH_3COO^-} R\text{—}O\overset{O}{\underset{\|}{\text{—}C}}\text{—}CH_3 \\ \xrightarrow{CN^-} R\text{—}CN \end{cases} + \text{ }^-O\text{—}SO_2\text{—}\boxed{}\text{—}CH_3$$

（3）磺酰胺

磺酰胺可由磺酰氯与胺或氨作用而得。

$$\boxed{}\text{—}SO_2Cl + NH_3 \longrightarrow \boxed{}\text{—}SO_2NH_2 + NH_4Cl$$

磺酰胺的水解反应速率比羧酸酰胺慢得多。例如，对乙酰氨基苯磺酰胺水解时，分子中的乙酰氨基优先被水解，生成对氨基苯磺酰胺（简称磺胺）。

$$CH_3\overset{O}{\underset{\|}{\text{—}C}}\text{—}NH\text{—}\boxed{}\text{—}SO_2NH_2 + H_2O \xrightarrow[30\sim40min]{HCl\ (1:1)} CH_3COOH + H_2N\text{—}\boxed{}\text{—}SO_2NH_2$$
对氨基苯磺酰胺（磺胺）

磺酰胺分子中 N—H 上的 H 呈现酸性。如苯磺酰胺（Ar—SO$_2$NHR）的酸性比酰胺大得多，与酚相近，可与氢氧化钠水溶液反应生成盐。

$$Ar\text{—}SO_2NHR + OH^- \longrightarrow H_2O + Ar\text{—}SO_2N^-R$$

磺酰胺分子中 N—H 上的 H 呈现酸性的原因，一方面是磺酰基（—SO$_2$—）为强吸电子基，另一方面硫原子可接受与它相邻的氮原子上的一对未共用电子对填充它的空 d 轨道，所以在强碱的作用下，易于失去 H 解离为负离子。利用苯磺酰氯鉴别一级、二级、三级的兴斯堡反应就是以上述性质为基础的。

11.3 含磷有机化合物

11.3.1 含磷化合物的分类

含磷化合物的分类方法与含硫化合物相近，分为三价磷化物和五价磷合物。

11.3.1.1 三价磷化合物

磷可以形成三价磷化合物——膦，可被看作磷化氢 PH_3 的烃基衍生物，包括伯膦、仲膦和叔膦，还可以形成季鏻盐。

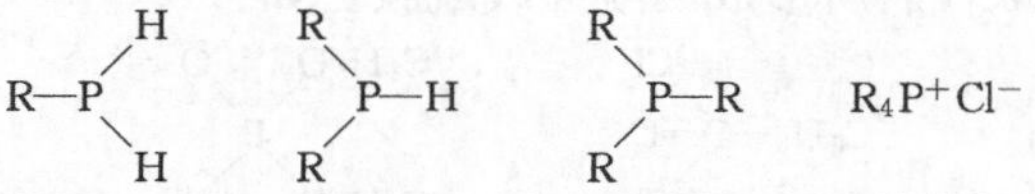

伯膦   仲膦   叔膦   季鏻盐

常见的三价磷酸有三种，亚磷酸、烃基亚膦酸和二烃基次亚膦酸。

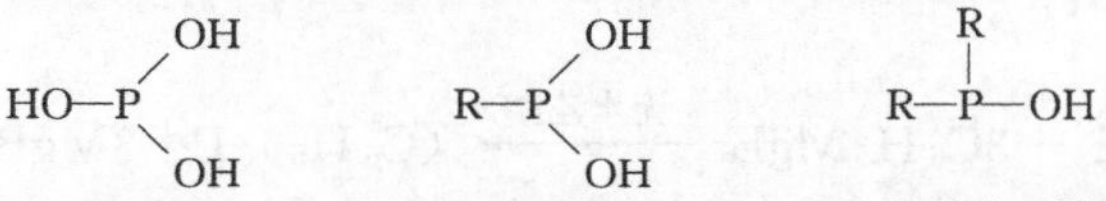

亚磷酸   烃基亚膦酸   二烃基次亚膦酸

这三种酸都有它们各自的衍生物，如酯类。

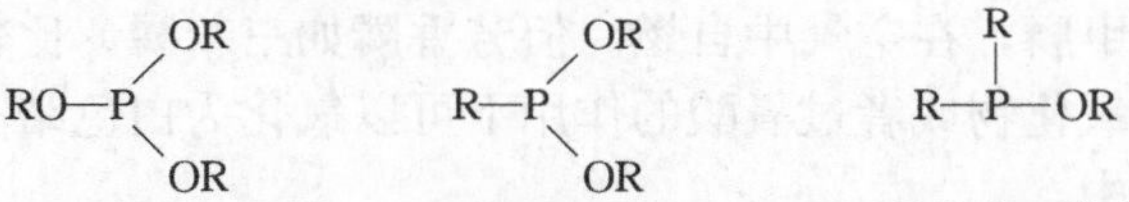

亚磷酸酯   烃基亚膦酸酯   二烃基次亚膦酸酯

11.3.1.2 五价磷化合物

磷原子不能像氮原子那样同碳、氮、氧等原子形成含有 p-pπ 键的稳定化合物。但是磷原子可以利用 3d 轨道与其他原子（如 O、S、N 等）形成含 d-pπ 键的五价磷化合物。五价的磷酸也有三种：

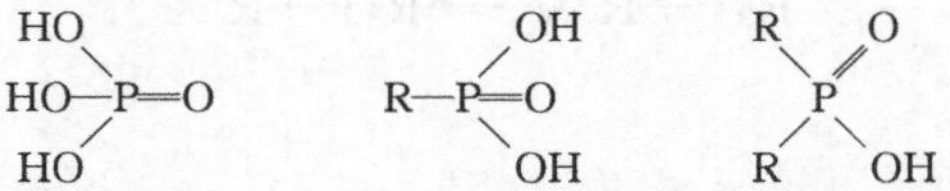

磷酸   膦酸   次膦酸

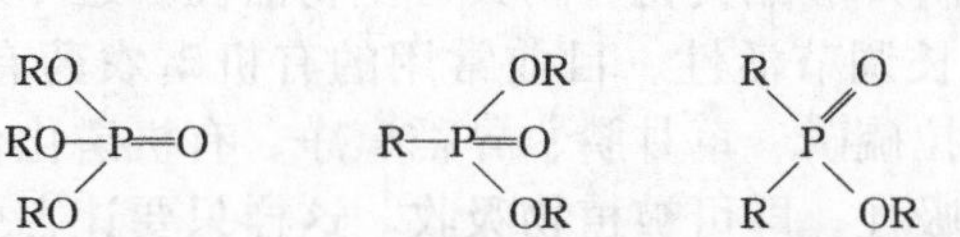

磷酸酯   膦酸酯   次膦酸酯

11.3.2 含磷化合物的命名

根据我国沿用的有机磷化合物命名原则，并结合国际纯粹和应用化学联合会建议的命名原则，膦、亚膦酸和膦酸的命名，在相应的类名前加上烃基的名称，如：

$$(C_6H_5)_3P \qquad C_6H_5\overset{\overset{O}{\|}}{P}(OH)_2 \qquad CH_3-\overset{\overset{OH}{|}}{P}-OH$$

三苯膦 　　　　　　 苯膦酸 　　　　　 甲基亚膦酸

凡属含氧的酯基，都用前缀 *O*-烃基表示，如：

$$\underset{C_2H_5O}{\overset{C_2H_5O}{}}\!\!P\!\!\overset{O}{\underset{OH}{}} \qquad \underset{C_2H_5O}{\overset{C_2H_5O}{}}\!\!P\!\!\overset{O}{\underset{C_6H_5}{}} \qquad \underset{C_6H_5O}{\overset{C_6H_5O}{}}\!\!P\!\!\overset{O}{\underset{C_6H_5O}{}}$$

O,O-二乙基磷酸酯 　　 *O,O*-二乙基苯膦酸酯 　　 *O,O,O*-三苯基磷酸酯

含 P—X 或 P—N 键的化合物，可看作是含氧酸的—OH 被—X、—NH₂（—NHR，—NR₂）取代后所形成的酰卤或酰胺。如：

$$\underset{Cl}{\overset{Cl}{}}\!\!P\!\!-C_6H_5 \qquad \underset{Cl}{\overset{O}{}}\!\!P\!\!-C_6H_5 \qquad \underset{C_2H_5O}{\overset{C_2H_5O}{}}\!\!P\!\!\overset{O}{\underset{Cl}{}} \qquad \underset{NH_2}{\overset{O}{}}\!\!P\!\!-C_6H_5$$

二氯苯膦 　　　 苯膦酰二氯 　　 *O,O*-二乙基磷酰氯 　 苯膦酰二胺

在实验室中，常用三氯化磷作为原料来合成膦及其衍生物。如由三氯化磷与格氏试剂反应合成叔膦。

$$PCl_3 + 3C_6H_5MgBr \xrightarrow{\text{无水乙醚}} (C_6H_5)_3P + 3MgBrCl$$

11.3.3　膦的氧化反应

低级烷基膦如三甲膦，在空气中自燃。但芳香膦如三苯膦，比较稳定，可以溶于有机溶剂。三苯膦在过氧化物或者过氧酸的作用下可以氧化为白色结晶体，在空气中相当稳定，也难溶于乙醚中。

$$(C_5H_5)_3P \xrightarrow{H_2O_2} (C_6H_5)_3P{=}O$$

11.3.4　季鏻盐的生成

膦具有较强的亲核性，易与卤代烃进行亲核取代反应形成鏻盐。

$$R_3P + R'X \longrightarrow R_3\overset{+}{P}-R'X^-$$

11.3.5　有机磷农药

很多（硫代）磷（膦）酸酯类化合物具有生物活性，近年发现不少这类化合物还具有除草、杀菌及植物生长调节活性。目前常用的有机磷农药有敌百虫、敌敌畏、对硫磷、久效磷、乐果、马拉硫磷、草甘膦、异稻瘟净。有机磷化合物中有些是剧毒的，必须小心使用。它具有内吸性，即可被植物吸收，这样只要让害虫吃进含有杀虫剂的植物即可将虫杀死。

农药的发展经历了从天然农药到合成农药的过程。第一代农药是天然农药，除虫菊酯；第二代农药主要是有机氯杀虫剂，有机磷化合物；第三代农药是合成的拟除虫菊酯。目前仍在合成各种新型结构的化合物，研究其结构与活性的关系，以期找到具有新作用机制、高效、低毒、高选择性、对环境安全的农药新品种。

11. 4　含硫、磷化合物在矿冶领域中的应用

11. 4. 1　烷基硫酸钠

烷基硫酸钠常作为氧化矿和非金属矿的捕收剂，其捕收性能与羧酸、烃基磺酸相似。主要代表产品为十六烷基硫酸钠，其为白色结晶，易溶于水，有起泡性，可作为黑钨矿、锡石、重晶石、钾石盐等的捕收剂，亦可作为黄铜矿的选择性捕收剂，对黄铁矿的捕收能力弱。

硫酸化脂肪酸（皂），即不饱和脂肪酸经浓硫酸作用再皂化的产物，具有两个极性基：羧基和硫酸基。它既有脂肪酸的强捕收能力，又有烃基硫酸盐的耐酸、耐硬水及选择性良好的优点。与油酸类相比，它在铁矿石反浮选中可以提高浮选的选择性和铁矿的回收率。十二烷基硫酸钠及十六烷基硫酸钠属于长链烷基硫酸钠盐（R—OSO$_3$Na），是由烷基硫酸盐制造的，原料为长链烷醇，它们的价格远比相应的烷基磺酸盐高。

11. 4. 2　烃基磺酸钠

这类药剂的结构为 RSO$_3$Na，R 为烷基、烷基芳基、环烷基。用石油精炼副产物磺化制得的称为石油磺酸。浮选用的石油磺酸盐实质上是长碳链烷基磺酸盐与芳香基磺酸盐的混合物。煤油经过磺化得到的烃基磺酸盐称为磺化煤油。

石油磺酸盐包括中等分子量的水溶性、油溶性盐及高分子量的油溶性盐，可在酸性矿浆中浮选赤铁矿、铬铁矿、蓝晶石、烧绿石、石榴石以及从石英砂中脱铁，也可在碱性矿浆中浮选重晶石。石油磺酸有水溶性和油溶性两类，水溶性磺酸盐分子量小，捕收性不太强，起泡性好，可作硫化矿的捕收剂或用于浮选非硫化矿；油溶性磺酸盐分子量大，不溶于水，溶于非极性油中，捕收能力强，主要用作非硫化矿的浮选，特别是氧化铁矿和非金属矿。和脂肪酸比，磺酸盐的水溶性好，耐低温性能好，抗硬水性能好，起泡性能较好。其捕收能力和相同碳原子数的脂肪酸比稍弱，但石油磺酸有些选择性好，可以作为脂肪酸捕收剂的代用品或与脂肪酸皂混合使用，常能得到比单独使用更好的浮选效果。

实践证明，烷基、芳基磺酸钠支链长短与浮选性能的关系为：烷基芳基磺酸钠支链短，起泡性能强，捕收能力弱；随着支链增长，其捕收能力增强。据报道，用作铁矿捕收剂的烷基芳基磺酸钠分子量在 400～600 最理想，故通常用石油分馏所得的沸点在 350～450℃的烷基苯或烷基萘为原料，制成烷基芳基磺酸钠，用作铁矿的捕收剂。

11. 4. 3　烃基膦酸（酯）

11. 4. 3. 1　捕收剂

烃基膦酸与烷基磷酸酯不同，烃基膦酸分子中的磷原子直接与烃链上的碳原子相连。有机膦酸作为捕收剂的主要是苯乙烯膦酸，为白色结晶，可溶于水，且溶解度随温度的升高而增大，与 Sn、Fe 形成难溶盐，在锡石表面形成化合物而固着，因此膦酸能

作为捕收剂。用膦酸浮选锡石时，Ca^{2+} 和 Fe^{3+} 会产生影响。膦酸能捕收方解石等含钙矿物，因此不能用膦酸浮选脉石含方解石较多的黑钨和锡石细泥。作为黑钨和锡石的捕收剂，烃基膦酸具有选择性强的特点。它与钙、镁离子在高浓度时形成盐，故对含钙、镁的矿物捕收能力较弱。选择性比甲苯胂酸稍差，但毒性小，无起泡性，用来浮选锡石、黑钨矿等。

烃基膦酸的烃基长短与捕收性能关系密切。一般来讲，甲基膦酸烃基太短，捕收能力很弱。随着烃基膦酸分子中碳原子数目的增加，其捕收能力逐步加强。但是含有 2～5 个碳的烃基膦酸，因其捕收能力较差，都不宜单独使用。但是它们与油酸混合使用时，则有较好的选择性。

C_6～C_8 的脂肪烃基膦酸、对甲基苯膦酸、对乙基苯膦酸、对乙烯膦酸、卞基膦酸等的捕收能力都很好，可以单独使用捕收锡石和黑钨。而癸基膦酸的捕收能力显著下降，十二烷基膦酸对锡石已经无捕收能力，可能与其溶解度太小有关。

烷基磷酸酯包括磷酸单酯、磷酸二酯、磷酸三酯。用作捕收剂时，单酯最好，二酯次之，三酯不能单独用作捕收剂，需与别的捕收剂混合使用，作为辅助捕收剂。烷基磷酸酯可作为锡石、铀矿、磷灰石、赤铁矿捕收剂。

11.4.3.2 萃取剂

长碳链的膦酸（酯）也能作萃取剂，长碳链膦酸酯具有很好的萃取性能。例如，2-乙基己基磷酸单-2-乙基己酯（P-507）是优良的稀土萃取剂，已在稀土工业中广泛应用。某些二烷基膦酸具有更好的分离性能，但还没有找到适合于工业化的方法。

从原矿中提取镍、钴、铀主要采用溶剂萃取法，萃取剂为含膦萃取剂。其中二烷基次膦酸（DAPA）是一类性能优异的镍钴萃取剂，具有很好的分离效果。三烷基氧化膦（TRPO）是一类优异的铀萃取剂。

11.4.4 黑药

烷基二硫代磷酸或其盐类，如（RO）₂PSSH，式中 R 为烷基，俗称黑药，是膦酸的衍生物。黑药在硫化矿中的应用广泛性仅次于黄药，化学名称是二烃基二硫代磷酸盐。有起泡性，其捕收能力较黄药弱，但选择性较黄药好，几乎不浮选黄铁矿，常用于选择性分离。在酸性介质中，黑药比黄药稳定。当必须在酸性矿浆中浮选时，有时选用黑药。

11.4.5 黄药

黄药又称黄原酸盐，是最常见的捕收剂，对硫化矿具有很好的捕收效果。结构式为：

$$R-O-\overset{\displaystyle S}{\overset{\|}{C}}-SNa \qquad\qquad R-O-\overset{\displaystyle S}{\overset{\|}{C}}-S-\overset{\displaystyle S}{\overset{\|}{C}}-SR$$

黄药 　　　　　　　　　　　　　双黄药

通常使用的黄原酸钠盐分子中的 R 基团不同而称为某基磺酸盐。例如烷基（乙、丙、丁等）二硫代碳酸钠（钾）、烃基黄原酸盐、烃基二硫酸盐。低级黄药无起泡性能，水溶性良好，易合成，成本不高，缺点是有一定毒性，性能不太稳定。高级黄药也可以作为铜铅等氧化矿的捕收剂，但使用之前需要用硫化钠将氧化矿硫化。双黄药是黄药的氧化产物，R 为烃基。

11.4.6 黄原酸酯类捕收剂

黄原酸酯类捕收剂也是黄药的衍生物，黄药分子中的钠离子（或钾离子）被烃基或烃基的衍生物取代而成，有以下通式：

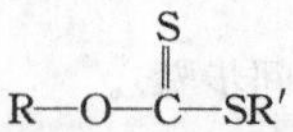

$$R-O-\overset{\displaystyle S}{\underset{\displaystyle \|}{C}}-SR'$$

我国研制的有乙基黄原酸酯、正丁基黄原酸丙烯腈酯和正丁基黄原酸丙腈酯等。黄原酸丙烯腈酯作为捕收剂主要用于铜钼硫化矿的浮选。从浮选铅尾矿中浮锌，异丁基黄原酸丙烯腈酯的选择性强。

11.4.7 巯基化合物

硫醇和硫酚等巯基化合物作为捕收剂捕收闪锌矿，RS—吸附在闪锌矿表面，R 基团的疏水性使闪锌矿上浮。

RSH 硫醇 白药 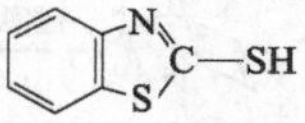 巯基苯骈噻唑 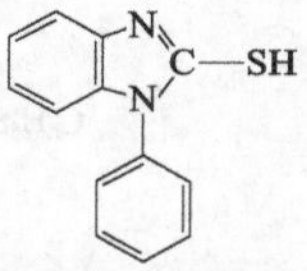 咪唑硫醇

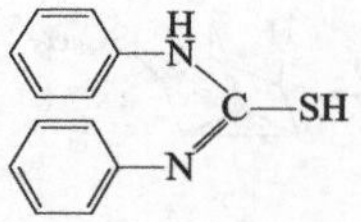

习 题

1. 写出下列各化合物的结构式。

(1) 硫酸二乙酯　　　　(2) 甲磺酰氯

(3) 对硝基苯磺酸甲酯　(4) 磷酸三苯酯

(5) 对氨基苯磺酰胺　　(6) 2,2-二氯代乙硫醚

(7) 二苯砜　　　　　　(8) 环丁砜

(9) 苯基亚磷酸乙酯　　(10) 苯基亚磷酰氯

2. 命名下列各化合物。

(1) $HOCH_2CH_2SH$ 　　　　　(2) $HSCH_2COOH$

(3) 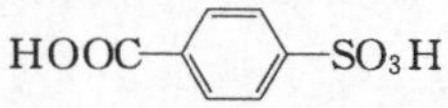 $HOOC-\!\!\!\!\bigcirc\!\!\!\!-SO_3H$ 　　　(4) 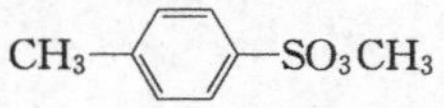 $CH_3-\!\!\!\!\bigcirc\!\!\!\!-SO_3CH_3$

(5) $HOCH_2SCH_2CH_3$ 　　　(6) 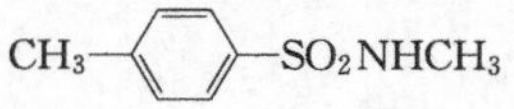 $CH_3-\!\!\!\!\bigcirc\!\!\!\!-SO_2NHCH_3$

(7) 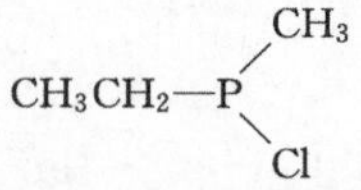 $CH_3CH_2-\overset{\displaystyle CH_3}{\underset{\displaystyle Cl}{P}}$

3. 用化学方法区别下列各组化合物。

(1) C_2H_5SH　　　　　　　CH_3SCH_3

(2) $CH_3CH_2SO_3H$　　　　$CH_3SO_3CH_3$

4. 试写出下列各反应的主产物。

(1) 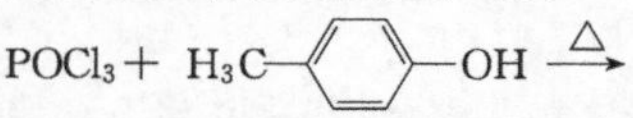 $POCl_3 + H_3C-\!\!\!\!\bigcirc\!\!\!\!-OH \overset{\triangle}{\longrightarrow}$ 　(2)  $H_2S + \triangle \overset{1:1}{\longrightarrow}$

5. 试以酸性增强的顺序排列下列化合物。

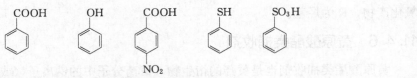

6. 试写出分子式为 $C_4H_{10}S$ 的各种可能的化合物，并命名之。

7. 以苯为原料，合成对溴苯磺酰氯。

8. 试完成下列转化（要求经过磺酸酯中间步骤）。

(1) 环己醇 $\longrightarrow$ 乙酸环己酯

(2) $(CH_3CH_2)_2CHOH \longrightarrow (CH_3CH_2)_2CH—S—CH_2CH_3$

9. 如何以苯胺为原料，合成对氨基苯磺酰胺？

10. 试以乙醇、仲丁醇为原料，合成丁酮缩二乙硫醇。

11. 合理解释如下反应。

$$C_6H_5SH + \text{（降冰片烯）} \xrightarrow{\text{过氧化物}} \text{（产物 } SC_6H_5\text{）}$$

第12章

单糖、寡糖和多糖

糖类化合物在自然界中分布很广，与人类生产生活密切相关，又称为碳水化合物，是多羟基醛（酮）及其衍生物的总称。糖类化合物分为三类。

单糖及其衍生物，所谓单糖是指不能再被简单地水解为更小的糖分子的糖类，如葡萄糖、果糖等。

寡糖，也叫作低聚糖，一般是由两个到十几个单糖失水成为更小的糖类，如蔗糖、麦芽糖、乳糖。蔗糖水解后得到一分子葡萄糖和一分子果糖。

多糖，可以看作是十个以上甚至几百、几千个单糖失水而成的糖类，如淀粉、纤维素。淀粉水解得到几百或者几千个葡萄糖分子。

12.1 单糖

12.1.1 单糖的结构和命名

单糖主要是多羟基醛或者多羟基酮及其衍生物，所以单糖可以分为醛糖和酮糖。最简单的醛糖是二羟基丙醛（即甘油醛），最简单的酮糖是二羟基丙酮。根据分子中碳原子数目称为丙醛糖、丙酮糖、丁醛糖、丁酮糖等，Fisher 投影式表示如下：

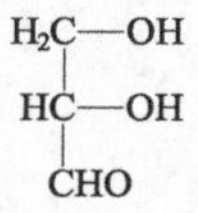

丙醛糖 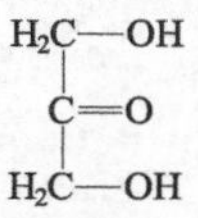　　　　　　　　丙酮糖

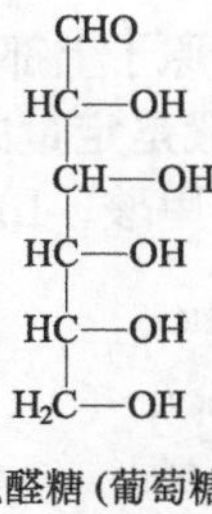

己醛糖（葡萄糖） 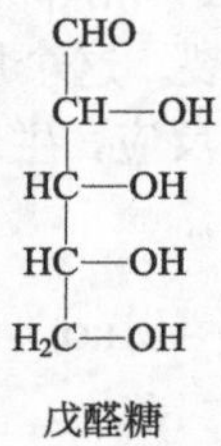　　戊醛糖 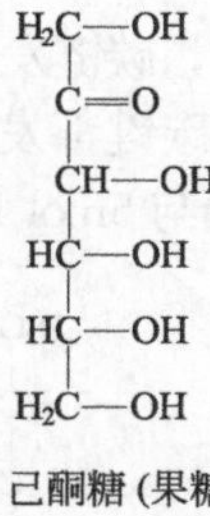　　己酮糖（果糖）

葡萄糖结构还可以表示为环状结构。

12.1.2 单糖的化学反应

12.1.2.1 单糖的氧化反应

（1）与弱氧化剂反应

醛糖与酮糖都能被托伦试剂和斐林试剂等弱氧化剂氧化，分别发生银镜反应以及产生砖红色沉淀氧化铜。此时糖分子的醛基被氧化为羧基，称为糖酸。

$$C_6H_{12}O_6 + Ag_2O \longrightarrow C_6H_{12}O_7 + Ag\downarrow$$

$$C_6H_{12}O_6 + Cu(OH)_2 \longrightarrow C_6H_{12}O_7 + Cu_2O\downarrow$$

凡是能被上述弱氧化剂氧化的糖都称为还原糖，否则称为非还原糖。因此，托伦试剂和斐林试剂通常用于单糖的检验。

（2）与溴水反应

在 pH＝5.0 时，溴水可以使醛糖氧化成葡萄糖酸，进一步氧化成葡萄糖内酯。

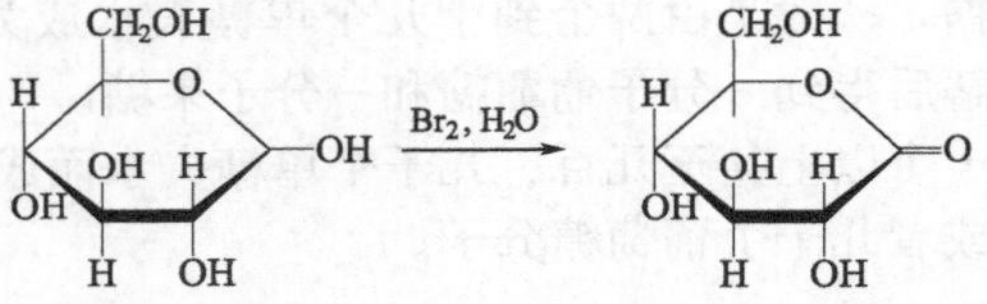

D-葡萄糖   D-葡萄糖酸-δ-内酯

（3）与硝酸反应

稀硝酸的氧化作用比溴水强，能把醛糖氧化成糖二酸。

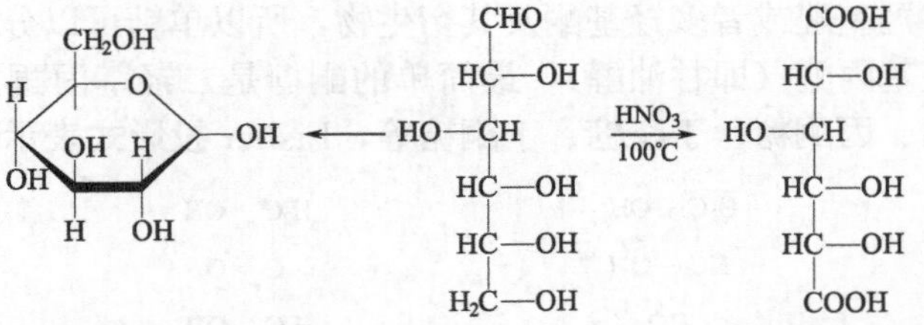

D-葡萄糖   D-葡萄糖二酸

（4）与高碘酸反应

用高碘酸氧化单糖时，碳链发生断裂。相邻的两个碳原子上都带有羟基，或者一个带有羟基另一个带有羰基，碳碳键都发生断裂。这个反应一般是定量的，即每一个碳碳键消耗 1mol 的高碘酸。D-葡萄糖与 5mol HIO_4 反应，生成 5mol 甲酸、1mol 甲醛。

$$\underset{\text{D-葡萄糖}}{\begin{array}{c} \text{CHO} \\ \text{HC—OH} \\ \text{HO—CH} \\ \text{HC—OH} \\ \text{HC—OH} \\ \text{CH}_2\text{OH} \end{array}} \quad + 5\text{HIO}_4 \longrightarrow \begin{array}{c} \text{HCOOH} \\ + \\ \text{HCOOH} \\ + \\ \text{HCOOH} \\ + \\ \text{HCOOH} \\ + \\ \text{HCOOH} \\ + \\ \text{HCHO} \end{array}$$

12.1.2.2 单糖的还原反应

醛糖还原生成多元醇。在工业上用镍作催化剂，在沸腾的乙醇溶液中加氢（简称为催化加氢）。实验室中，常用的还原剂是硼氢化钠。D-葡萄糖被还原成葡萄糖醇：

$$\underset{\text{D-葡萄糖}}{\begin{array}{c} \text{CHO} \\ \text{HC—OH} \\ \text{HO—CH} \\ \text{HC—OH} \\ \text{HC—OH} \\ \text{CH}_2\text{OH} \end{array}} \quad \xrightarrow{\text{NaBH}_4} \quad \underset{\text{葡萄糖醇}}{\begin{array}{c} \text{CH}_2\text{OH} \\ \text{HC—OH} \\ \text{HO—CH} \\ \text{HC—OH} \\ \text{HC—OH} \\ \text{CH}_2\text{OH} \end{array}}$$

12.1.2.3 生成糖脎反应

醛、酮能和苯肼反应生成苯腙。α-羟基醛或者α-羟基酮与苯肼反应，苯肼可以把α-羟基氧化为羰基。新生成的羰基进而与苯肼反应生成脎。糖大多数是α-羟基醛或者α-羟基酮，所以也可以生成糖脎。例如，D-葡萄糖与苯肼反应生成 D-葡萄糖脎：

$$\underset{\text{D-葡萄糖}}{\begin{array}{c} \text{CHO} \\ \text{HC—OH} \\ \text{HO—CH} \\ \text{HC—OH} \\ \text{HC—OH} \\ \text{CH}_2\text{OH} \end{array}} + 3\text{C}_6\text{H}_5\text{NH—NH}_2 \longrightarrow \underset{\text{D-葡萄糖脎}}{\begin{array}{c} \text{HC}=\text{N—NH—C}_6\text{H}_5 \\ \overset{\text{H}}{\underset{}{\text{C}=\text{N—N—C}_6\text{H}_5}} \\ \text{HO—CH} \\ \text{HC—OH} \\ \text{HC—OH} \\ \text{CH}_2\text{OH} \end{array}} + \text{C}_6\text{H}_5\text{NH}_2 + \text{NH}_3 + 2\text{H}_2\text{O}$$

12.2 低聚糖

常见的低聚糖有蔗糖、乳糖、麦芽糖和纤维二糖等。

12.2.1 纤维二糖

纤维二糖是典型的双糖。双糖是指一个单糖分子中的半缩醛羟基和另一个单糖分子中的羟基失水得到的糖。纤维二糖是纤维素水解的产物，其分子式为 $C_{12}H_{22}O_{11}$，是一种还原糖。

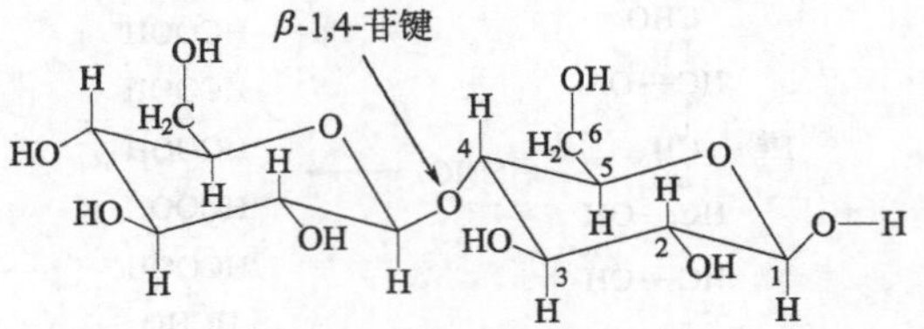

纤维二糖

4-O-(β-D-吡喃葡萄糖基)-D-吡喃葡萄糖

表示取代基连在母体　　　取代基名称　　　母体名称
4位碳的氧上

12.2.2 麦芽糖

麦芽糖是淀粉在淀粉糖化酶作用下部分水解的产物，分子式为 $C_{12}H_{22}O_{11}$，是由两分子葡萄糖失去一分子水生成的，命名为 4-O-（α-D-吡喃葡萄糖）-D-吡喃葡萄糖。

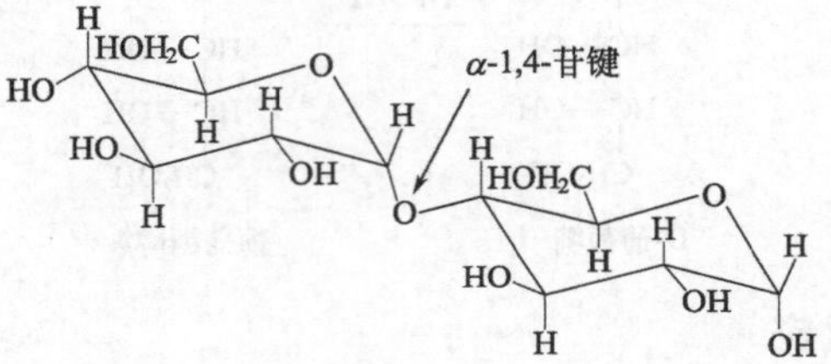

麦芽糖

麦芽糖是还原糖，能使托伦试剂等弱氧化剂还原，能与苯肼作用生成脎 $C_{12}H_{21}O_9$（＝$NNHC_6H_5$）$_2$，用溴水氧化生成麦芽糖酸（$C_{12}H_{21}O_{10}$）COOH。

12.2.3 乳糖

乳糖存在于哺乳动物的乳中，人乳中含有 $6\%\sim8\%$，牛乳中含有 $4\%\sim6\%$。乳糖具有还原性。

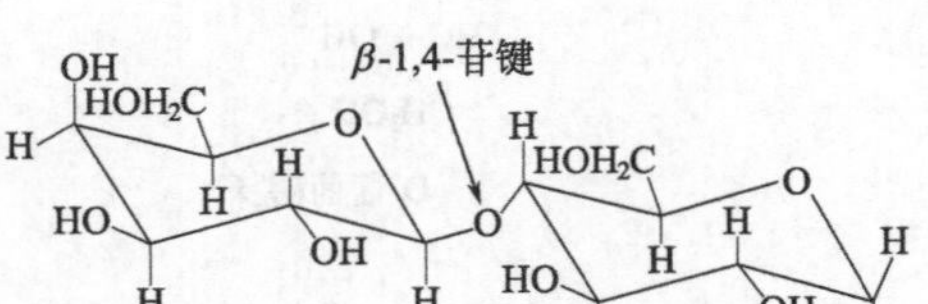

乳糖

4-O-(β-D-吡喃半乳糖基)-D-吡喃葡萄糖

12.3 多糖

多糖是由许多单糖分子缩合而成的聚合物，是由单糖通过苷键连接起来的。自然界中存在的多糖包括纤维素、淀粉、壳聚糖等有机高分子化合物。

12.3.1 纤维素

纤维素是地球上最古老、最丰富、最宝贵的天然可再生资源。纤维素是由葡萄糖组成的大分子多糖，是自然界中分布最广、含量最多的一种多糖，占植物界碳含量的50%以上。纤维素是植物细胞壁的主要结构成分，通常与半纤维素、果胶和木质素结合在一起。棉花的纤维素含量接近100%，为天然的最纯纤维素来源。一般木材中纤维素占40%~50%，还有10%~30%的半纤维素和20%~30%的木质素。

12.3.1.1 纤维素的结构

纤维素大分子的基环是 D-葡萄糖以 β-1,4-苷键组成的大分子多糖，其化学组成含碳44.44%、氢6.17%、氧49.39%。

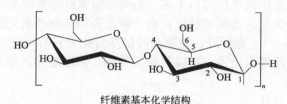

纤维素基本化学结构

12.3.1.2 纤维素的物理性质

（1）溶解性

常温下，纤维素既不溶于水，又不溶于一般的有机溶剂，如酒精、乙醚、丙酮、苯等，也不溶于稀碱溶液中，但能溶于铜氨 $Cu(NH_3)_4(OH)_2$ 溶液和铜乙二胺 $[NH_2CH_2CH_2NH_2]Cu(OH)_2$ 溶液等。

（2）柔顺性

高分子链能够改变其构象的性质称为柔顺性。一般的高分子链的构象多，变化频繁，既可伸长，也可收缩，呈无规则线团状，对外力有很大的适应性，即表现出高度的柔顺性。但是纤维素柔顺性很差，是刚性的，因为纤维素分子有极性，分子链之间相互作用力很强；纤维素中的六元吡喃环结构致使旋转困难；纤维素分子内和分子间都能形成氢键，特别是分子内氢键致使糖苷键不能旋转，从而使其刚性大大增加。

12.3.1.3 纤维素的化学性质

（1）纤维素水解反应

纤维素与较浓的无机酸发生水解作用，生成葡萄糖等。反应时纤维素链上的 β-1,4-苷键的氧桥断裂，同时水分子加入，纤维素由长链分子变成短链分子，直至氧桥全部断裂，变成葡萄糖。

$$
\begin{array}{ccc}
\text{CHO} & & \text{CHO} \\
\text{HO—C—H} & & \text{HC—OH} \\
\text{H—C—OH} & & \text{HO—C} \\
n(\text{G})\text{—O—C—H} & \xrightarrow{\text{浓}H_2SO_4} & \text{HC—OH} \\
\text{HO—C—H} & & \text{HC—OH} \\
\text{CH}_2\text{OH} & & \text{CH}_2\text{OH}
\end{array}
$$

在碱性条件下，纤维素也可以发生水解反应。纤维素的部分苷键断裂，产生新的还原性末端基，聚合度降低。另外，在碱性条件下，纤维素具有的还原性末端基会一个个掉下来，使纤维素大分子逐步降解。纤维素葡萄糖末端基在碱性作用下转变为果糖末端基。

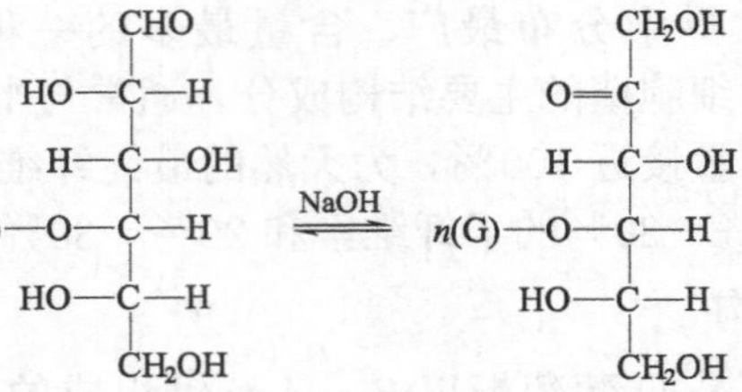

（2）纤维素氧化反应

纤维素与氧化剂发生化学反应，生成一系列与原来纤维素结构不同的物质，这样的反应过程称为纤维素氧化。高碘酸盐氧化是一种重要的选择性氧化反应，能够使纤维素链中葡萄糖环上的 C_2—C_3 键断开，使原来的羟基转化为具有高还原性的二醛基，得到双醛纤维素。从双醛纤维素出发，可以制备新功能、新用途的新型纤维素衍生物。

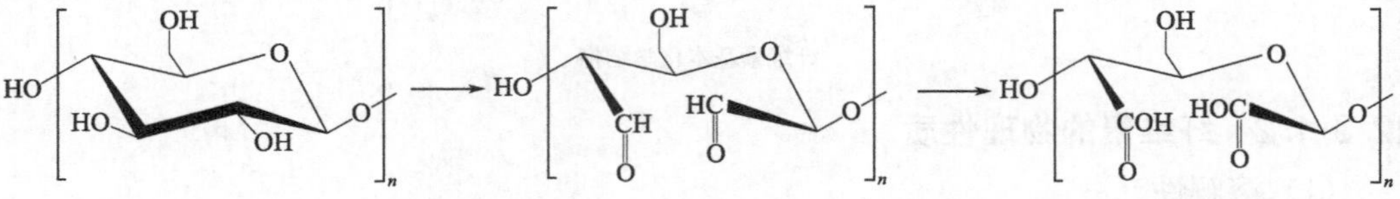

双醛纤维素

（3）纤维素碱化反应

纤维素与较浓的苛性碱溶液作用生成碱纤维素。一般情况下，纤维素对碱是稳定的，随着温度升高，可以发生碱化反应。碱纤维素有高度的反应性，可以制备各种纤维素衍生物。纤维素分子链上有 3 个自由羟基，其中 C_2 位上的羟基比 C_3、C_6 位上的羟基有较强的酸性，所以 C_2 位上的羟基可能生成醇化物，酸性较弱的 C_6 位上的羟基则可能生成分子化合物。

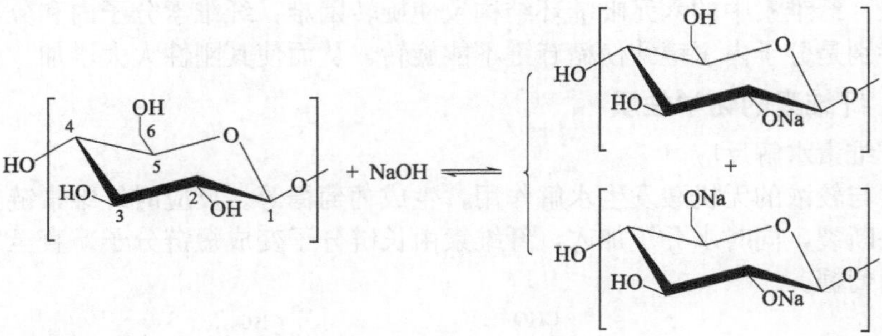

（4）纤维素醚化反应

纤维素醚是由纤维素制成的具有醚结构的高分子化合物。纤维素大分子中每个葡萄糖基环含有三个羟基，第六碳原子上的伯羟基、第二、三个碳原子上的仲羟基，羟基中的氢被烃基取代而生成纤维素醚类衍生物。纤维素经醚化后则能溶于水、稀碱溶液和有机溶剂。随所用醚化剂的不同而有甲基纤维素、羟乙基甲基纤维素、羧甲基纤维素、乙基纤维素、苄基纤维素、羟乙基纤维素、羟丙基甲基纤维素、氰乙基纤维素、苄基氰乙基纤维素、羧甲基羟乙基纤维素和苯基纤维素等。

① 羧甲基纤维素

羧甲基纤维素（钠）是由天然纤维经过碱处理后，用一氯乙酸钠作为醚化剂，经过一系列反应处理而制成阴离子型纤维素醚。醚化反应可能反生在 C_2、C_3 和 C_6 上。

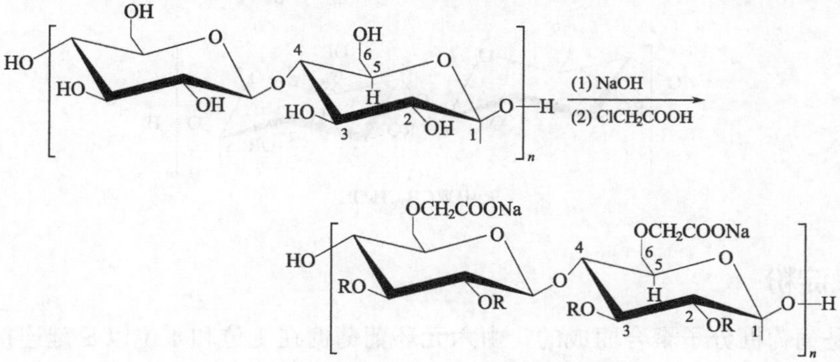

R=H 或 CH_2COONa

② 羟丙基甲基纤维素

羟丙基甲基纤维素是产量、用量都在迅速增加的纤维素品种，是由精制棉经碱化处理后，用环氧丙烷和氯甲烷作为醚化剂，通过一系列反应而制成的非离子型纤维素混合醚。

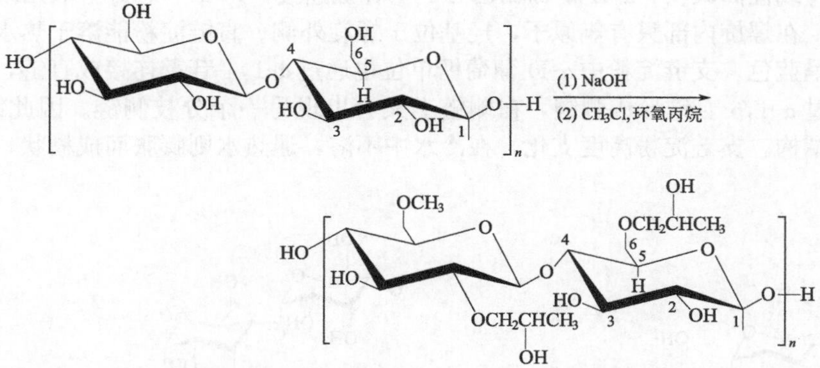

C_2、C_3、C_6 位的羟基都有可能发生醚化反应，这与实验条件有关，因此醚化产物表示为：

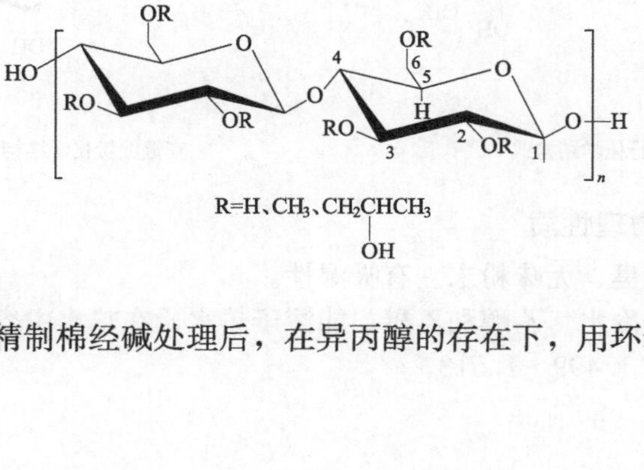

③ 羟乙基纤维素

羟乙基纤维素是精制棉经碱处理后，在异丙醇的存在下，用环氧乙烷作醚化剂进行反应而制成。

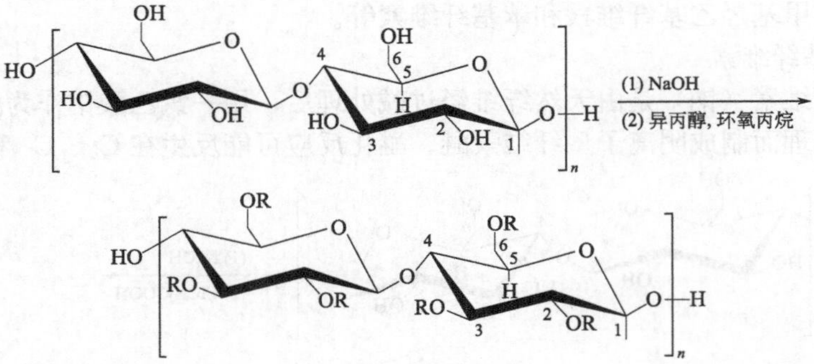

(1) NaOH
(2) 异丙醇,环氧丙烷

R=H或CH₂CH₂OH

R=H或CH_2CH_2OH

12.3.2 淀粉

淀粉是葡萄糖分子聚合而成的,由六元环葡萄糖在 1 位和 4 位以 α 键连接而成,是植物生长期间以淀粉粒形式贮存于细胞中的贮存多糖。通式是 $(C_6H_{10}O_5)_n$,水解到二糖阶段为麦芽糖。完全水解后得到单糖(葡萄糖)。

12.3.2.1 淀粉的结构

1940 年瑞士 Mrery 和 Schoch 首先发现淀粉是由直链淀粉与支链淀粉组成。直链高分子是一种线性高聚物,α-D-葡萄糖由 α-1,4-苷键连接,每 6 个葡萄糖单元组成一个螺旋的螺距,在螺旋内部只有氢原子,羟基位于螺旋外侧。直链淀粉能溶于热水而不成糊状,遇碘呈蓝色。支链淀粉中 α-D-葡萄糖单位也通过 α-1,4-苷键连接成直链,此直链上又可以通过 α-1,6-苷键形成侧链,在侧链上又会出现另一个分枝侧链。因此结构复杂,呈树枝状结构。支链淀粉高度支化,在冷水中不溶,遇热水则膨胀而成糊状,遇碘呈紫红色。

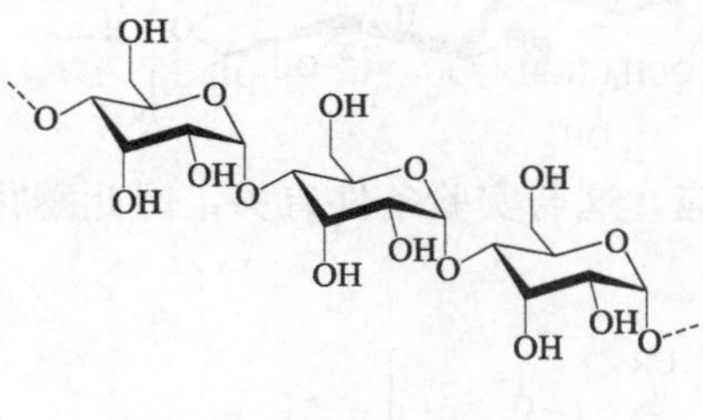

直链淀粉化学结构式 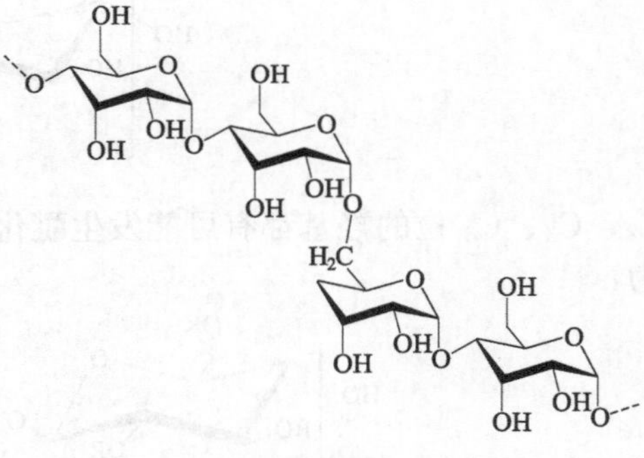   支链淀粉化学结构式

12.3.2.2 淀粉的物理性质

淀粉为白色、无臭、无味粉末。有吸湿性。

溶解性:不溶于冷水、乙醇和乙醚。能溶于热水,在热水中容易糊化,温度降低后会老化。相对密度在 $1.499 \sim 1.513$。

12.3.2.3　淀粉的化学性质

（1）淀粉水解反应

无机酸或者有机酸为催化剂，在高温高压下淀粉水解转化为葡萄糖。另一种水解方法是酶解法，用淀粉酶将淀粉水解为葡萄糖。

$$(C_6H_{10}O_5)_n + nH_2O \xrightarrow{\text{酶}} nC_6H_{10}O_5$$

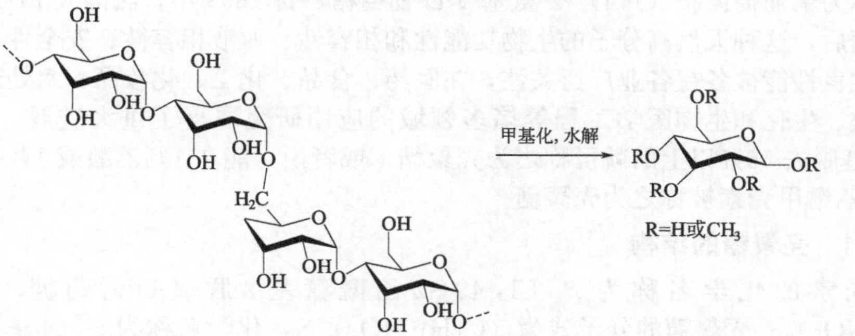

生成物可能为：

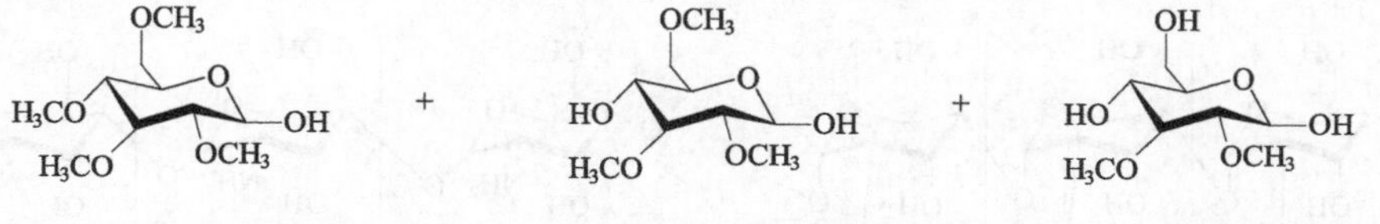

2,3,4,6-四-*O*-甲基-D-葡萄糖　　　　2,3,6-三-*O*-甲基-D-葡萄糖　　　　2,3-二-*O*-甲基-D-葡萄糖

（2）淀粉氧化反应

淀粉在一定 pH 值和温度下与氧化剂反应得到的产品称为氧化淀粉。常用的氧化剂有过氧化氢、过氧乙酸、高锰酸钾及过硫酸等。高锰酸钾氧化主要发生在 C_6 上，把伯羟基氧化为醛基；高碘酸盐氧化一般只发生在 C_2—C_3 上，断链得到双醛；过氧化氢碱性氧化发生在 C_6 上，伯羟基氧化为羧基。另外，氧化与 pH 值、温度、氧化剂浓度以及淀粉的种类有一定关系。

C_6 羟基氧化为醛基　　　　C_2—C_3 断链成双醛　　　　C_6 羟基氧化为羧基

（3）淀粉醚化反应

醚化淀粉是淀粉分子中的羟基与反应活性物质反应生成的淀粉取代基醚，包括羟烷基淀粉、羧甲基淀粉、阳离子淀粉等。醚化剂有环氧乙烷、环氧丙烷、氯甲烷、氯乙烷、苄基氯。由于淀粉的醚化作用提高了黏度稳定性，而且在强碱性条件下醚化物不容易发生水解，因此醚化淀粉在许多领域得以应用。

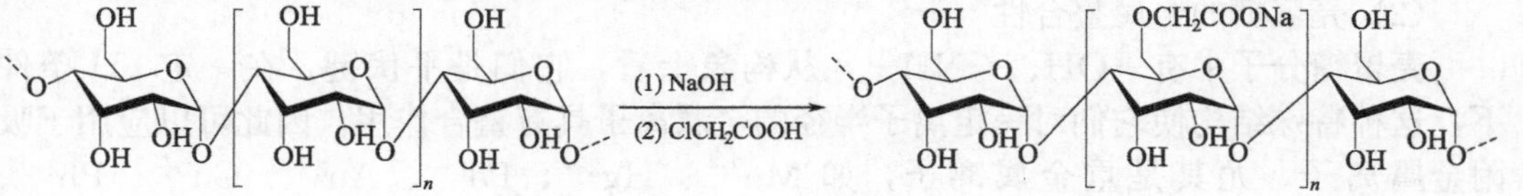

以羧甲基淀粉为例，通过阳离子醚化剂（如 3-氯-2-羟丙基三甲基氯化铵），在淀粉大分子中引入叔氨基或季铵基，赋予淀粉阳离子特性。

12.3.3 壳聚糖

壳聚糖又称脱乙酰甲壳素，是由自然界广泛存在的甲壳素经过脱乙酰作用得到的，化学名称为聚葡萄糖胺（1,4）-2-氨基-β-D-葡萄糖。自 1859 年，法国人 Rouget 首先得到壳聚糖后，这种天然高分子的生物功能性和相容性、血液相容性、安全性、微生物降解性等优良性能被各行各业广泛关注，在医药、食品、化工、化妆品、水处理、金属提取及回收、生化和生物医学工程等诸多领域的应用研究取得了重大进展。一般而言，N-乙酰基脱去 55% 以上的就可称之为壳聚糖，或者说，能在 1% 乙酸或 1% 盐酸中溶解 1% 的脱乙酰甲壳素被称之为壳聚糖。

12.3.3.1 壳聚糖的结构

甲壳素的化学名称为 β-（1,4）-2-乙酰氨基-2-脱氧-D-葡萄糖，分子式为 $(C_8H_{13}NO_5)_n$；壳聚糖的分子式为 $(C_6H_{11}NO_4)N$，化学名称为 β-（1→4）-2-氨基-2-脱氧-D-葡萄糖。

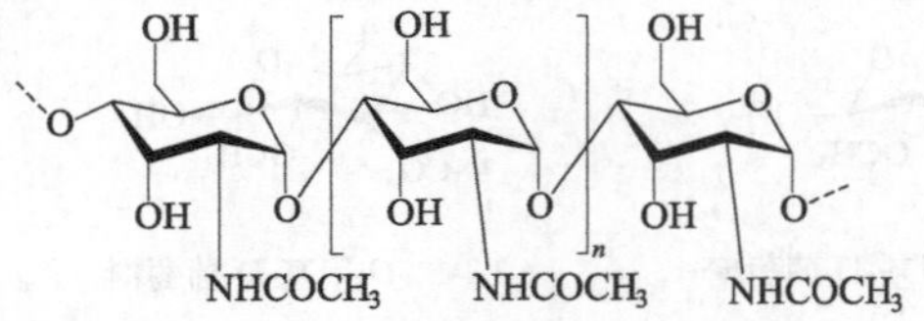

甲壳素结构式 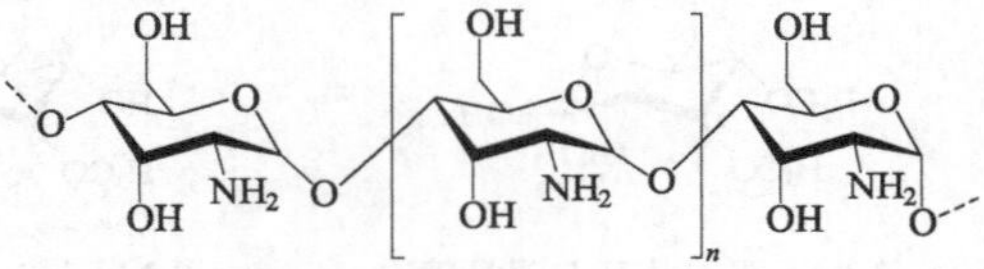　　　　　　　　壳聚糖结构式

12.3.3.2 壳聚糖的物理性质

壳聚糖是白色或灰白色半透明的片状或粉状固体，无味、无臭、无毒性，纯壳聚糖略带珍珠光泽。不溶于水、稀酸、稀碱、浓碱和一般有机溶剂，可溶于浓盐酸、硫酸、磷酸和无水甲酸。

12.3.3.3 壳聚糖的化学性质

壳聚糖分子中带有游离氨基，在酸性溶液中易成盐，呈阳离子性质。壳聚糖随其分子中含氨基数量的增多，其氨基特性越显著，这正是其独特性质的所在，由此奠定了壳聚糖的许多生物学特性及加工特性的基础。

（1）壳聚糖酸解反应

壳聚糖能够在酸中发生降解，常用的酸有盐酸、硝酸、磷酸、氢氟酸、醋酸等。

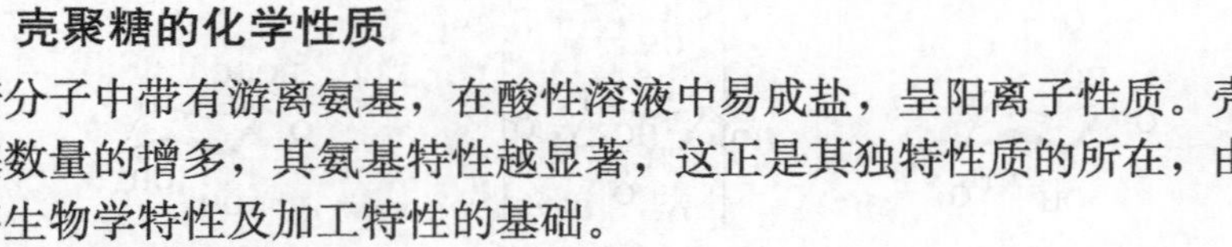

（2）壳聚糖的金属螯合性

壳聚糖分子中有—OH、—NH—，从构象上看，它们是平伏键，在一定 pH 条件下，这种特殊结构使它们对一定离子半径的金属离子具有螯合作用。因此可以应用于吸附金属离子，尤其是重金属离子，如 Mn^{2+}、Hg^{2+}、Pd^{2+}、Au^{2+}、Cu^{2+}、Pb^{2+}、

Ni^{2+}、Ag^+。以 Cu^{2+} 为例，壳聚糖和铜离子形成的复合物结构如下：

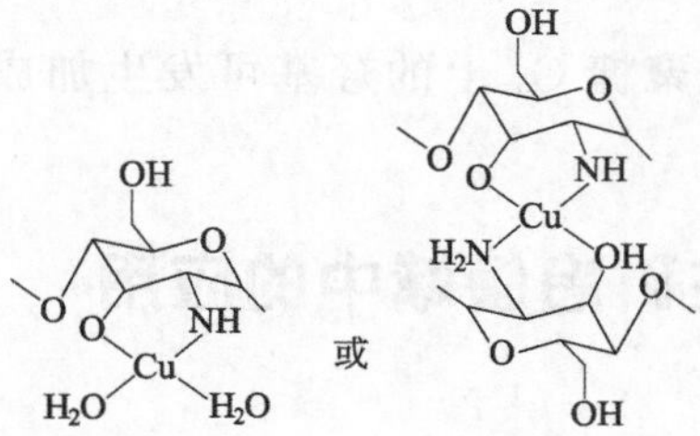

（3）壳聚糖衍生反应

壳聚糖大分子中有活泼的羟基和氨基，具有较强的化学反应能力。在特定的条件下，壳聚糖能发生水解、烷基化、酰基化、羧甲基化、磺化、硝化、卤化、氧化、还原和缩合等化学反应，生成各种具有不同性能的壳聚糖衍生物，扩大了壳聚糖的应用范围。目前制备的衍生物主要有 O,N-羧甲基壳聚糖，壳聚糖季铵盐，磺化壳聚糖，O，N-硫化壳聚糖，N-亚甲基磷化壳聚糖等。

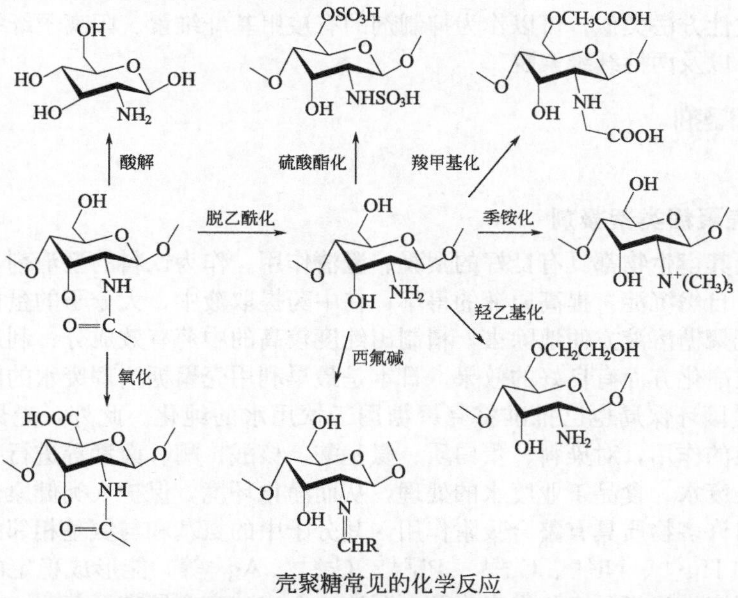

壳聚糖常见的化学反应

N-酰基化：壳聚糖与酰氯或者酸酐进行酰基化反应，由于破坏了大分子间氢键，提高了溶解性。

N-烷基化：壳聚糖与卤代烷在碱性条件下，得到完全水溶的衍生物。还可以进一步得到壳聚糖的季铵盐，具有良好的水溶性和杀菌能力。

O（N）-羧基化：羧甲基可以在 3 位羟基、6 位羟基和 2 位氨基上发生取代反应，根据取代位置不同，可以得到 6-O-羧甲基壳聚糖、3-O-羧甲基壳聚糖、N-羧甲基壳聚糖、3,6-O-羧甲基壳聚糖、N,O-羧甲基壳聚糖。

O-酯化反应：壳聚糖的羟基尤其是 C_6 位的羟基，与含氧无机酸（或者酸酐）发生酯化反应。

羟乙基化：壳聚糖与环氧乙烷进行反应，可得羟乙基化的衍生物。

磺酸酯化：与纤维素一样，壳聚糖 C_6 上的羟基，用碱处理后可与二硫化碳反应生成磺酸酯。

氰乙基化：丙烯腈和壳聚糖 C_6 上的羟基可发生加成反应，生成氰乙基化的衍生物。

12.4 多糖类物质在矿冶领域中的应用

12.4.1 抑制剂

12.4.1.1 淀粉及其衍生物

淀粉是浮选工艺中最常用的抑制剂，用于反浮选中抑制捕收剂对氧化矿捕收性能。为了提高淀粉的选择性抑制能力，通常对淀粉进行改性，例如羧甲基化得到羧甲基淀粉，阳离子化得到阳离子淀粉醚，非离子淀粉醚和两性淀粉醚。

12.4.1.2 纤维素类衍生物

与淀粉改性方法类似，可以作为抑制剂的有羧甲基纤维素、阳离子纤维素醚和非离子纤维素醚，以及两性纤维素醚。

12.4.2 絮凝剂

12.4.2.1 壳聚糖类絮凝剂

壳聚糖及其衍生物都具有良好的絮凝、澄清作用。作为饮料的澄清剂，它可使悬浮物迅速絮凝，自然沉淀，提高原液的得率；在中药提取液中，大分子的蛋白质、鞣酸和果胶可以用壳聚糖溶液方便地除去，精制出纯度较高的中药有效成分；利用壳聚糖的吸附性，在水质净化方面有良好的效果。日本是最早利用壳聚糖治理废水的国家，每年用量达 500t。美国环保局也已批准将壳聚糖用于饮用水的纯化。此外，壳聚糖能通过络合及离子交换的作用，对染料、蛋白质、氨基酸、核酸、酶、卤素等进行吸附，用于染料废水、印染废水、食品工业废水的处理，从而净化环境，保护人类健康。

壳聚糖对许多物质具有螯合吸附作用，其分子中的氨基和与氨基相邻的羟基与许多金属离子（如 Hg^{2+}、Ni^{2+}、Cu^{2+}、Pb^{2+}、Ca^{2+}、Ag^+ 等）能形成稳定的螯合物，用于治理重金属废水污染、净化自来水及在湿法冶金中分离金属离子等。

12.4.2.2 纤维素类絮凝剂

由于纤维素类多糖具有很高的分子量，属于典型的高分子絮凝剂。对它进行化学改性，以适用于不同的絮凝环境。常用的有羧甲基纤维素和接枝产物。

参考文献

1. 徐寿昌. 有机化学. 第 2 版. 北京：高等教育出版社，2014.

2. 李景宁. 有机化学. 第 5 版. 北京：高等教育出版社，2011.

3. 汪小兰. 有机化学. 第 5 版. 北京：高等教育出版社，2014.

4. 邢其毅，裴伟伟，徐瑞秋，等. 基础有机化学. 第 3 版. 北京：高等教育出版社，2005.

5. 胡宏纹. 有机化学. 第 4 版. 北京：高等教育出版社，2013.

6. 曾昭琼. 有机化学. 第 4 版. 北京：高等教育出版社，2004.

7. 朱红军，王兴涌. 有机化学. 北京：化学工业出版社，2008.

8. John McMurry，Eric Simanek. 有机化学基础. 上下册. 任丽君，译. 北京：清华大学出版社，2008.

9. 荣国斌. 大学有机化学基础. 第 2 版. 上海：华东理工大学出版社，2006.

10. 姜翠玉，夏道宏. 有机化学. 北京：化学工业出版社，2011.

11. 李红霞. 有机化学. 大连：大连理工大学出版社，2009.

12. 王积涛. 有机化学. 第 3 版. 天津：南开大学出版社，2009.

13. 裴伟伟. 基础有机化学习题解析. 北京：高等教育出版社，2006.

14. 曹健，王杰. 有机化学. 南京：南京大学出版社，2014.

15. 薛思佳. 有机化学. 第 2 版. 北京：科学出版社，2015.

16. 侯士聪，徐雅琴. 有机化学. 北京：高等教育出版社，2015.

17. 王彦广. 有机化学. 第 3 版. 北京：化学工业出版社，2015.

18. 刘军. 有机化学. 第 2 版. 武汉：武汉理工大学出版社，2014.

19. 张文勤. 有机化学. 第 5 版. 北京：高等教育出版社，2014.

20. 吴范宏，任玉杰. 有机化学. 北京：高等教育出版社，2014.

21. 陈洪超，罗美明，李映苓. 有机化学. 第 4 版. 北京：高等教育出版社，2014.

22. Hart D J. 著. 有机化学. 第 13 版. 陆阳，杨丽敏，等改编. 北京：化学工业出版社，2013.

23. 李文有，张禄梅. 有机化学. 天津：天津大学出版社，2013.

24. Loudon，M G. Organic chemistry. Greenwood Village：Roberts and Company Publishers，2016.

25. Chaloner P A. Organic chemistry：a mechanistic approach. Boca Raton：CRC Press，Taylor & Francis Group，2015.

26. María Magdalena Cid，Jorge Bravo. Structure elucidation in organic chemistry：the search for the right tools. Weinheim：Wiley-VCH Verlag Gmbh & Co. KGaA，2015.

27. Rui Tamura，Mikiji Miyata. Advances in Organic Crystal Chemistry. Tokyo：Springer Japan，Imprint，Springer，2015.

28. Kinghorn A D，Falk H，Kobayashi J. Progress in the Chemistry of Organic Natural Products 100. Cham：Springer International Publishing，Imprint，Springer，2015.

29. Kirchner B. Electronic Effects in Organic Chemistry. Berlin，Heidelberg：Springer Berlin Heidelberg，Imprint，Springer，2014.

30. Parsons A F Keynotes in organic chemistry. West Sussex：Wiley，2014.

31. Brown，W H. Introduction to organic chemistry. Hoboken：Wiley，2014.

32. Scudder P H. Electron flow in organic chemistry：a decision-based guide to organic mechanisms. Hoboken：Wiley，2013.

33. Clayden. J Organic chemistry. New York：Oxford University Press，2012.

34. 蔡杰，昌昂，周金平，等. 纤维素科学与材料. 北京：化学工业出版社，2015.

35. 王玉忠，汪秀丽，宋飞. 淀粉基新材料. 北京：化学工业出版社，2015.

36. 施晓文，邓红兵，杜予民. 甲壳素/壳聚糖材料及其应用. 北京：化学工业出版社，2015.

37. 蒋挺大. 壳聚糖. 北京：化学工业出版社，2007.

38. 朱建光. 浮选药剂. 北京：冶金工业出版社，1993.

39. Srdjan M B. 浮选药剂手册. 魏明安，等译. 北京：化学工业出版社，2014.

40. 王洪忠. 化学选矿. 北京：清华大学出版社，2012.

41. 邢其毅，裴伟伟，徐瑞秋等. 基础有机化学. 第 4 版. 北京：北京大学出版社，2016.

索引

A

胺 ·· 80，135
胺类萃取剂 ·································· 149
胺类化合物 ·································· 139

B

半缩醛 ···································· 112，113
苯 ·· 57
苯胺 ······················ 64，136，137，140，146
苯酚 ························· 64，98，99，138
苯酚钠 ··· 99
苯磺酸 ··· 60
苯磺酰胺 ··································· 160
苯甲酸 ···································· 109，124
苯肼 ······················· 112，149，169
苯醌 ··· 100
苯腙 ···································· 112，169
丙醛 ··· 109
丙炔 ··· 44
丙酮 ··· 109
丙烯 ··· 44
丙烯腈 ··· 44
伯胺 ··· 139
伯膦 ··· 161
不饱和烃 ····································· 34
不相对称烯烃 ······························· 38

C

臭氧氧化 ····································· 42
船式构象 ····································· 56
醇 ······································ 91，111
次序规则 ································· 17，36

D

大 π 键 ··· 58
单分子亲核取代反应 ······················· 84
单分子亲核取代反应机理（S_N1）········· 83
单分子消去反应历程 ··················· 87，95
单糖 ···································· 167，170

碘仿反应 ···································· 114
电子效应 ····································· 39
淀粉 ··· 174
丁烯 ··· 44
对二甲苯 ····································· 58
对甲苯磺酸 ·································· 155
对甲苯磺酰氯 ······························· 155
对映体 ··· 70
对映异构 ····································· 67
对映异构体 ··································· 70
钝化基团 ····································· 63
多糖 ···································· 167，170

E

二甲基亚砜 ·································· 158
二甲硫醚 ···································· 155
二甲亚砜 ···································· 155
二硫化物 ···································· 157
二氯甲烷 ····································· 88
二烯烃 ··· 48
2,4-二硝基苯肼 ···························· 112

F

反马氏加成 ··································· 40
反应活性中间体 ····························· 31
反应机理 ····································· 27
反应历程 ····································· 27
芳胺 ··· 139
芳香胺 ······································· 145
芳香环化合物 ································· 4
芳香酸 ······································· 120
芳香烃 ···································· 53，57
芳香族化合物 ································· 57
芳香族偶氮化合物 ························· 149
斐林试剂 ···································· 115
分子轨道理论 ··································· 6
分子模型 ····································· 19
分子重排 ································· 47，88
酚 ··· 98
傅列德尔-克拉夫茨反应 ····················· 61

G

β-1,4-苷键 ……………………………… 171
苷键 …………………………………… 170
α-1,4-苷键 ……………………………… 174
格利雅试剂 …………………………… 82
格氏试剂 …………………………… 82, 111
p-π 共轭 …………………………… 121
共轭二烯烃 ……………………… 48, 51
共轭效应 ………………… 99, 124, 138
共价键 …………………………………… 4
共价键理论 ……………………………… 4
构象 ……………………… 17, 20, 55, 56
构象异构 …………………………… 67
构象异构体 …………………………… 20
构型 …………………………………… 19
R、S 构型命名法 …………………… 72
构型异构 …………………………… 67
寡糖 …………………………………… 167
（果糖） ……………………………… 168
过渡态 …………………………………… 30
过渡态理论 …………………………… 29
过渡状态 ……………………… 83, 88
过氧化物 …………………………… 41

H

含硫有机化合物 …………………… 154
互变异构现象 ……………………… 137
还原反应 …………………………… 24
环丙烷 ……………………………… 53
环丁烷 ……………………………… 53
环己烷 ………………………… 53, 55
环醚 ………………………………… 101
环戊烷 ……………………………… 53
环氧化合物 ……………………… 101
环氧乙烷 ……………………… 101, 103
磺化反应 ……………………… 60, 100
磺酸 ………………… 155, 157, 158
磺酸酯 ……………………………… 160
磺酸酯化 ………………………… 178
磺酰胺 ……………………………… 160
磺酰化反应 ……………………… 144
磺酰化试剂 ……………………… 144
磺酰氯 ……………………………… 160

活化 ………………………………… 63
活性中间体 ……………………… 84

J

基化反应 …………………………… 61
几何异构 …………………………… 35
己醛糖 ……………………………… 168
己酮糖 ……………………………… 168
季铵碱 ……………………………… 143
季铵盐 ……………… 139, 140, 150
季膦盐 ……………………………… 161
1,2-加成 ………………………… 50
1,4-加成 ………………………… 50
加成反应 …………………………… 37
甲胺 ………………………………… 140
甲苯 ………………………………… 58
甲醇 ………………………………… 96
甲壳素 ……………………………… 176
甲醚 ………………………………… 101
甲醛 ………………………………… 108
甲酸 ……………………… 123, 127
甲烷 ………………………………… 13
价键理论 …………………………… 4
间二甲苯 …………………………… 58
间位定位基 ……………………… 62, 63
碱纤维素 ………………………… 172
δ 键 ……………………………… 19
π 键 …………………………… 34
键长 ………………………………… 8
键角 ………………………………… 9
降解 ………………………………… 176
交叉构象 ………………………… 20
角张力 …………………………… 54
解离能 …………………………… 9
金属炔化物 ……………………… 47
腈 ………………………… 80, 147
肼 ………………………………… 112
锯架透视式 ……………………… 20
均裂 ……………………………… 10

K

开环反应 ………………………… 55
开链化合物 ……………………… 3
壳聚糖 …………………………… 176

空间位阻效应 ···················· 85
空间效应 ························· 99

L

离去基团 ························· 86
立体异构 ························· 67
邻对位定位 ······················ 62
邻对位定位基 ····················· 62
邻二甲苯 ························· 58
膦 ···························· 161
膦酸 ··························· 161
硫醇 ················ 154，155，156，157
硫酚 ············· 154，155，156，157，160
硫醚 ················· 154，155，157
硫醚和硫醇 ······················ 158
锍盐 ··························· 154
卢卡斯试剂 ······················ 94
卤代烃 ······················ 78，93
卤仿反应 ························ 113
氯苯 ··························· 138
氯仿 ··························· 79
氯甲烷 ·························· 79
氯乙烷 ·························· 79

M

马尔可夫尼可夫规律 ················· 38
马氏规则 ··················· 38，47，55
麦芽糖 ························· 170
醚 ···················· 94，95，101
醚胺 ··························· 150
醚化淀粉 ························ 175
醚键 ··························· 101

N

内消旋体 ························· 75

O

纽曼投影式 ······················ 20
偶氮苯 ························· 137
偶氮化合物 ················· 148，149
偶极矩 ··························· 10

P

硼氢化钠 ··················· 97，116

葡萄糖 ···················· 115，168
D-葡萄糖 ···················· 168，169
D-葡萄糖脎 ······················ 169
普通命名法 ······················ 15

Q

羟 ···························· 148
羟胺 ······················ 112，143
羟丙基甲基纤维素 ················· 173
羟醛缩合 ························ 114
羟乙基化 ························ 177
羟乙基纤维素 ····················· 173
亲电加成反应 ··················· 37，46
亲电取代反应 ··················· 59，62
亲电试剂 ························· 37
亲核加成反应 ····················· 111
亲核取代 ························ 129
亲核取代反应 ···· 80，82，93，95，103，138
亲核试剂 ····················· 100，110
亲核性 ························· 87
氢化铝锂 ············· 97，116，126，147
氰基 ·························· 148
氰乙基化 ························ 178
巯基 ······················ 154，156
区域选择性反应 ···················· 38
取代反应 ························· 25
醛 ····················· 95，96，108
醛基 ··························· 108
醛糖 ·························· 168
炔烃 ························ 34，44

R

柔顺性 ························· 171
乳糖 ··························· 170
软脂酸 ························· 120
脎 ···························· 169

S

三氯甲烷 ························· 88
三硝基甲苯 ······················ 136
三溴苯酚 ························· 100
手性 ······················ 68，69
手性分子 ····················· 68，69
手性碳原子 ······················ 68

手性中心 ·································· 68
叔胺 ···································· 139
叔膦 ······························ 154，161
双分子亲核取代反应（S$_N$2） ········· 83
双分子消去反应 ······················· 88
双烯加成 ······························ 51
顺反异构 ······························ 35
四氯化碳 ······························ 79
酸酐 ························· 124，128，130
O（N）-羧基化 ······················· 177
羧甲基纤维素 ························· 173
羧酸 ······················ 95，114，120
羧酸衍生物 ··························· 128
缩醛 ······························ 112，113

T

碳负离子 ······························ 10
碳环化合物 ····························· 4
碳水化合物 ··························· 13
碳正离子 ············· 10，37，38，84，96，87
羰基 ······················ 108，110，129
烃 ···································· 13
同分异构体 ··························· 14
酮 ······························ 96，108
酮基 ································· 108
Fisher 投影式 ························ 70
托伦试剂 ····························· 115
脱水反应 ····························· 94
脱乙酰甲壳素 ························· 176

W

瓦尔登翻转 ··························· 84
外消旋体 ····························· 73
弯曲键 ······························ 54
烷基化 ···························· 143，147
N-烷基化 ····························· 177
烷基化反应 ··························· 61
烷基化试剂 ··························· 61
烷基自由基 ··························· 28
烷氧基 ······························ 80
（威廉逊）合成法 ···················· 80
威廉逊合成法 ························· 99
肟 ··························· 112，143，147
戊醛糖 ······························ 168

X

烯醇式化合物 ························· 47
烯烃 ································· 34
系统命名法 ··························· 15
纤维二糖 ····························· 169
纤维素 ······························ 171
纤维素醚 ····························· 172
酰胺 ··················· 125，128，130，147
N-酰基化 ····························· 177
酰基化试剂 ··························· 61
酰卤 ································· 125
酰氯 ·························· 128，130
酰氯、酸酐、酯和酰胺 ·············· 130
消除反应 ····························· 82
β-消去 ······························· 81
消去反应 ·························· 81，95
硝化反应 ····························· 60
硝基化合物 ························ 135，148
协同反应 ····························· 51
协同作用 ····························· 11
兴森堡（Hinsberg O）反应 ·········· 144
絮凝剂 ······························ 178
旋光物质 ····························· 68
旋光性 ······························ 68

Y

亚砜 ································· 154
锌盐 ············· 94，95，102，103，105，112
膦盐 ································· 162
氧化反应 ····························· 24
乙醇 ································· 92
乙二酸 ······························ 127
乙醚 ································· 101
乙硼烷 ··························· 116，126
乙醛 ································· 109
乙炔 ································· 45
乙炔 ································· 48
乙酸 ·························· 123，127
乙烷 ································· 14
乙烯 ··························· 34，43
椅式构象 ····························· 56
异丙醇 ······························ 92
异构化 ··························· 24，47

异裂 ························· 37
异裂两 ······················ 10
抑制剂 ····················· 178
硬脂酸 ····················· 120
优势构象 ····················· 57
(油酸) ····················· 120
有机化合物 ···················· 1
有机化学 ····················· 1
有机金属化合物 ··············· 82
诱导效应········· 99, 123, 124, 142

Z

杂化轨道理论 ················ 18
杂环化合物 ···················· 4
在亲电取代反应 ·············· 59
札依采夫规则 ················ 94
支链淀粉 ··················· 174
脂肪胺 ················ 139, 150
脂肪环化合物 ················· 4
脂肪酸 ····················· 120

脂肪族偶氮化合物 ············ 149
脂环烃 ····················· 53
直链淀粉 ··················· 174
酯 ···············125, 128, 130
酯化反应 ··············· 125, 130
O-酯化反应 ················· 177
酯交换反应 ················· 131
致钝作用 ··················· 63
仲胺 ······················ 139
仲腈 ······················ 161
重氮化反应 ················· 145
重氮化合物 ················· 148
重叠构象 ··················· 20
重排反应 ··················· 85
自由基 ················ 10, 25, 27
自由基加成 ················· 41
自由基取代反应 ············· 25
腙 ························· 112
最低系列原则 ··············· 16